초등 전과목
디지털학습 플랫폼

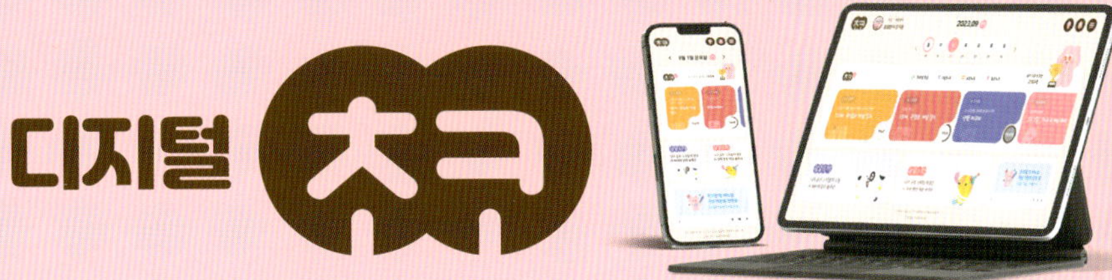

첫 달 100원
무제한 스터디밍

지금 신규 가입하면
첫 달 9,500원 100원!

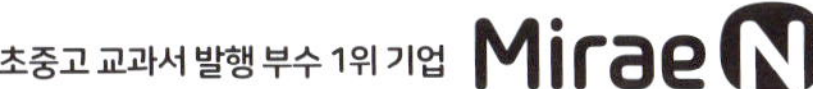

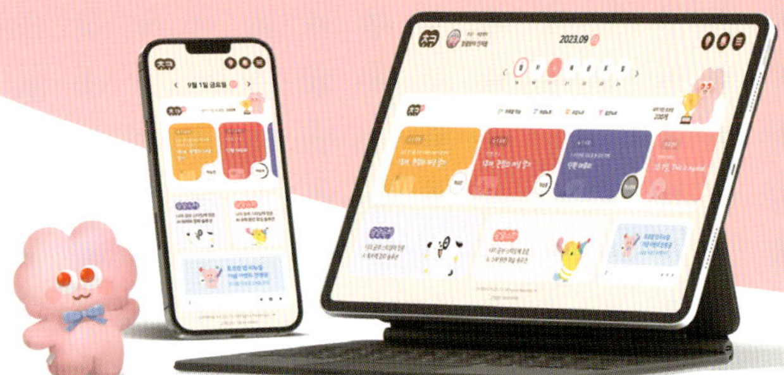

 초코 POP
초등 전과목 교과 학습

국어·수학·사회·과학·영어 전과목 교과 학습입니다. 교과 커리큘럼에 따라 과목별 시간표를 제공하여, 초등 핵심 개념을 빈틈없이 학습할 수 있어요. 교과서 발행부수 1위 기업 미래엔의 노하우를 담은 과목별 콘텐츠와 직접 말하고 참여하는 인터랙티브 학습으로 효과적인 초등 코어 학습 시스템을 제공합니다.

달달독해
AI 문해력 강화 솔루션

아이의 독해력과 독서 성향을 파악하여 AI가 딱 맞는 주제와 난이도의 학습을 추천합니다. 어휘-배경지식-지문 3단계 독해 학습으로 수능까지 대비할 수 있습니다.

달달수학
AI 수학 실력 향상 프로그램

수학 학습 성취도 및 성향 분석으로 영역별 강, 약점을 파악하고, 아이의 학습 과정을 실시간으로 분석해 최적의 맞춤 학습을 제공하여, 수학 실력을 향상시킬 수 있습니다.

실속있는 학습 구독의 시작
초코 첫 달 100원 바로가기

※첫 달 100원 프로모션은 당사의 사정에 따라 예고 없이 종료될 수 있습니다.

Mirae N

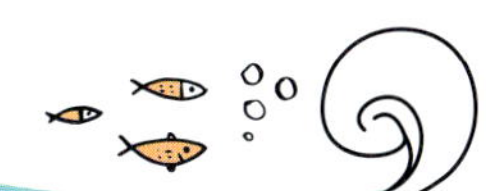

① 합이 1보다 작고 분모가 같은 (진분수)＋(진분수)

● $\dfrac{1}{5} + \dfrac{2}{5}$ 를 계산해 볼까요?

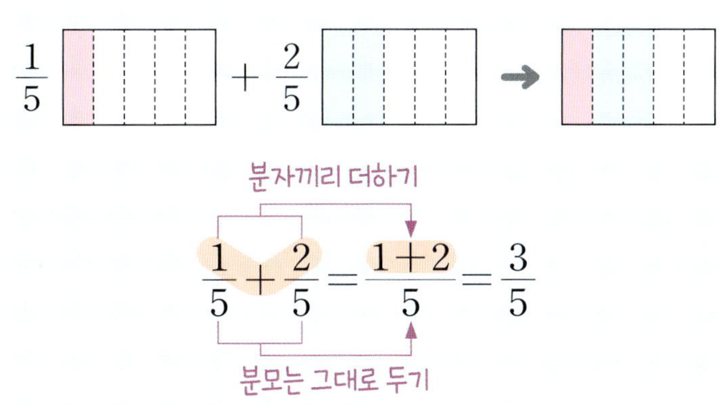

$$\dfrac{1}{5} + \dfrac{2}{5} = \dfrac{1+2}{5} = \dfrac{3}{5}$$

분자끼리 더하기

분모는 그대로 두기

> 분모는 그대로 두고 분자끼리 더합니다.

$\dfrac{1}{5}$ 은 $\dfrac{1}{5}$ 이 1개,

$\dfrac{2}{5}$ 는 $\dfrac{1}{5}$ 이 2개이므로

$\dfrac{1}{5} + \dfrac{2}{5}$ 는 $\dfrac{1}{5}$ 이

$1+2=3$(개)야.

1~12 덧셈을 하세요.

1 $\dfrac{1}{3} + \dfrac{1}{3}$

2 $\dfrac{2}{6} + \dfrac{3}{6}$

3 $\dfrac{1}{7} + \dfrac{2}{7}$

4 $\dfrac{4}{8} + \dfrac{1}{8}$

5 $\dfrac{2}{4} + \dfrac{1}{4}$

6 $\dfrac{1}{7} + \dfrac{4}{7}$

7 $\dfrac{2}{8} + \dfrac{5}{8}$

8 $\dfrac{5}{10} + \dfrac{2}{10}$

9 $\dfrac{4}{9} + \dfrac{4}{9}$

10 $\dfrac{2}{11} + \dfrac{7}{11}$

11 $\dfrac{6}{12} + \dfrac{3}{12}$

12 $\dfrac{8}{15} + \dfrac{5}{15}$

13 $\dfrac{1}{4} + \dfrac{1}{4}$

14 $\dfrac{2}{5} + \dfrac{2}{5}$

15 $\dfrac{3}{6} + \dfrac{1}{6}$

16 $\dfrac{4}{7} + \dfrac{2}{7}$

17 $\dfrac{2}{8} + \dfrac{3}{8}$

18 $\dfrac{3}{9} + \dfrac{5}{9}$

19 $\dfrac{4}{11} + \dfrac{4}{11}$

20 $\dfrac{4}{6} + \dfrac{1}{6}$

21 $\dfrac{3}{7} + \dfrac{3}{7}$

22 $\dfrac{1}{8} + \dfrac{5}{8}$

23 $\dfrac{2}{9} + \dfrac{4}{9}$

24 $\dfrac{6}{10} + \dfrac{1}{10}$

25 $\dfrac{5}{12} + \dfrac{6}{12}$

26 $\dfrac{2}{14} + \dfrac{9}{14}$

27 $\dfrac{1}{5} + \dfrac{3}{5}$

28 $\dfrac{2}{6} + \dfrac{2}{6}$

29 $\dfrac{2}{7} + \dfrac{2}{7}$

30 $\dfrac{5}{8} + \dfrac{2}{8}$

31 $\dfrac{1}{9} + \dfrac{3}{9}$

32 $\dfrac{4}{13} + \dfrac{7}{13}$

33 $\dfrac{9}{15} + \dfrac{3}{15}$

34 $\dfrac{3}{7}$ → $+\dfrac{2}{7}$ → ☐

35 $\dfrac{1}{9}$ → $+\dfrac{6}{9}$ → ☐

36 $\dfrac{5}{13}$ → $+\dfrac{5}{13}$ → ☐

38 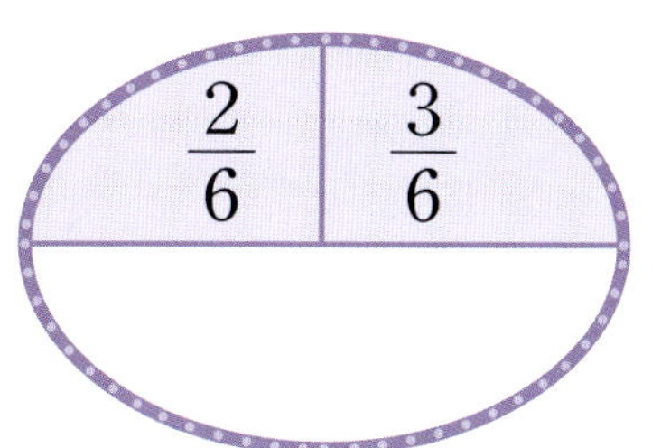

39

40
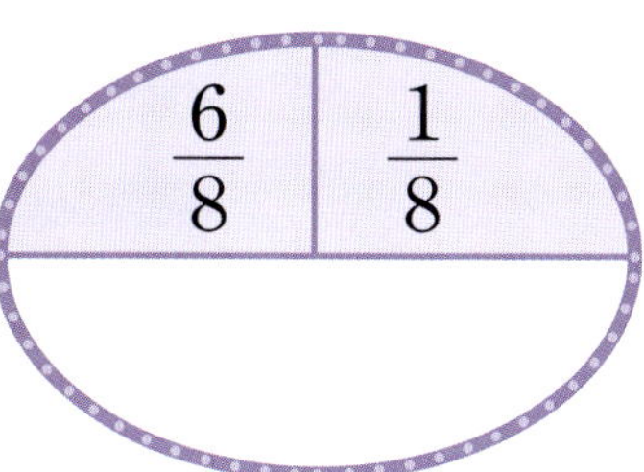

37 $\dfrac{8}{16}$ → $+\dfrac{4}{16}$ → ☐

연산⁺

민준이는 주스를 어제는 $\dfrac{4}{12}$ L, 오늘은 $\dfrac{3}{12}$ L 마셨습니다. 어제와 오늘 마신 주스는 모두 몇 L인가요?

어제 마신 주스의 양: ☐ L, 오늘 마신 주스의 양: ☐ L

(어제와 오늘 마신 주스의 양)＝(어제 마신 주스의 양)＋(오늘 마신 주스의 양)

$=$ ☐ $+$ ☐ $=$ ☐ (L)    답 ☐ L

선 잇기

아이스크림 가게에는 여러 가지 맛의 아이스크림이 있습니다. 덧셈의 계산 결과를 찾아 선으로 이으면 친구들이 먹고 싶은 아이스크림을 알 수 있습니다. 알맞게 선으로 이으세요.

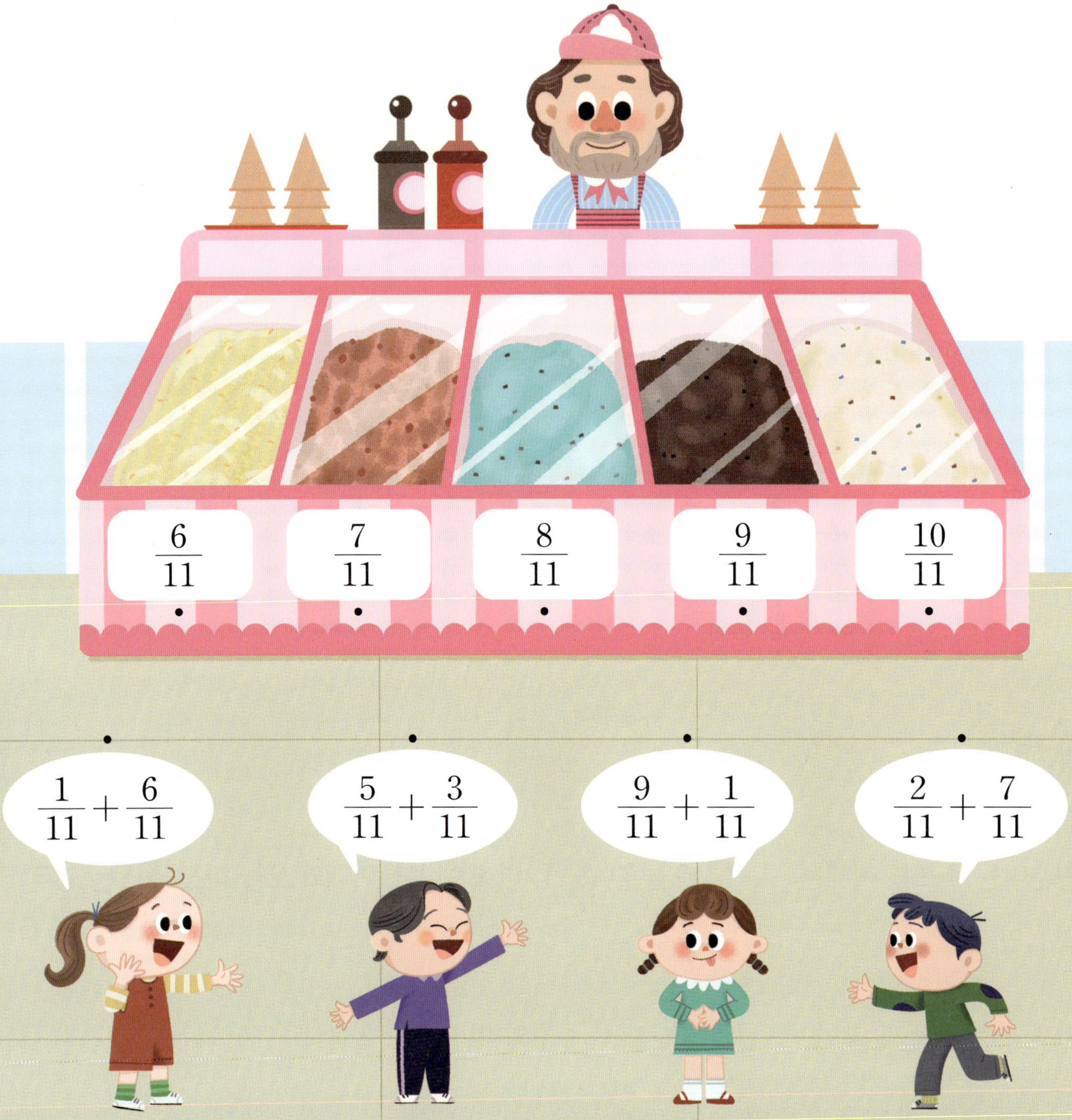

$\dfrac{6}{11}$ $\dfrac{7}{11}$ $\dfrac{8}{11}$ $\dfrac{9}{11}$ $\dfrac{10}{11}$

$\dfrac{1}{11}+\dfrac{6}{11}$ $\dfrac{5}{11}+\dfrac{3}{11}$ $\dfrac{9}{11}+\dfrac{1}{11}$ $\dfrac{2}{11}+\dfrac{7}{11}$

❷ 합이 1보다 크고 분모가 같은 (진분수)＋(진분수) ⑴

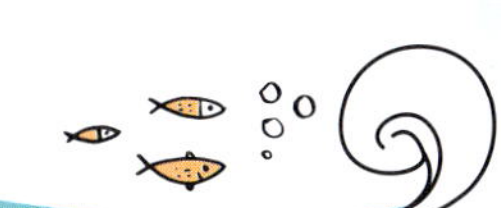

● $\frac{4}{5} + \frac{3}{5}$ 을 계산해 볼까요?

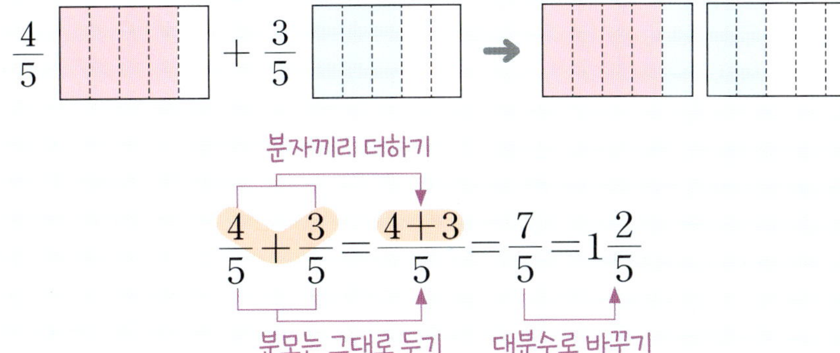

> ① 분모는 그대로 두고 분자끼리 더합니다.
> ② 계산 결과가 가분수이면 대분수로 바꾸어 나타냅니다.

1~12 덧셈을 하세요.

1 $\frac{2}{3} + \frac{2}{3}$

2 $\frac{2}{5} + \frac{4}{5}$

3 $\frac{4}{6} + \frac{4}{6}$

4 $\frac{5}{7} + \frac{3}{7}$

5 $\frac{2}{4} + \frac{3}{4}$

6 $\frac{3}{7} + \frac{6}{7}$

7 $\frac{2}{8} + \frac{7}{8}$

8 $\frac{6}{9} + \frac{4}{9}$

9 $\frac{3}{6} + \frac{4}{6}$

10 $\frac{6}{8} + \frac{5}{8}$

11 $\frac{3}{10} + \frac{8}{10}$

12 $\frac{7}{12} + \frac{9}{12}$

13 $\dfrac{3}{4} + \dfrac{3}{4}$

14 $\dfrac{4}{5} + \dfrac{4}{5}$

15 $\dfrac{2}{6} + \dfrac{5}{6}$

16 $\dfrac{5}{7} + \dfrac{4}{7}$

17 $\dfrac{3}{8} + \dfrac{6}{8}$

18 $\dfrac{2}{9} + \dfrac{8}{9}$

19 $\dfrac{6}{10} + \dfrac{7}{10}$

20 $\dfrac{3}{5} + \dfrac{4}{5}$

21 $\dfrac{5}{6} + \dfrac{5}{6}$

22 $\dfrac{2}{7} + \dfrac{6}{7}$

23 $\dfrac{7}{8} + \dfrac{4}{8}$

24 $\dfrac{5}{9} + \dfrac{7}{9}$

25 $\dfrac{9}{10} + \dfrac{7}{10}$

26 $\dfrac{7}{15} + \dfrac{9}{15}$

27 $\dfrac{3}{4} + \dfrac{2}{4}$

28 $\dfrac{3}{6} + \dfrac{5}{6}$

29 $\dfrac{5}{7} + \dfrac{6}{7}$

30 $\dfrac{9}{8} + \dfrac{6}{8}$

31 $\dfrac{4}{9} + \dfrac{8}{9}$

32 $\dfrac{8}{12} + \dfrac{10}{12}$

33 $\dfrac{12}{18} + \dfrac{13}{18}$

34~43 빈칸에 알맞은 수를 써넣으세요.

34 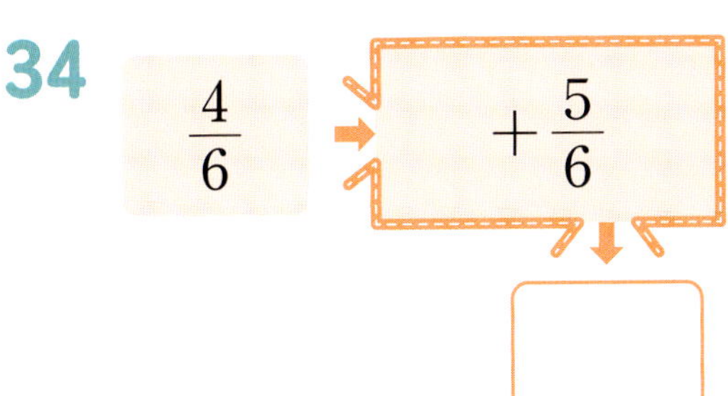
$\dfrac{4}{6}$ → $+\dfrac{5}{6}$

35 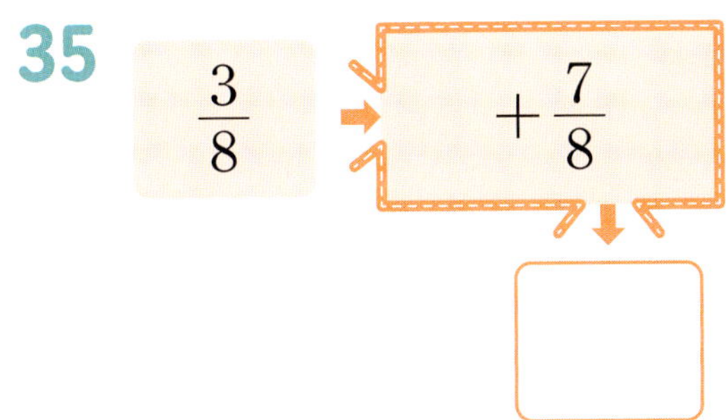
$\dfrac{3}{8}$ → $+\dfrac{7}{8}$

36 $\dfrac{6}{11}$ → $+\dfrac{10}{11}$

37 $\dfrac{12}{16}$ → $+\dfrac{9}{16}$

38 $\dfrac{19}{28}$ → $+\dfrac{21}{28}$

39 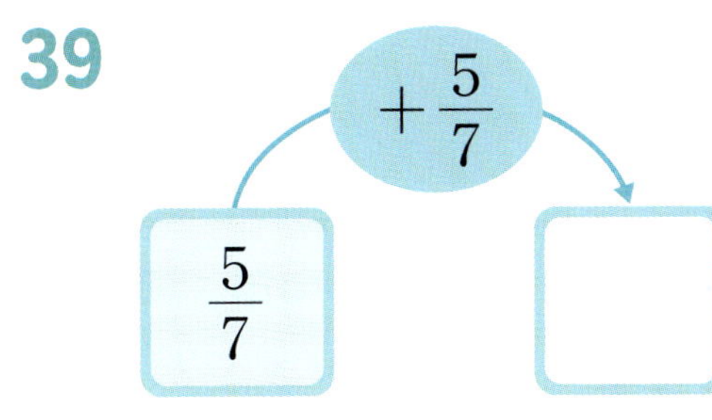
$\dfrac{5}{7}$ → $+\dfrac{5}{7}$

40 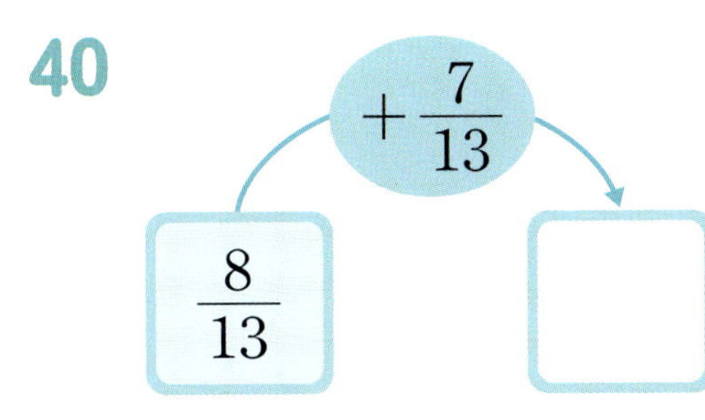
$\dfrac{8}{13}$ → $+\dfrac{7}{13}$

41 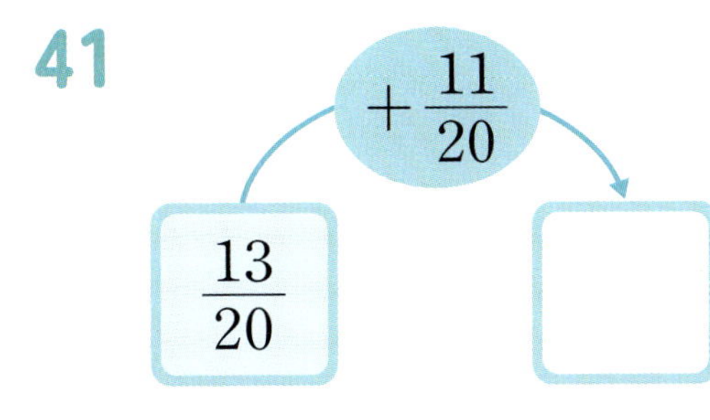
$\dfrac{13}{20}$ → $+\dfrac{11}{20}$

42 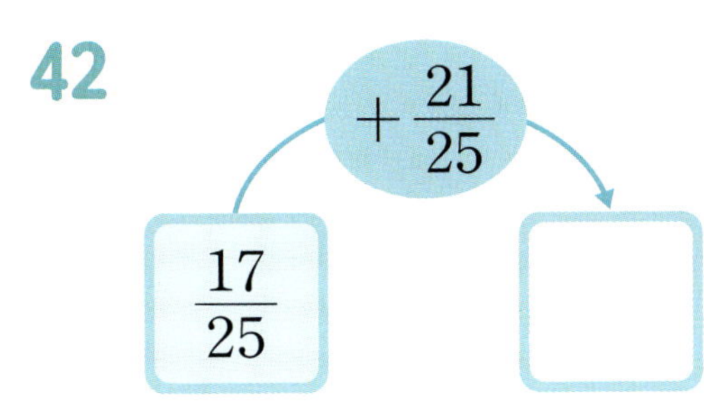
$\dfrac{17}{25}$ → $+\dfrac{21}{25}$

43 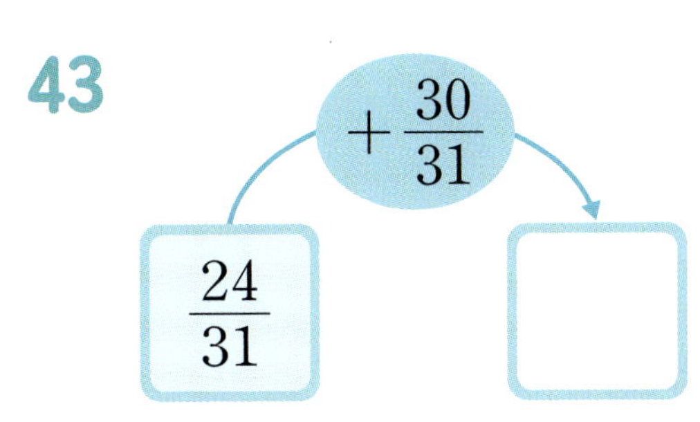
$\dfrac{24}{31}$ → $+\dfrac{30}{31}$

사다리 타기

사다리 타기는 세로선을 따라 아래로 내려가다가 가로선을 만나면 가로로 이동하고, 다시 세로선을 만나면 세로선을 따라 아래로 내려가는 놀이입니다. 주어진 식의 계산 결과를 사다리를 타고 내려가서 도착한 곳에 써넣으세요.

$$\frac{10}{19} + \frac{16}{19}$$

$$\frac{7}{21} + \frac{18}{21}$$

$$\frac{15}{23} + \frac{10}{23}$$

$$\frac{14}{27} + \frac{14}{27}$$

3 합이 1보다 크고 분모가 같은 (진분수)＋(진분수)(2)

● $\dfrac{3}{6} + \dfrac{5}{6}$ 를 계산해 볼까요?

분자끼리 더하기

$$\dfrac{3}{6} + \dfrac{5}{6} = \dfrac{3+5}{6} = \dfrac{8}{6} = 1\dfrac{2}{6}$$

분모는 그대로 두기　　대분수로 바꾸기

$\dfrac{3}{6}$ 은 $\dfrac{1}{6}$ 이 3개, $\dfrac{5}{6}$ 는 $\dfrac{1}{6}$ 이 5개이므로 $\dfrac{3}{6} + \dfrac{5}{6}$ 는 $\dfrac{1}{6}$ 이 $3+5=8$(개)야.

1~15 덧셈을 하세요.

1 $\dfrac{5}{5} + \dfrac{4}{5}$

2 $\dfrac{4}{6} + \dfrac{3}{6}$

3 $\dfrac{2}{7} + \dfrac{6}{7}$

4 $\dfrac{7}{8} + \dfrac{6}{8}$

5 $\dfrac{10}{11} + \dfrac{8}{11}$

6 $\dfrac{5}{6} + \dfrac{2}{6}$

7 $\dfrac{3}{8} + \dfrac{7}{8}$

8 $\dfrac{5}{9} + \dfrac{8}{9}$

9 $\dfrac{4}{10} + \dfrac{9}{10}$

10 $\dfrac{6}{12} + \dfrac{10}{12}$

11 $\dfrac{3}{7} + \dfrac{8}{7}$

12 $\dfrac{3}{9} + \dfrac{7}{9}$

13 $\dfrac{9}{12} + \dfrac{5}{12}$

14 $\dfrac{6}{13} + \dfrac{11}{13}$

15 $\dfrac{12}{15} + \dfrac{13}{15}$

16 $\dfrac{2}{3} + \dfrac{3}{3}$

17 $\dfrac{2}{5} + \dfrac{4}{5}$

18 $\dfrac{4}{6} + \dfrac{5}{6}$

19 $\dfrac{7}{7} + \dfrac{6}{7}$

20 $\dfrac{4}{9} + \dfrac{8}{9}$

21 $\dfrac{6}{10} + \dfrac{5}{10}$

22 $\dfrac{6}{12} + \dfrac{9}{12}$

23 $\dfrac{3}{6} + \dfrac{4}{6}$

24 $\dfrac{7}{8} + \dfrac{5}{8}$

25 $\dfrac{8}{10} + \dfrac{6}{10}$

26 $\dfrac{4}{11} + \dfrac{9}{11}$

27 $\dfrac{10}{13} + \dfrac{7}{13}$

28 $\dfrac{9}{15} + \dfrac{8}{15}$

29 $\dfrac{6}{17} + \dfrac{12}{17}$

30 $\dfrac{6}{8} + \dfrac{5}{8}$

31 $\dfrac{4}{9} + \dfrac{7}{9}$

32 $\dfrac{8}{12} + \dfrac{8}{12}$

33 $\dfrac{9}{14} + \dfrac{6}{14}$

34 $\dfrac{5}{18} + \dfrac{16}{18}$

35 $\dfrac{13}{21} + \dfrac{14}{21}$

36 $\dfrac{21}{24} + \dfrac{18}{24}$

37
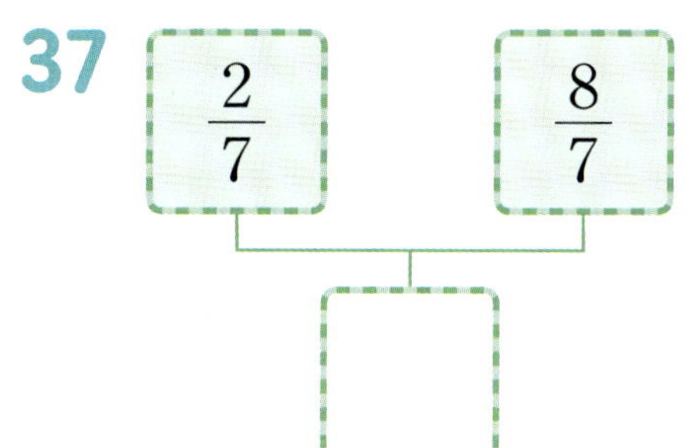

40
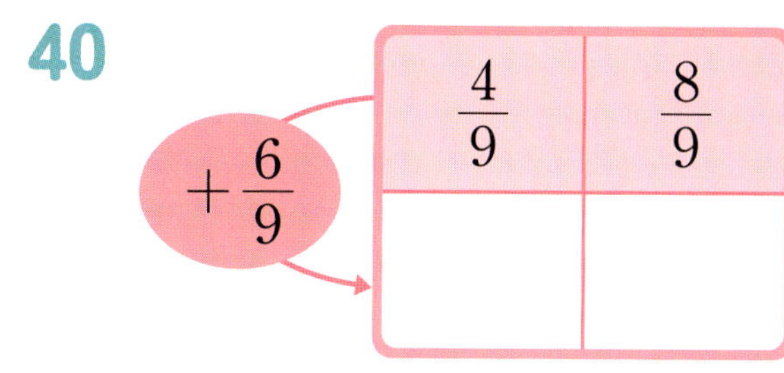

38
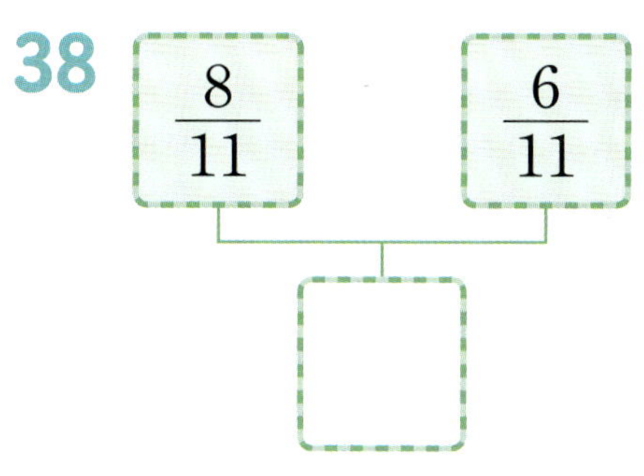

41
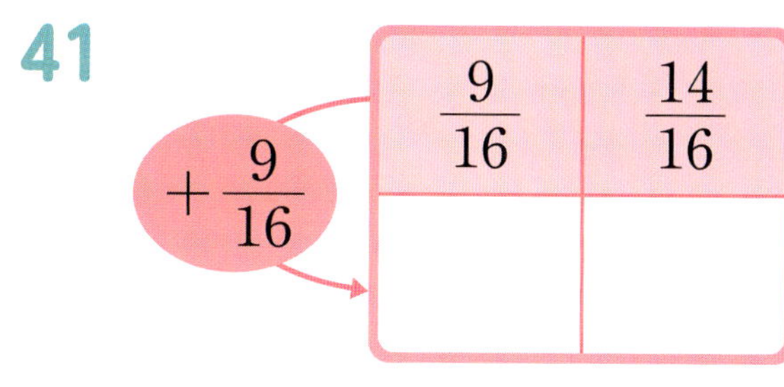

39
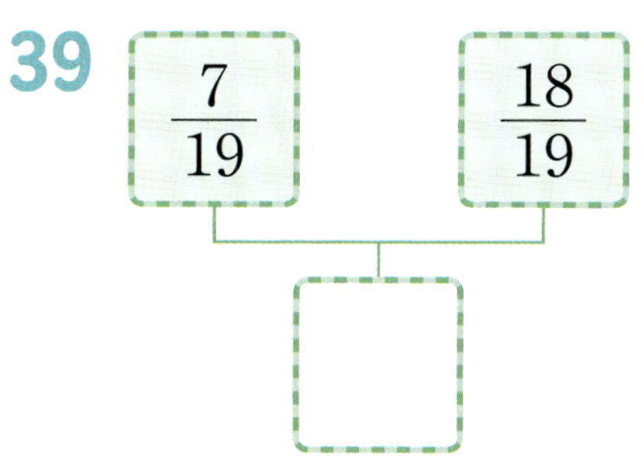

42
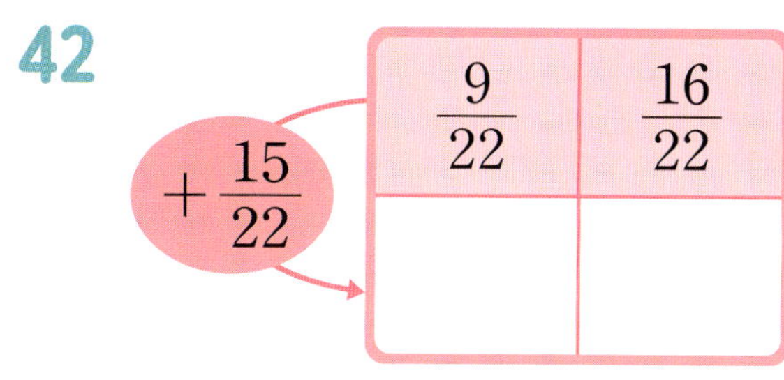

지호는 어제는 $\dfrac{7}{10}$ km를 걷고, 오늘은 어제보다 $\dfrac{5}{10}$ km만큼 더 많이 걸었습니다. 지호가 오늘 걸은 거리는 몇 km인가요?

어제 걸은 거리: ☐ km, 어제보다 더 많이 걸은 거리: ☐ km

(지호가 오늘 걸은 거리)＝(어제 걸은 거리)＋(어제보다 더 많이 걸은 거리)

$$= ☐ + ☐ = ☐ \text{ (km)} \qquad \text{답 } ☐ \text{ km}$$

→ 대분수로 바꾸기

교실 탈출하기

지희와 현수는 비밀번호를 찾으면 교실을 탈출할 수 있습니다. 종이에 적힌 덧셈식에서 ㉠, ㉡, ㉢, ㉣에 알맞은 수를 순서대로 쓰면 비밀번호를 알 수 있습니다. 지희와 현수가 교실을 탈출할 수 있도록 비밀번호를 알아보세요.

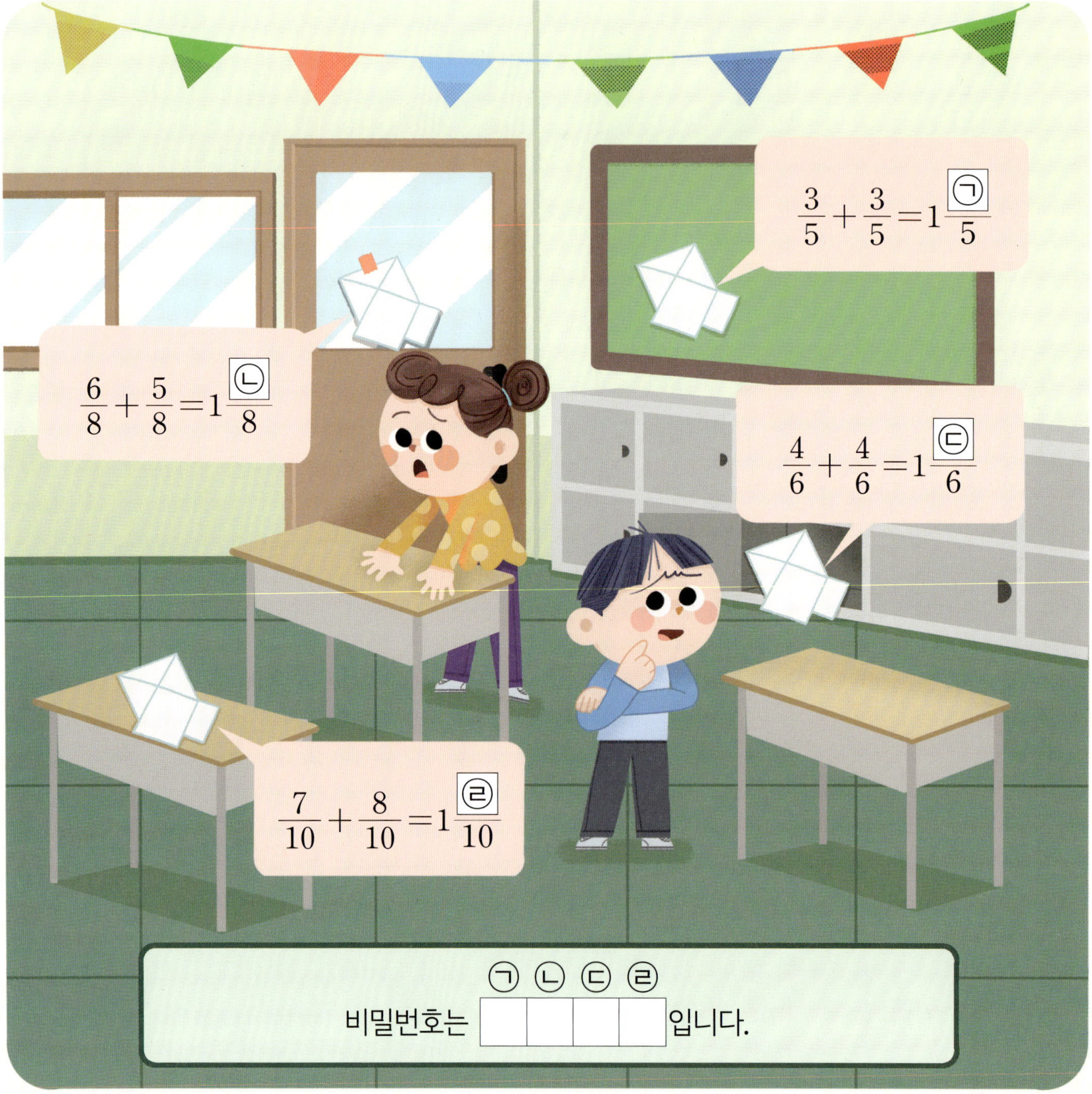

㉠ ㉡ ㉢ ㉣

비밀번호는 [ ][ ][ ][ ]입니다.

④ 진분수 부분의 합이 1보다 작고 분모가 같은 (대분수)＋(대분수) ⑴

● $2\frac{1}{4}+1\frac{2}{4}$ 를 계산해 볼까요?

방법 1 자연수 부분끼리 더하고, 진분수 부분끼리 더하기

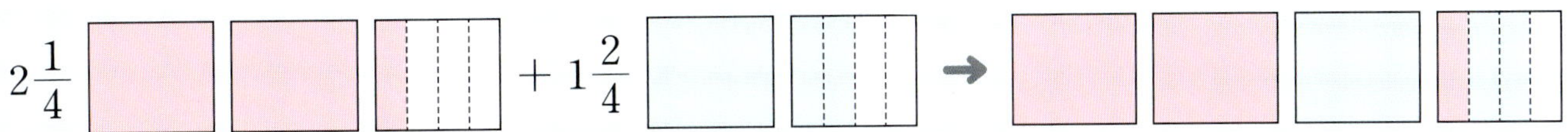

자연수 부분끼리 더하기

$$2\frac{1}{4}+1\frac{2}{4}=(2+1)+\left(\frac{1}{4}+\frac{2}{4}\right)=3+\frac{3}{4}=3\frac{3}{4}$$

진분수 부분끼리 더하기

방법 2 대분수를 가분수로 바꾸어 분자끼리 더하기

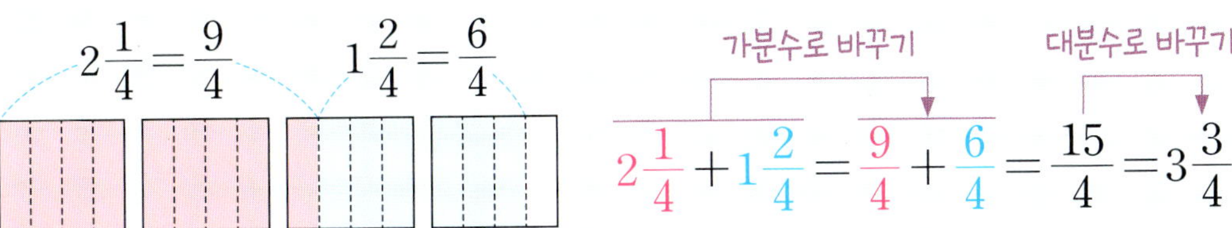

$2\frac{1}{4}=\frac{9}{4}$　　$1\frac{2}{4}=\frac{6}{4}$

가분수로 바꾸기　　　대분수로 바꾸기

$$2\frac{1}{4}+1\frac{2}{4}=\frac{9}{4}+\frac{6}{4}=\frac{15}{4}=3\frac{3}{4}$$

1~9 덧셈을 하세요.

1 $1\frac{1}{3}+1\frac{1}{3}$

2 $2\frac{3}{5}+1\frac{1}{5}$

3 $1\frac{2}{7}+3\frac{3}{7}$

4 $4\frac{2}{6}+2\frac{3}{6}$

5 $3\frac{1}{8}+1\frac{6}{8}$

6 $2\frac{5}{9}+2\frac{2}{9}$

7 $2\frac{2}{10}+5\frac{6}{10}$

8 $4\frac{7}{12}+3\frac{3}{12}$

9 $5\frac{3}{15}+4\frac{8}{15}$

10~30 덧셈을 하세요.

10 $1\dfrac{1}{4}+1\dfrac{2}{4}$

11 $2\dfrac{2}{5}+3\dfrac{2}{5}$

12 $3\dfrac{2}{7}+1\dfrac{4}{7}$

13 $2\dfrac{4}{8}+4\dfrac{1}{8}$

14 $3\dfrac{1}{9}+3\dfrac{7}{9}$

15 $3\dfrac{8}{12}+4\dfrac{3}{12}$

16 $4\dfrac{2}{15}+1\dfrac{5}{15}$

17 $2\dfrac{4}{6}+4\dfrac{1}{6}$

18 $1\dfrac{2}{8}+3\dfrac{3}{8}$

19 $4\dfrac{5}{10}+2\dfrac{2}{10}$

20 $5\dfrac{3}{11}+3\dfrac{6}{11}$

21 $3\dfrac{1}{13}+1\dfrac{7}{13}$

22 $4\dfrac{9}{16}+5\dfrac{4}{16}$

23 $6\dfrac{13}{20}+3\dfrac{2}{20}$

24 $3\dfrac{5}{7}+2\dfrac{1}{7}$

25 $2\dfrac{2}{9}+5\dfrac{4}{9}$

26 $5\dfrac{11}{14}+3\dfrac{2}{14}$

27 $1\dfrac{5}{18}+4\dfrac{7}{18}$

28 $2\dfrac{11}{21}+6\dfrac{8}{21}$

29 $3\dfrac{4}{24}+3\dfrac{10}{24}$

30 $7\dfrac{7}{28}+1\dfrac{6}{28}$

31 $1\dfrac{1}{5}$ $+1\dfrac{3}{5}$ → ☐

32 $2\dfrac{6}{10}$ $+3\dfrac{2}{10}$ → ☐

33 $3\dfrac{4}{14}$ $+1\dfrac{8}{14}$ → ☐

34 $4\dfrac{2}{18}$ $+3\dfrac{9}{18}$ → ☐

35 $2\dfrac{7}{23}$ $+6\dfrac{6}{23}$ → ☐

36 $5\dfrac{13}{27}$ $+4\dfrac{10}{27}$ → ☐

37 $2\dfrac{1}{4}$ $+2\dfrac{1}{4}$ ☐

38 $3\dfrac{4}{7}$ $+2\dfrac{1}{7}$ ☐

39 $1\dfrac{2}{12}$ $+4\dfrac{7}{12}$ ☐

40 $2\dfrac{8}{19}$ $+5\dfrac{3}{19}$ ☐

41 $4\dfrac{11}{25}$ $+3\dfrac{9}{25}$ ☐

42 $8\dfrac{15}{32}$ $+6\dfrac{12}{32}$ ☐

곤충 채집하기

현우가 동생과 함께 곤충을 잡으러 가고 있습니다. 갈림길 문제의 계산 결과를 따라가면 현우가 잡으려는 곤충을 알 수 있습니다. 길을 올바르게 따라가 현우가 잡으려는 곤충에 ◯표 하세요.

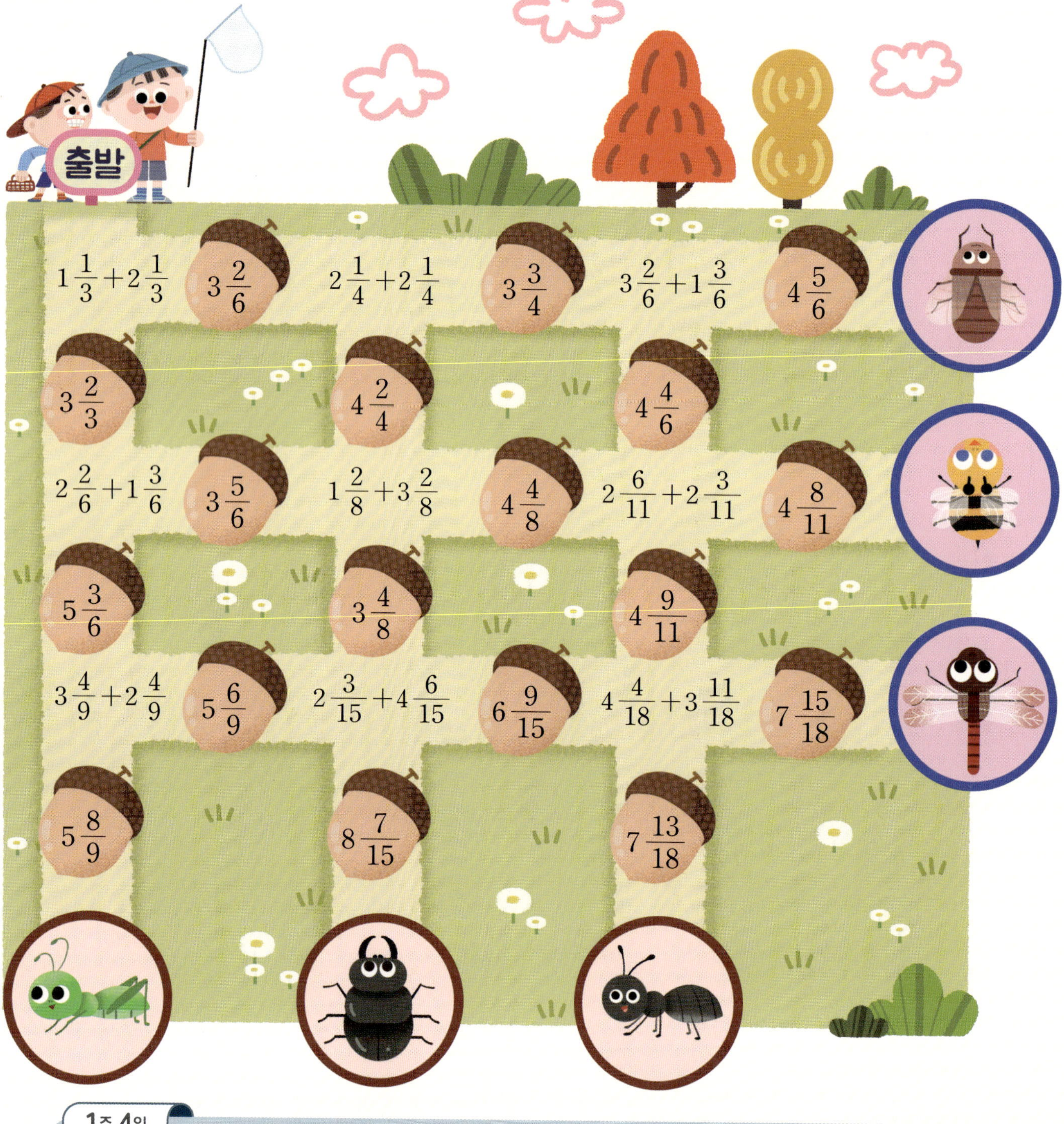

$1\frac{1}{3}+2\frac{1}{3}$ $3\frac{2}{6}$ $2\frac{1}{4}+2\frac{1}{4}$ $3\frac{3}{4}$ $3\frac{2}{6}+1\frac{3}{6}$ $4\frac{5}{6}$

$3\frac{2}{3}$ $4\frac{2}{4}$ $4\frac{4}{6}$

$2\frac{2}{6}+1\frac{3}{6}$ $3\frac{5}{6}$ $1\frac{2}{8}+3\frac{2}{8}$ $4\frac{4}{8}$ $2\frac{6}{11}+2\frac{3}{11}$ $4\frac{8}{11}$

$5\frac{3}{6}$ $3\frac{4}{8}$ $4\frac{9}{11}$

$3\frac{4}{9}+2\frac{4}{9}$ $5\frac{6}{9}$ $2\frac{3}{15}+4\frac{6}{15}$ $6\frac{9}{15}$ $4\frac{4}{18}+3\frac{11}{18}$ $7\frac{15}{18}$

$5\frac{8}{9}$ $8\frac{7}{15}$ $7\frac{13}{18}$

⑤ 진분수 부분의 합이 1보다 작고 분모가 같은 (대분수)+(대분수)(2)

● $1\dfrac{3}{6}+3\dfrac{2}{6}$ 를 계산해 볼까요?

방법1 자연수 부분끼리 더하고, 진분수 부분끼리 더하기

자연수 부분끼리 더하기

$$1\dfrac{3}{6}+3\dfrac{2}{6}=(1+3)+\left(\dfrac{3}{6}+\dfrac{2}{6}\right)=4+\dfrac{5}{6}=4\dfrac{5}{6}$$

진분수 부분끼리 더하기

방법2 대분수를 가분수로 바꾸어 분자끼리 더하기

$$1\dfrac{3}{6}+3\dfrac{2}{6}=\dfrac{9}{6}+\dfrac{20}{6}=\dfrac{29}{6}=4\dfrac{5}{6}$$

가분수로 바꾸기   대분수로 바꾸기

1~12 덧셈을 하세요.

1 $1\dfrac{2}{4}+1\dfrac{1}{4}$

2 $3\dfrac{1}{5}+1\dfrac{3}{5}$

3 $2\dfrac{2}{7}+2\dfrac{4}{7}$

4 $1\dfrac{3}{9}+4\dfrac{3}{9}$

5 $1\dfrac{1}{6}+2\dfrac{4}{6}$

6 $2\dfrac{2}{8}+4\dfrac{3}{8}$

7 $3\dfrac{4}{10}+2\dfrac{3}{10}$

8 $5\dfrac{6}{12}+1\dfrac{5}{12}$

9 $2\dfrac{1}{11}+1\dfrac{7}{11}$

10 $4\dfrac{5}{14}+3\dfrac{2}{14}$

11 $2\dfrac{9}{15}+6\dfrac{4}{15}$

12 $3\dfrac{11}{20}+3\dfrac{6}{20}$

13~33 덧셈을 하세요.

13 $1\dfrac{1}{3} + 1\dfrac{1}{3}$

14 $1\dfrac{3}{6} + 2\dfrac{2}{6}$

15 $3\dfrac{2}{7} + 3\dfrac{4}{7}$

16 $4\dfrac{3}{8} + 1\dfrac{3}{8}$

17 $2\dfrac{5}{10} + 3\dfrac{1}{10}$

18 $5\dfrac{4}{12} + 2\dfrac{5}{12}$

19 $3\dfrac{9}{15} + 4\dfrac{3}{15}$

20 $1\dfrac{1}{4} + 5\dfrac{1}{4}$

21 $1\dfrac{3}{5} + 3\dfrac{1}{5}$

22 $2\dfrac{4}{9} + 2\dfrac{3}{9}$

23 $3\dfrac{2}{11} + 2\dfrac{6}{11}$

24 $1\dfrac{9}{14} + 5\dfrac{3}{14}$

25 $2\dfrac{5}{18} + 4\dfrac{10}{18}$

26 $6\dfrac{8}{20} + 1\dfrac{4}{20}$

27 $1\dfrac{2}{5} + 3\dfrac{2}{5}$

28 $3\dfrac{3}{8} + 2\dfrac{4}{8}$

29 $4\dfrac{7}{10} + 1\dfrac{1}{10}$

30 $5\dfrac{6}{12} + 3\dfrac{3}{12}$

31 $2\dfrac{4}{16} + 4\dfrac{9}{16}$

32 $6\dfrac{7}{21} + 2\dfrac{5}{21}$

33 $5\dfrac{13}{24} + 7\dfrac{6}{24}$

34

35

36

37

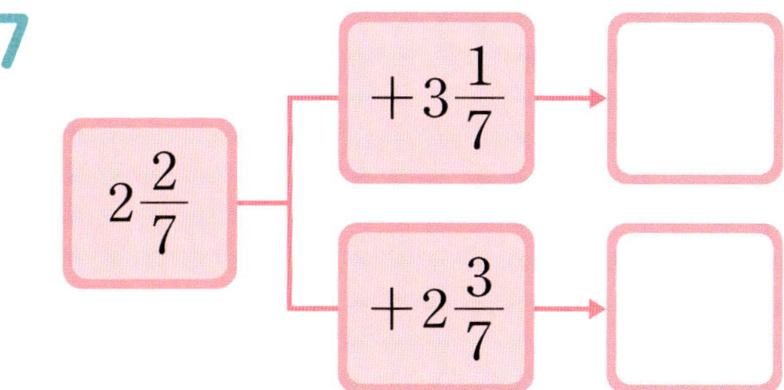

38

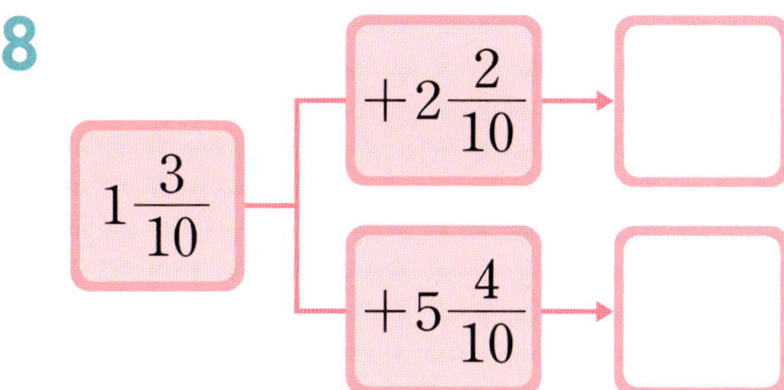

39

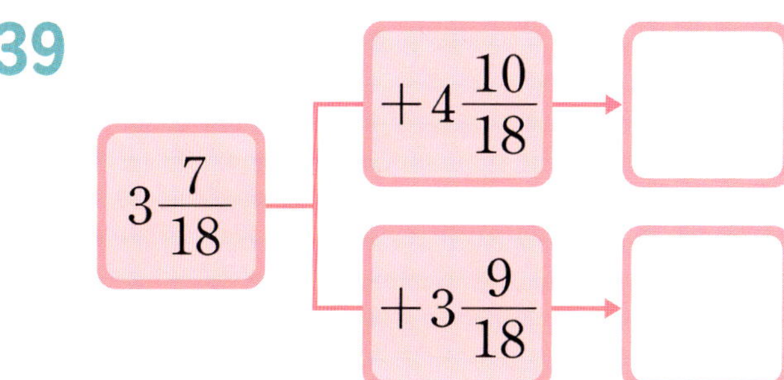

물을 배추밭에는 $1\dfrac{3}{6}$ 통, 무밭에는 $2\dfrac{2}{6}$ 통 주었습니다. 배추밭과 무밭에 준 물은 모두 몇 통인가요?

배추밭에 준 물의 양:  통, 무밭에 준 물의 양:  통

(배추밭과 무밭에 준 물의 양)＝(배추밭에 준 물의 양)＋(무밭에 준 물의 양)

$=$ ☐ $+$ ☐ $=$ ☐ (통)     통

열기구

하늘에 열기구가 떠 있습니다. 열기구에 적힌 덧셈식의 계산 결과를 아래에서 찾아 빈칸에 해당하는 글자를 써넣으세요.

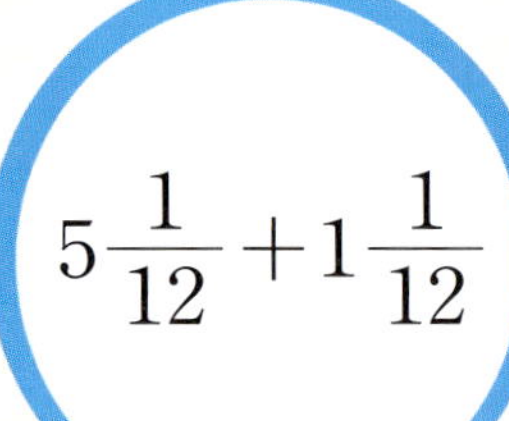

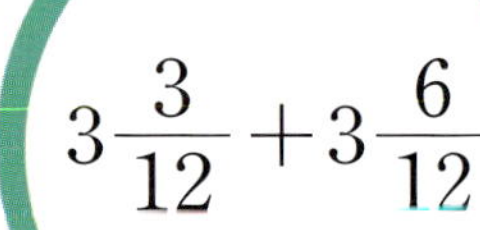

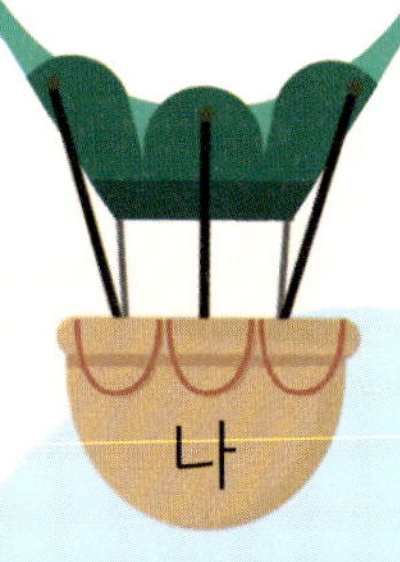

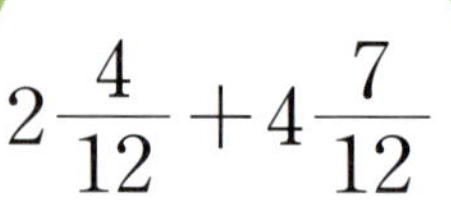

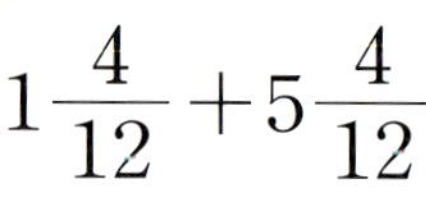

$6\dfrac{2}{12}$ $6\dfrac{5}{12}$ $6\dfrac{8}{12}$ $6\dfrac{9}{12}$ $6\dfrac{11}{12}$

오늘 나의 실력을 평가해 봐!

부모님 응원 한마디

❻ 진분수 부분의 합이 1보다 크고 분모가 같은 (대분수)＋(대분수)(1)

● $1\frac{2}{4}+1\frac{3}{4}$ 을 계산해 볼까요?

방법 1 자연수 부분끼리 더하고, 진분수 부분끼리 더하기

자연수 부분끼리 더하기

$$1\frac{2}{4}+1\frac{3}{4}=(1+1)+\left(\frac{2}{4}+\frac{3}{4}\right)=2+\frac{5}{4}=2+1\frac{1}{4}=3\frac{1}{4}$$

진분수 부분끼리 더하기 · 대분수로 바꾸기

진분수의 합이 가분수이면 대분수로 바꿔.

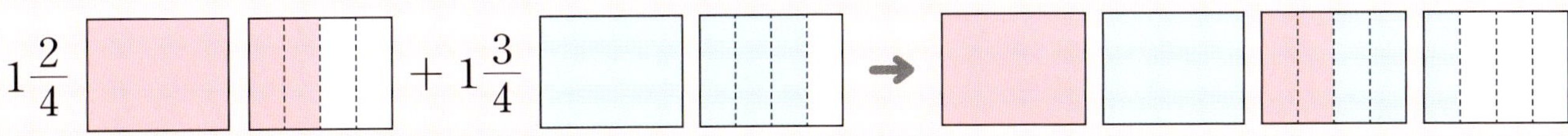

방법 2 대분수를 가분수로 바꾸어 분자끼리 더하기

$$1\frac{2}{4}=\frac{6}{4} \qquad 1\frac{3}{4}=\frac{7}{4}$$

가분수로 바꾸기 · 대분수로 바꾸기

$$1\frac{2}{4}+1\frac{3}{4}=\frac{6}{4}+\frac{7}{4}=\frac{13}{4}=3\frac{1}{4}$$

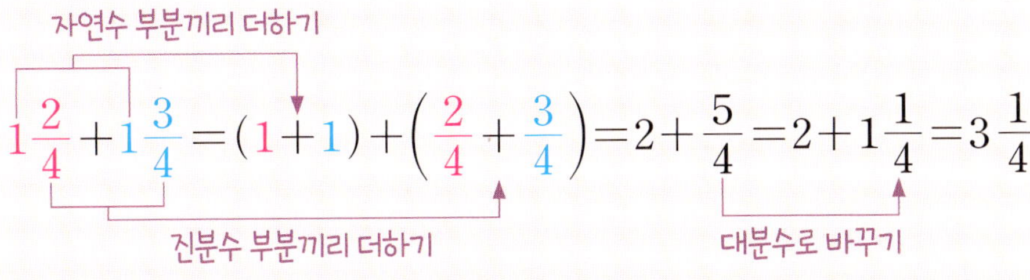

1~9 덧셈을 하세요.

1 $1\frac{2}{3}+1\frac{2}{3}$

2 $2\frac{3}{5}+3\frac{4}{5}$

3 $1\frac{5}{6}+4\frac{3}{6}$

4 $2\frac{6}{7}+1\frac{2}{7}$

5 $3\frac{4}{9}+4\frac{7}{9}$

6 $2\frac{8}{10}+5\frac{5}{10}$

7 $3\frac{7}{8}+2\frac{6}{8}$

8 $1\frac{5}{12}+5\frac{9}{12}$

9 $4\frac{11}{15}+3\frac{8}{15}$

10 $1\dfrac{3}{4}+1\dfrac{3}{4}$

11 $2\dfrac{2}{5}+1\dfrac{4}{5}$

12 $3\dfrac{3}{6}+2\dfrac{5}{6}$

13 $1\dfrac{5}{8}+4\dfrac{6}{8}$

14 $5\dfrac{9}{10}+3\dfrac{8}{10}$

15 $4\dfrac{7}{12}+2\dfrac{6}{12}$

16 $3\dfrac{4}{15}+4\dfrac{13}{15}$

17 $1\dfrac{2}{6}+3\dfrac{5}{6}$

18 $4\dfrac{4}{7}+2\dfrac{6}{7}$

19 $2\dfrac{7}{9}+5\dfrac{5}{9}$

20 $3\dfrac{9}{11}+4\dfrac{10}{11}$

21 $2\dfrac{12}{14}+3\dfrac{11}{14}$

22 $4\dfrac{15}{18}+4\dfrac{8}{18}$

23 $7\dfrac{7}{21}+2\dfrac{16}{21}$

24 $2\dfrac{4}{5}+2\dfrac{3}{5}$

25 $3\dfrac{7}{8}+4\dfrac{5}{8}$

26 $1\dfrac{3}{10}+6\dfrac{9}{10}$

27 $5\dfrac{10}{13}+3\dfrac{8}{13}$

28 $4\dfrac{6}{15}+1\dfrac{13}{15}$

29 $2\dfrac{19}{20}+5\dfrac{4}{20}$

30 $8\dfrac{12}{24}+3\dfrac{17}{24}$

31 

$1\dfrac{5}{7}$ $\quad$ $1\dfrac{4}{7}$

32

$2\dfrac{4}{8}$ $\quad$ $3\dfrac{7}{8}$

33

$4\dfrac{6}{10}$ $\quad$ $2\dfrac{9}{10}$

34

$1\dfrac{10}{16}$ $\quad$ $6\dfrac{8}{16}$

35

$3\dfrac{7}{19}$ $\quad$ $5\dfrac{15}{19}$

36

$2\dfrac{17}{28}$ $\quad$ $7\dfrac{21}{28}$

37 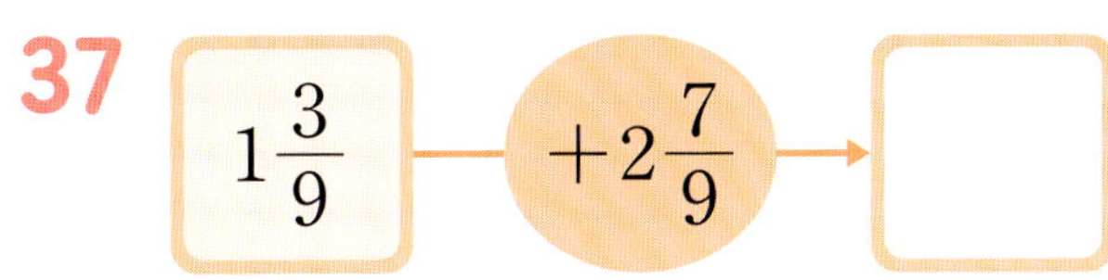

$1\dfrac{3}{9}$ $\quad +2\dfrac{7}{9}$

38

$3\dfrac{8}{14}$ $\quad +1\dfrac{11}{14}$

39

$2\dfrac{12}{17}$ $\quad +5\dfrac{9}{17}$

40

$3\dfrac{8}{21}$ $\quad +3\dfrac{17}{21}$

41

$4\dfrac{18}{25}$ $\quad +4\dfrac{14}{25}$

42

$5\dfrac{23}{32}$ $\quad +6\dfrac{19}{32}$

샌드위치 만들기

희수는 계산 결과가 바르게 적힌 재료만 사용하여 샌드위치를 만들려고 합니다. 희수가 사용해야 하는 재료를 모두 찾아 ○표 하세요.

$$1\frac{5}{6}+2\frac{2}{6}=4\frac{1}{6}$$

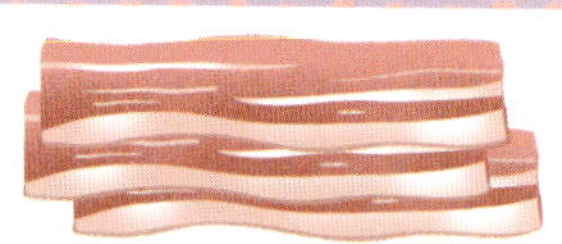

$$3\frac{8}{13}+1\frac{9}{13}=5\frac{4}{13}$$

$$2\frac{13}{17}+3\frac{11}{17}=6\frac{9}{17}$$

$$2\frac{6}{8}+3\frac{5}{8}=6\frac{4}{8}$$

$$4\frac{3}{5}+1\frac{4}{5}=5\frac{1}{5}$$

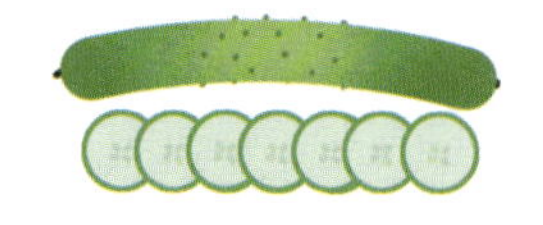

$$3\frac{13}{24}+4\frac{14}{24}=8\frac{3}{24}$$

오늘 나의 실력을 평가해 봐!   

 부모님 응원 한마디

7 진분수 부분의 합이 1보다 크고 분모가 같은 (대분수)＋(대분수)(2)

● $2\dfrac{5}{7}+1\dfrac{4}{7}$ 를 계산해 볼까요?

방법 1 자연수 부분끼리 더하고, 진분수 부분끼리 더하기

자연수 부분끼리 더하기

$$2\dfrac{5}{7}+1\dfrac{4}{7}=(2+1)+\left(\dfrac{5}{7}+\dfrac{4}{7}\right)=3+\dfrac{9}{7}=3+1\dfrac{2}{7}=4\dfrac{2}{7}$$

진분수 부분끼리 더하기 　　　　　대분수로 바꾸기

방법 2 대분수를 가분수로 바꾸어 분자끼리 더하기

$$2\dfrac{5}{7}+1\dfrac{4}{7}=\dfrac{19}{7}+\dfrac{11}{7}=\dfrac{30}{7}=4\dfrac{2}{7}$$

가분수로 바꾸기 　　　대분수로 바꾸기

1~12 덧셈을 하세요.

1 $1\dfrac{3}{4}+1\dfrac{2}{4}$

2 $1\dfrac{4}{5}+2\dfrac{3}{5}$

3 $3\dfrac{6}{7}+1\dfrac{5}{7}$

4 $2\dfrac{7}{9}+3\dfrac{4}{9}$

5 $2\dfrac{5}{6}+1\dfrac{3}{6}$

6 $3\dfrac{7}{8}+4\dfrac{6}{8}$

7 $4\dfrac{5}{10}+2\dfrac{8}{10}$

8 $1\dfrac{9}{12}+5\dfrac{5}{12}$

9 $1\dfrac{4}{9}+3\dfrac{8}{9}$

10 $2\dfrac{6}{11}+5\dfrac{9}{11}$

11 $3\dfrac{8}{14}+4\dfrac{11}{14}$

12 $7\dfrac{13}{16}+1\dfrac{5}{16}$

13 $1\dfrac{2}{3} + 2\dfrac{2}{3}$

14 $2\dfrac{3}{4} + 2\dfrac{3}{4}$

15 $2\dfrac{5}{7} + 3\dfrac{4}{7}$

16 $4\dfrac{4}{8} + 1\dfrac{7}{8}$

17 $2\dfrac{7}{9} + 5\dfrac{8}{9}$

18 $3\dfrac{10}{12} + 3\dfrac{5}{12}$

19 $4\dfrac{9}{15} + 3\dfrac{12}{15}$

20 $2\dfrac{2}{5} + 1\dfrac{4}{5}$

21 $3\dfrac{4}{6} + 2\dfrac{5}{6}$

22 $1\dfrac{4}{10} + 5\dfrac{9}{10}$

23 $2\dfrac{8}{11} + 4\dfrac{7}{11}$

24 $5\dfrac{12}{14} + 3\dfrac{5}{14}$

25 $4\dfrac{6}{18} + 4\dfrac{14}{18}$

26 $3\dfrac{17}{20} + 6\dfrac{8}{20}$

27 $1\dfrac{3}{7} + 3\dfrac{6}{7}$

28 $2\dfrac{5}{9} + 4\dfrac{7}{9}$

29 $3\dfrac{11}{15} + 3\dfrac{5}{15}$

30 $4\dfrac{5}{16} + 1\dfrac{13}{16}$

31 $2\dfrac{18}{21} + 6\dfrac{14}{21}$

32 $5\dfrac{21}{24} + 2\dfrac{9}{24}$

33 $4\dfrac{16}{27} + 8\dfrac{20}{27}$

34

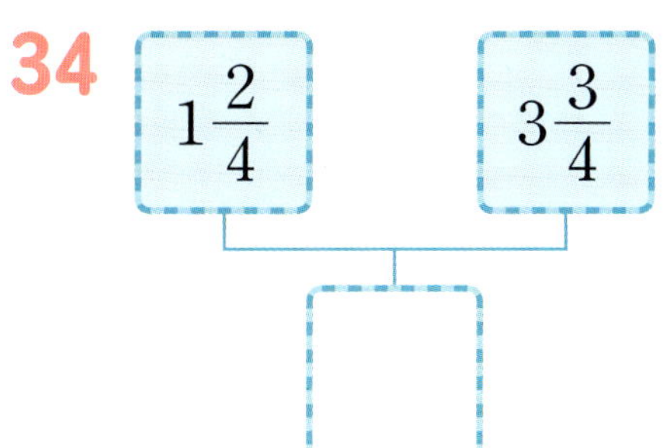

37

+	$1\frac{3}{7}$	$2\frac{6}{7}$
$1\frac{5}{7}$		

35

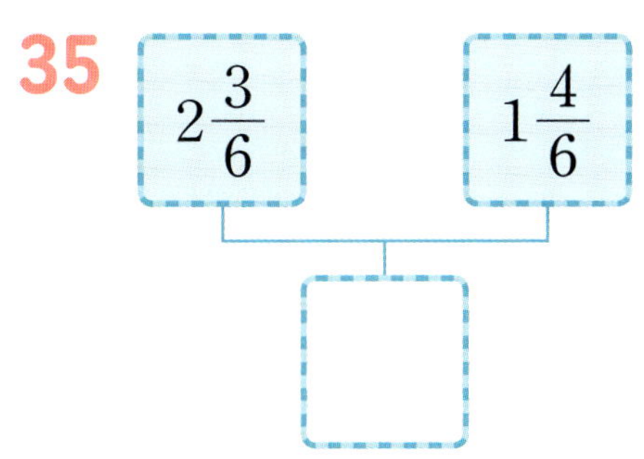

38

+	$3\frac{8}{11}$	$1\frac{10}{11}$
$2\frac{7}{11}$		

36

39

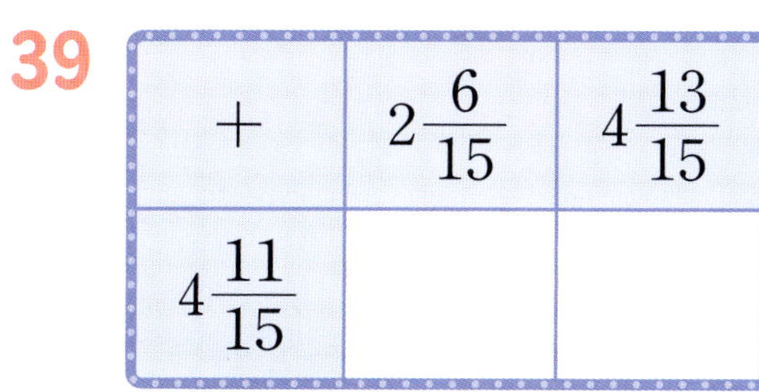

+	$2\frac{6}{15}$	$4\frac{13}{15}$
$4\frac{11}{15}$		

빨간색 끈의 길이는 $2\frac{13}{24}$ m이고, 파란색 끈의 길이는 빨간색 끈의 길이보다 $1\frac{19}{24}$ m만큼 더 깁니다. 파란색 끈의 길이는 몇 m인가요?

빨간색 끈의 길이: ☐ m, 빨간색 끈의 길이보다 더 긴 길이: ☐ m

(파란색 끈의 길이)=(빨간색 끈의 길이)+(빨간색 끈의 길이보다 더 긴 길이)

= ☐ + ☐ = ☐ (m)    답 ☐ m

지붕 올라가기

쥐돌이와 쥐순이가 다음과 같은 이동 방법으로 지붕 위로 올라가려고 합니다. 쥐돌이와 쥐순이가 지붕에 도착했을 때의 계산 결과를 구하세요.

이동 방법

- '출발'에서 시작하여 올라갑니다.
- 각 층에서 큰 수에 해당하는 사다리를 선택합니다.
- 선택한 곳에 적힌 분수만큼을 차례로 더합니다.
- 지붕에 도착했을 때의 계산 결과를 구합니다.

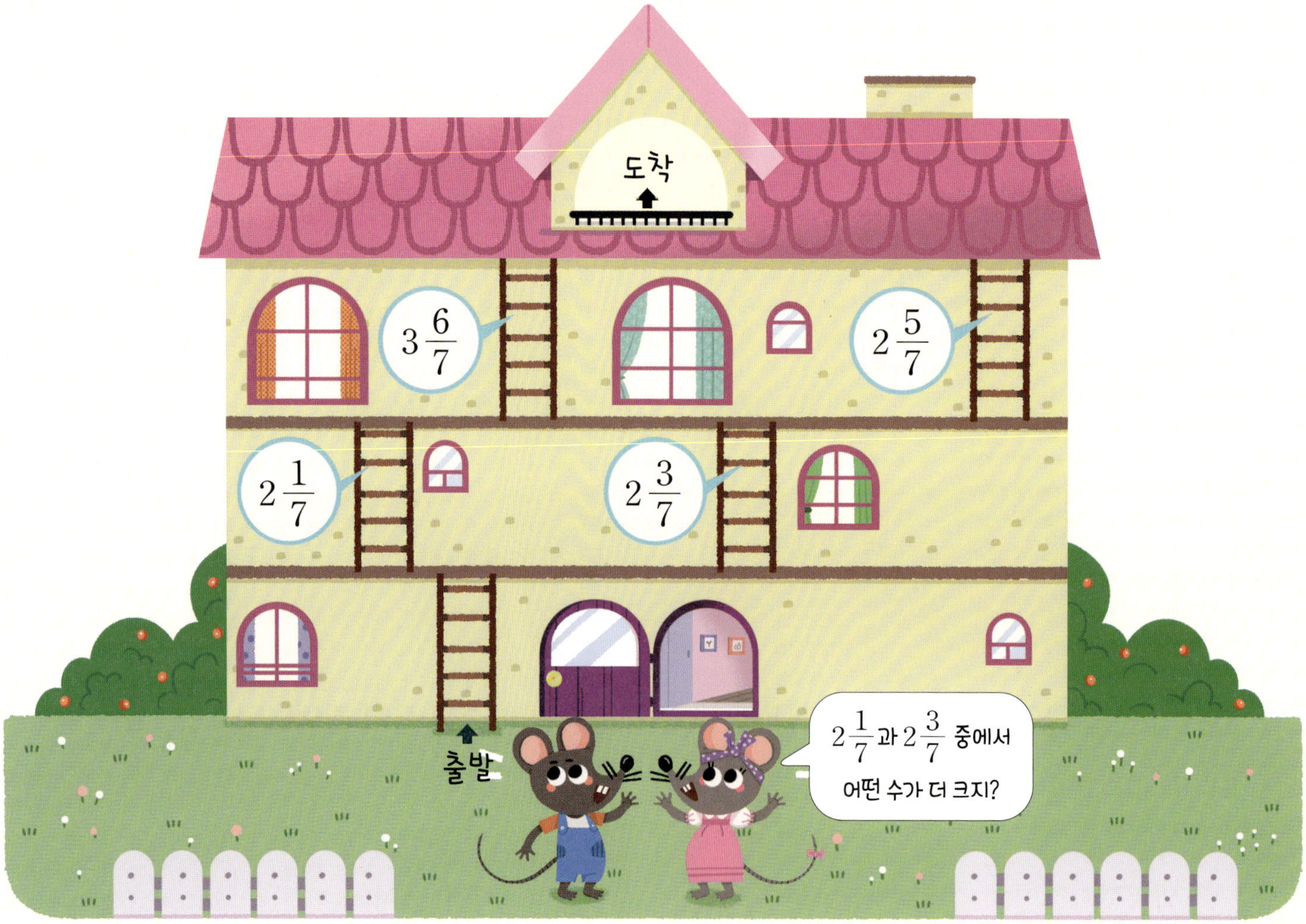

❽ 분모가 같은 (진분수)−(진분수)

● $\dfrac{4}{5} - \dfrac{3}{5}$ 을 계산해 볼까요?

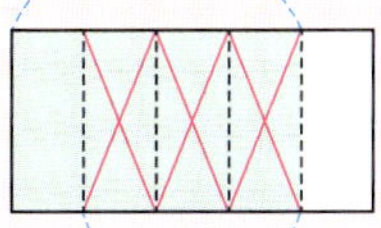

$$\dfrac{4}{5}$$

$$\dfrac{3}{5}$$

분자끼리 빼기

$$\dfrac{4}{5} - \dfrac{3}{5} = \dfrac{4-3}{5} = \dfrac{1}{5}$$

분모는 그대로 두기

$\dfrac{4}{5}$ 는 $\dfrac{1}{5}$ 이 4개,

$\dfrac{3}{5}$ 은 $\dfrac{1}{5}$ 이 3개이므로

$\dfrac{4}{5} - \dfrac{3}{5}$ 은 $\dfrac{1}{5}$ 이

$4-3=1$(개)야.

> 분모는 그대로 두고 분자끼리 뺍니다.

1~12 뺄셈을 하세요.

1 $\dfrac{2}{3} - \dfrac{1}{3}$

2 $\dfrac{3}{4} - \dfrac{2}{4}$

3 $\dfrac{6}{8} - \dfrac{2}{8}$

4 $\dfrac{5}{10} - \dfrac{1}{10}$

5 $\dfrac{4}{6} - \dfrac{1}{6}$

6 $\dfrac{7}{9} - \dfrac{4}{9}$

7 $\dfrac{8}{11} - \dfrac{5}{11}$

8 $\dfrac{8}{13} - \dfrac{6}{13}$

9 $\dfrac{5}{7} - \dfrac{3}{7}$

10 $\dfrac{9}{12} - \dfrac{3}{12}$

11 $\dfrac{10}{14} - \dfrac{5}{14}$

12 $\dfrac{12}{15} - \dfrac{3}{15}$

13 $\dfrac{2}{4} - \dfrac{1}{4}$

14 $\dfrac{4}{7} - \dfrac{2}{7}$

15 $\dfrac{8}{10} - \dfrac{4}{10}$

16 $\dfrac{9}{13} - \dfrac{3}{13}$

17 $\dfrac{11}{16} - \dfrac{8}{16}$

18 $\dfrac{15}{19} - \dfrac{6}{19}$

19 $\dfrac{16}{21} - \dfrac{13}{21}$

20 $\dfrac{5}{6} - \dfrac{4}{6}$

21 $\dfrac{6}{9} - \dfrac{3}{9}$

22 $\dfrac{10}{12} - \dfrac{5}{12}$

23 $\dfrac{13}{15} - \dfrac{6}{15}$

24 $\dfrac{10}{17} - \dfrac{2}{17}$

25 $\dfrac{19}{22} - \dfrac{13}{22}$

26 $\dfrac{21}{25} - \dfrac{11}{25}$

27 $\dfrac{7}{8} - \dfrac{3}{8}$

28 $\dfrac{9}{11} - \dfrac{4}{11}$

29 $\dfrac{11}{14} - \dfrac{8}{14}$

30 $\dfrac{14}{18} - \dfrac{6}{18}$

31 $\dfrac{18}{20} - \dfrac{12}{20}$

32 $\dfrac{20}{24} - \dfrac{11}{24}$

33 $\dfrac{27}{28} - \dfrac{4}{28}$

34

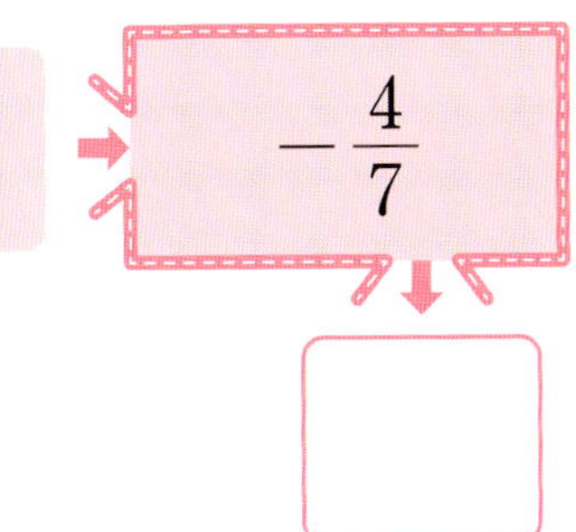

37

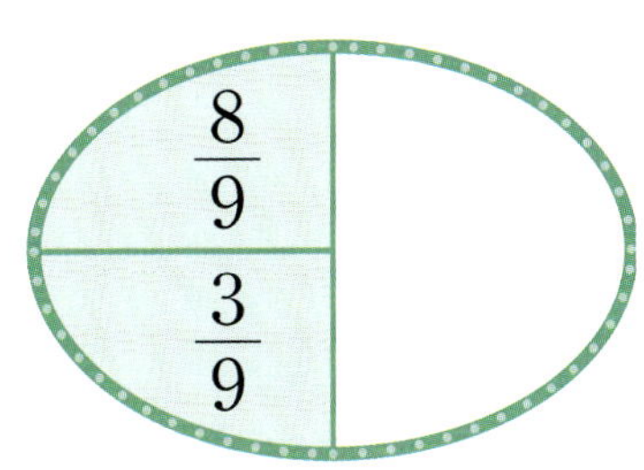

35

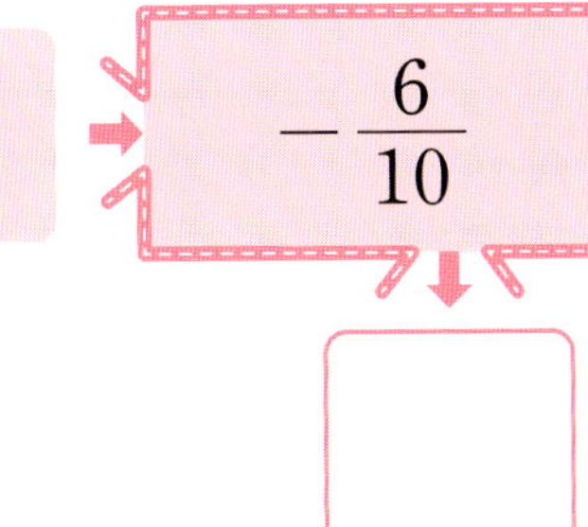

38

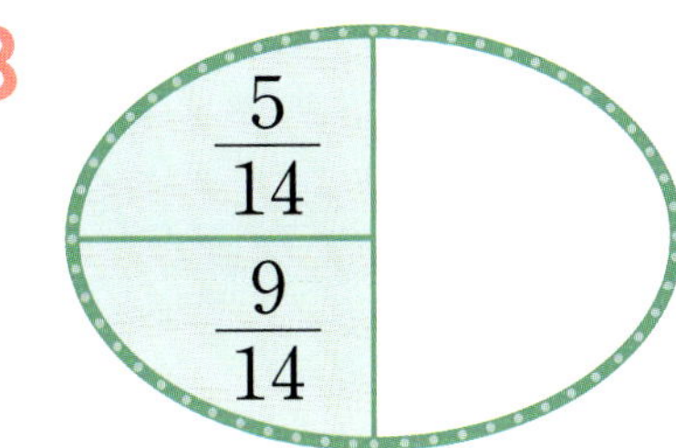

36

39

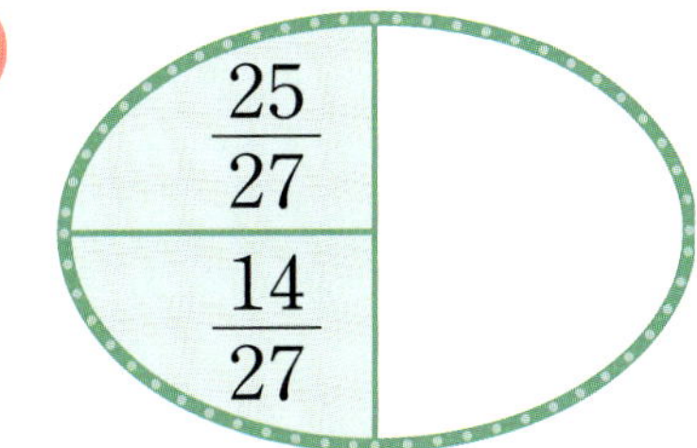

지아가 설명하는 수는 얼마인가요?

$\left(\dfrac{3}{5}\text{보다 }\dfrac{1}{5}\text{만큼 더 작은 수}\right) = \boxed{} - \boxed{} = \boxed{}$　　　　답 $\boxed{}$

학원 찾기

민기는 학원에 가려고 합니다. 갈림길 문제의 계산 결과를 따라가면 학원에 도착할 수 있습니다. 길을 올바르게 따라가 민기가 가려고 하는 학원을 찾아 ○표 하세요.

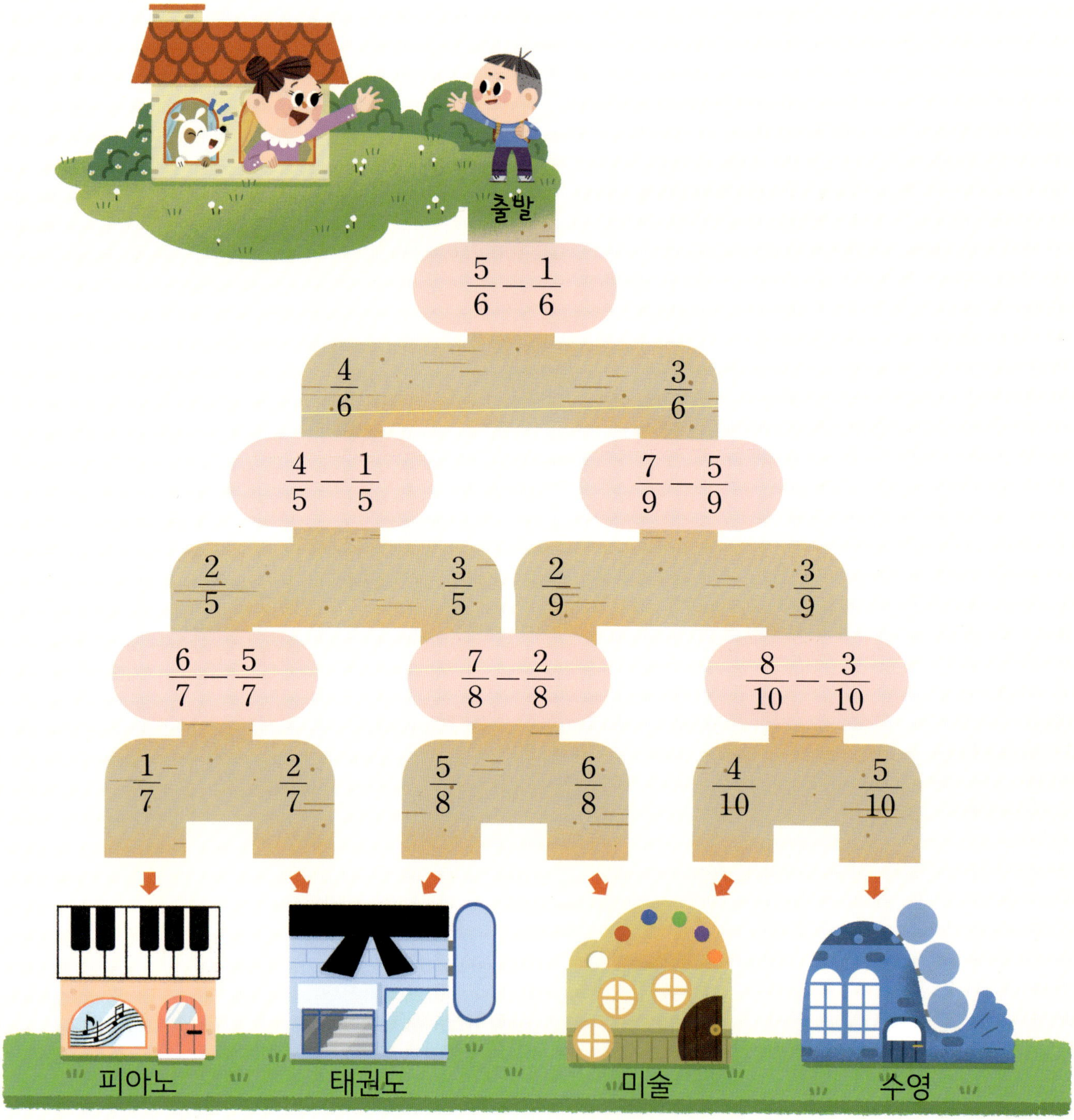

출발

$$\frac{5}{6} - \frac{1}{6}$$

$\frac{4}{6}$ · $\frac{3}{6}$

$$\frac{4}{5} - \frac{1}{5}$$ $$\frac{7}{9} - \frac{5}{9}$$

$\frac{2}{5}$ · $\frac{3}{5}$ $\frac{2}{9}$ · $\frac{3}{9}$

$$\frac{6}{7} - \frac{5}{7}$$ $$\frac{7}{8} - \frac{2}{8}$$ $$\frac{8}{10} - \frac{3}{10}$$

$\frac{1}{7}$ · $\frac{2}{7}$ $\frac{5}{8}$ · $\frac{6}{8}$ $\frac{4}{10}$ · $\frac{5}{10}$

피아노   태권도   미술   수영

⑨ 1−(진분수)

● $1-\dfrac{2}{5}$ 를 계산해 볼까요?

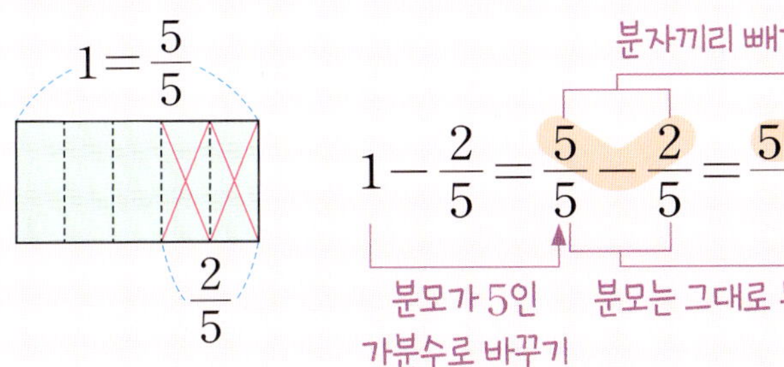

$1=\dfrac{5}{5}$

$\dfrac{2}{5}$

분자끼리 빼기

$$1-\dfrac{2}{5}=\dfrac{5}{5}-\dfrac{2}{5}=\dfrac{5-2}{5}=\dfrac{3}{5}$$

분모가 5인 가분수로 바꾸기

분모는 그대로 두기

1은 $\dfrac{1}{5}$ 이 5개, $\dfrac{2}{5}$ 는 $\dfrac{1}{5}$ 이 2개야.

> 1을 가분수로 바꾸어 분모는 그대로 두고 분자끼리 뺍니다.

1~12 뺄셈을 하세요.

1 $1-\dfrac{1}{2}$

2 $1-\dfrac{2}{3}$

3 $1-\dfrac{2}{4}$

4 $1-\dfrac{1}{5}$

5 $1-\dfrac{4}{6}$

6 $1-\dfrac{3}{7}$

7 $1-\dfrac{1}{8}$

8 $1-\dfrac{3}{9}$

9 $1-\dfrac{5}{8}$

10 $1-\dfrac{4}{9}$

11 $1-\dfrac{8}{10}$

12 $1-\dfrac{7}{11}$

13 $1 - \dfrac{1}{3}$

14 $1 - \dfrac{3}{4}$

15 $1 - \dfrac{4}{8}$

16 $1 - \dfrac{3}{10}$

17 $1 - \dfrac{5}{13}$

18 $1 - \dfrac{9}{15}$

19 $1 - \dfrac{14}{21}$

20 $1 - \dfrac{4}{5}$

21 $1 - \dfrac{2}{7}$

22 $1 - \dfrac{7}{9}$

23 $1 - \dfrac{8}{12}$

24 $1 - \dfrac{5}{16}$

25 $1 - \dfrac{11}{20}$

26 $1 - \dfrac{12}{25}$

27 $1 - \dfrac{2}{6}$

28 $1 - \dfrac{6}{11}$

29 $1 - \dfrac{8}{14}$

30 $1 - \dfrac{11}{18}$

31 $1 - \dfrac{15}{23}$

32 $1 - \dfrac{24}{28}$

33 $1 - \dfrac{18}{32}$

34

$$1 \quad -\frac{6}{7} \quad \rightarrow \quad \boxed{}$$

38

1	$\frac{4}{9}$

35

$$1 \quad -\frac{5}{12} \quad \rightarrow \quad \boxed{}$$

39

1	$\frac{7}{15}$

36

$$1 \quad -\frac{11}{24} \quad \rightarrow \quad \boxed{}$$

40

1	$\frac{12}{27}$

37

$$1 \quad -\frac{23}{31} \quad \rightarrow \quad \boxed{}$$

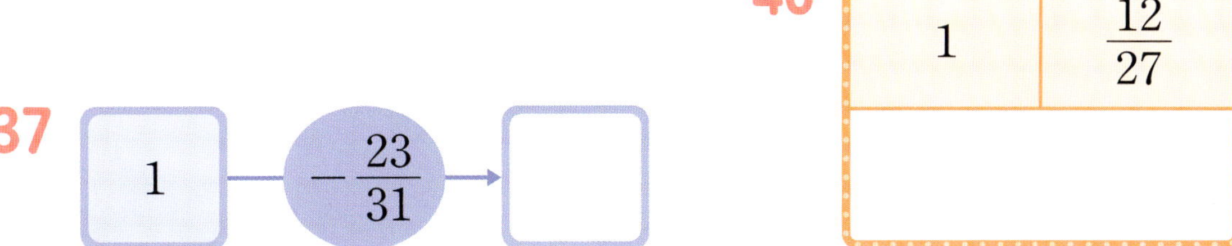

성주는 우유 $1\,\mathrm{L}$ 중에서 $\frac{1}{4}\,\mathrm{L}$를 마셨습니다. 성주가 마시고 남은 우유는 몇 L인가요?

처음에 있던 우유의 양: $\boxed{}\,\mathrm{L}$, 마신 우유의 양: $\boxed{}\,\mathrm{L}$

(성주가 마시고 남은 우유의 양)＝(처음에 있던 우유의 양)−(마신 우유의 양)

$$=\boxed{}-\boxed{}=\boxed{}\;(\mathrm{L}) \qquad \text{답}\;\boxed{}\,\mathrm{L}$$

색칠하기

가운데 뺄셈식의 계산 결과가 적힌 꽃잎을 찾아 색칠하세요.

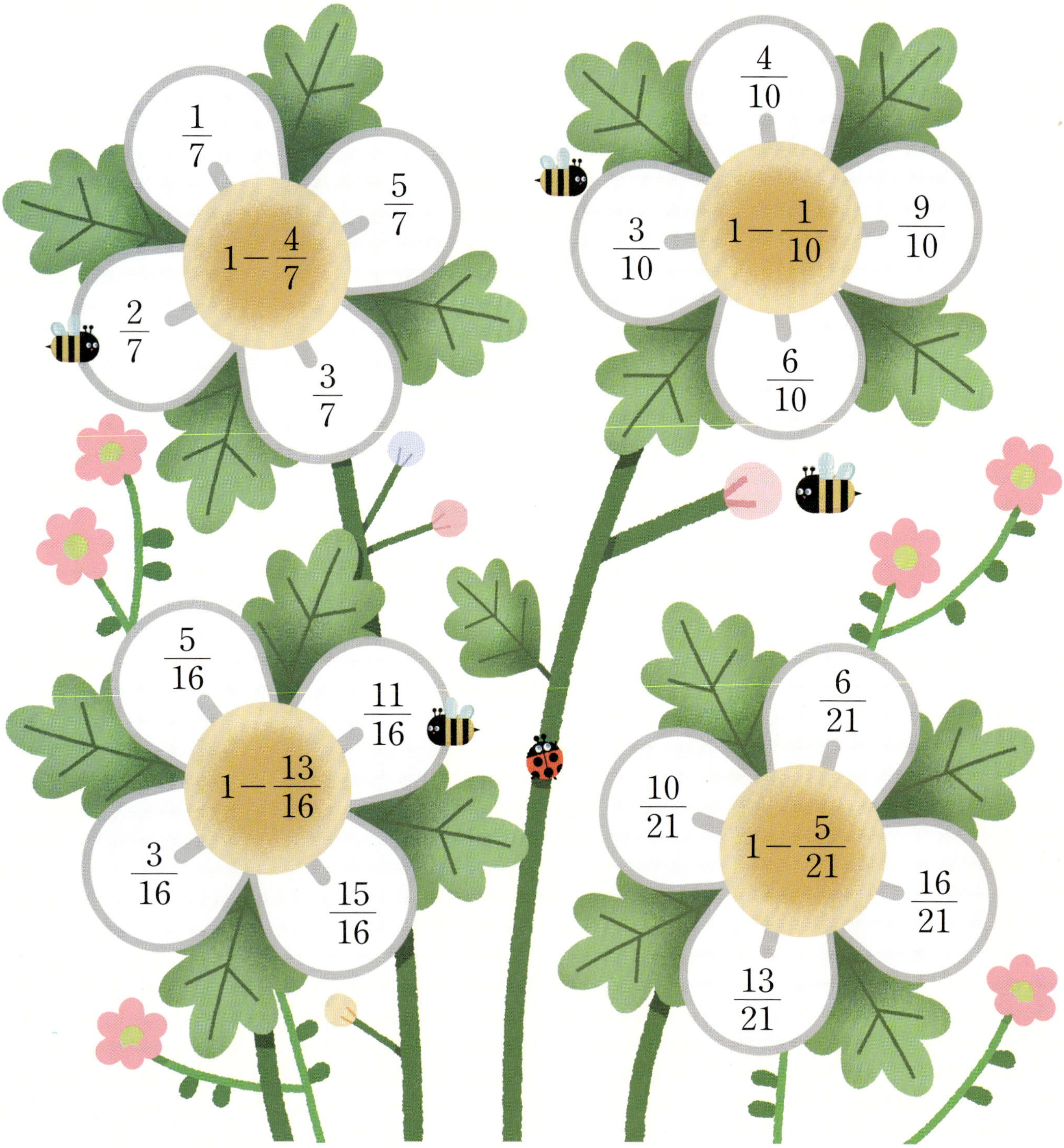

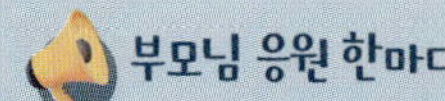

⑩ 진분수 부분끼리 뺄 수 있고 분모가 같은 (대분수)−(대분수)(1)

● $3\frac{3}{4} - 1\frac{2}{4}$ 를 계산해 볼까요?

방법 1 자연수 부분끼리 빼고, 진분수 부분끼리 빼기

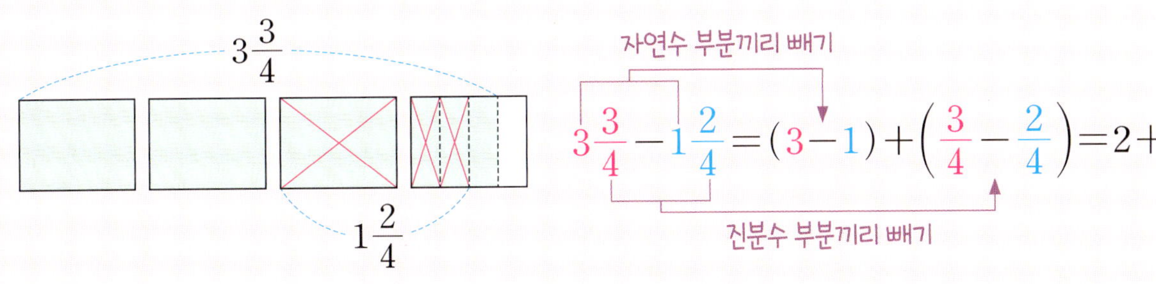

방법 2 대분수를 가분수로 바꾸어 분자끼리 빼기

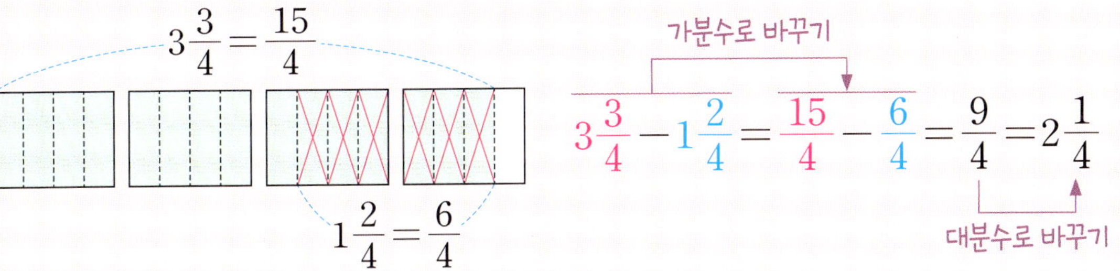

1~9 뺄셈을 하세요.

1 $2\frac{2}{3} - 1\frac{1}{3}$

2 $3\frac{4}{5} - 1\frac{3}{5}$

3 $5\frac{5}{7} - 3\frac{2}{7}$

4 $4\frac{3}{6} - 2\frac{2}{6}$

5 $6\frac{8}{9} - 3\frac{4}{9}$

6 $5\frac{7}{10} - 1\frac{6}{10}$

7 $5\frac{6}{8} - 3\frac{4}{8}$

8 $4\frac{9}{12} - 1\frac{5}{12}$

9 $7\frac{12}{15} - 2\frac{3}{15}$

10 $3\dfrac{2}{4} - 2\dfrac{1}{4}$

11 $2\dfrac{4}{5} - 1\dfrac{2}{5}$

12 $4\dfrac{5}{6} - 2\dfrac{3}{6}$

13 $5\dfrac{7}{8} - 4\dfrac{2}{8}$

14 $6\dfrac{9}{10} - 3\dfrac{3}{10}$

15 $7\dfrac{8}{12} - 2\dfrac{5}{12}$

16 $9\dfrac{13}{16} - 4\dfrac{9}{16}$

17 $2\dfrac{4}{6} - 1\dfrac{1}{6}$

18 $4\dfrac{6}{7} - 2\dfrac{4}{7}$

19 $5\dfrac{7}{9} - 3\dfrac{2}{9}$

20 $6\dfrac{9}{11} - 2\dfrac{1}{11}$

21 $4\dfrac{12}{14} - 1\dfrac{8}{14}$

22 $5\dfrac{13}{18} - 3\dfrac{7}{18}$

23 $8\dfrac{21}{24} - 2\dfrac{14}{24}$

24 $4\dfrac{3}{5} - 3\dfrac{2}{5}$

25 $3\dfrac{7}{8} - 1\dfrac{4}{8}$

26 $4\dfrac{8}{10} - 1\dfrac{4}{10}$

27 $7\dfrac{11}{13} - 3\dfrac{2}{13}$

28 $5\dfrac{13}{15} - 2\dfrac{5}{15}$

29 $8\dfrac{17}{20} - 4\dfrac{12}{20}$

30 $10\dfrac{24}{27} - 3\dfrac{8}{27}$

31 

$4\dfrac{5}{7}$ | $1\dfrac{3}{7}$

32

$5\dfrac{6}{10}$ | $3\dfrac{2}{10}$

33

$4\dfrac{13}{16}$ | $2\dfrac{4}{16}$

34

$7\dfrac{19}{22}$ | $4\dfrac{12}{22}$

35

$10\dfrac{25}{26}$ | $6\dfrac{14}{26}$

36

$13\dfrac{29}{31}$ | $8\dfrac{17}{31}$

37 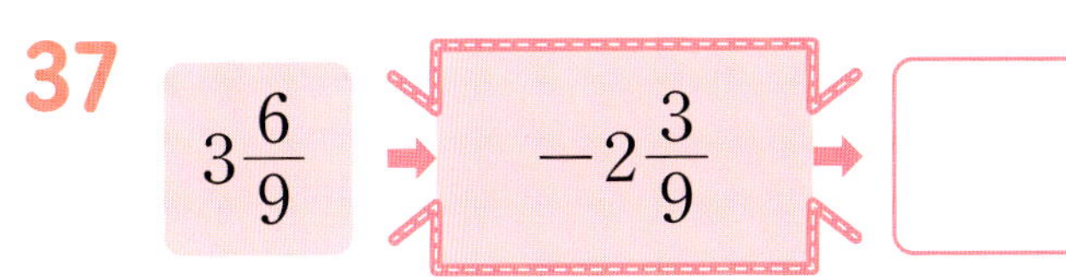

$3\dfrac{6}{9}$ → $-2\dfrac{3}{9}$ →

38

$6\dfrac{10}{13}$ → $-3\dfrac{5}{13}$ →

39

$7\dfrac{14}{19}$ → $-5\dfrac{2}{19}$ →

40

$9\dfrac{22}{25}$ → $-4\dfrac{13}{25}$ →

41

$11\dfrac{27}{32}$ → $-3\dfrac{9}{32}$ →

42

$15\dfrac{31}{35}$ → $-7\dfrac{20}{35}$ →

미끄럼틀 타기

미끄럼틀을 타고 내려간 곳에 있는 햄스터에 뺄셈식의 계산 결과를 써넣으세요.

$$4\frac{3}{8}-1\frac{2}{8} \qquad 3\frac{11}{18}-2\frac{9}{18} \qquad 6\frac{7}{12}-4\frac{4}{12} \qquad 8\frac{21}{24}-3\frac{15}{24}$$

3주 1일

⑪ 진분수 부분끼리 뺄 수 있고 분모가 같은 (대분수)−(대분수)(2)

● $3\dfrac{5}{6}-2\dfrac{1}{6}$ 을 계산해 볼까요?

방법 1 자연수 부분끼리 빼고, 진분수 부분끼리 빼기

자연수 부분끼리 빼기

$$3\dfrac{5}{6}-2\dfrac{1}{6}=(3-2)+\left(\dfrac{5}{6}-\dfrac{1}{6}\right)=1+\dfrac{4}{6}=1\dfrac{4}{6}$$

진분수 부분끼리 빼기

방법 2 대분수를 가분수로 바꾸어 분자끼리 빼기

$$3\dfrac{5}{6}-2\dfrac{1}{6}=\dfrac{23}{6}-\dfrac{13}{6}=\dfrac{10}{6}=1\dfrac{4}{6}$$

가분수로 바꾸기 　대분수로 바꾸기

1~12 뺄셈을 하세요.

1 $2\dfrac{3}{4}-1\dfrac{1}{4}$

2 $4\dfrac{4}{5}-2\dfrac{1}{5}$

3 $5\dfrac{6}{7}-1\dfrac{3}{7}$

4 $6\dfrac{7}{9}-3\dfrac{6}{9}$

5 $3\dfrac{4}{7}-1\dfrac{2}{7}$

6 $5\dfrac{5}{8}-1\dfrac{2}{8}$

7 $6\dfrac{9}{10}-3\dfrac{2}{10}$

8 $7\dfrac{8}{12}-2\dfrac{3}{12}$

9 $3\dfrac{6}{11}-2\dfrac{4}{11}$

10 $6\dfrac{12}{14}-4\dfrac{5}{14}$

11 $4\dfrac{8}{15}-1\dfrac{6}{15}$

12 $9\dfrac{17}{18}-5\dfrac{10}{18}$

13 $3\dfrac{2}{3} - 1\dfrac{1}{3}$

14 $4\dfrac{3}{4} - 2\dfrac{2}{4}$

15 $5\dfrac{4}{6} - 1\dfrac{1}{6}$

16 $7\dfrac{7}{8} - 3\dfrac{3}{8}$

17 $8\dfrac{8}{10} - 5\dfrac{2}{10}$

18 $6\dfrac{10}{12} - 2\dfrac{3}{12}$

19 $9\dfrac{13}{15} - 4\dfrac{4}{15}$

20 $4\dfrac{4}{5} - 3\dfrac{1}{5}$

21 $5\dfrac{6}{7} - 2\dfrac{4}{7}$

22 $6\dfrac{7}{9} - 3\dfrac{2}{9}$

23 $8\dfrac{9}{11} - 4\dfrac{7}{11}$

24 $7\dfrac{10}{14} - 2\dfrac{3}{14}$

25 $9\dfrac{9}{18} - 6\dfrac{8}{18}$

26 $10\dfrac{16}{20} - 3\dfrac{5}{20}$

27 $3\dfrac{5}{8} - 2\dfrac{2}{8}$

28 $4\dfrac{9}{10} - 1\dfrac{5}{10}$

29 $7\dfrac{8}{12} - 4\dfrac{1}{12}$

30 $6\dfrac{12}{16} - 5\dfrac{4}{16}$

31 $9\dfrac{19}{21} - 3\dfrac{7}{21}$

32 $7\dfrac{16}{24} - 4\dfrac{11}{24}$

33 $12\dfrac{20}{27} - 7\dfrac{6}{27}$

34~36 빈칸에 두 수의 차를 써넣으세요.

37~39 빈칸에 알맞은 수를 써넣으세요.

34 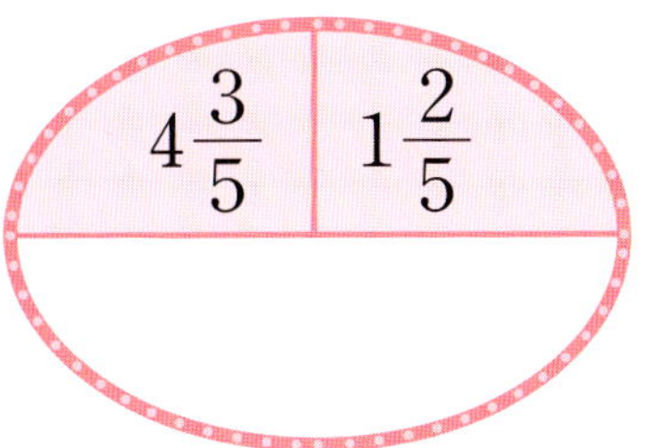

37 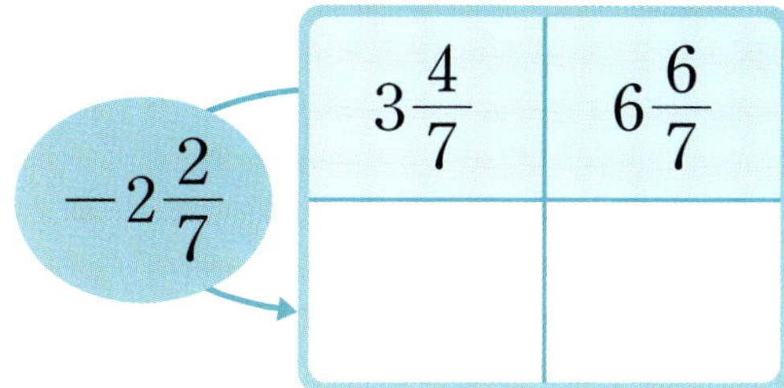

35 

38 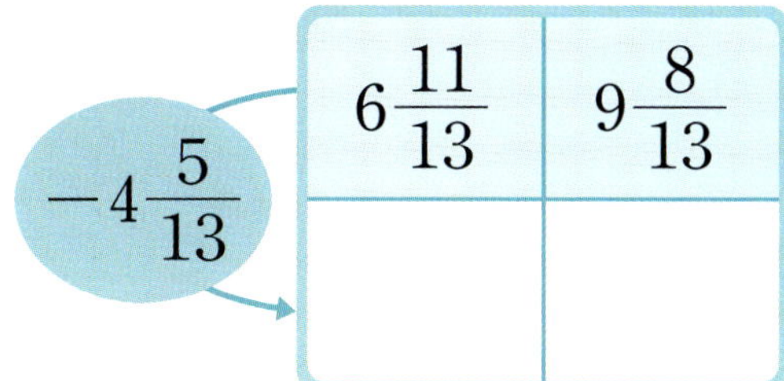

36 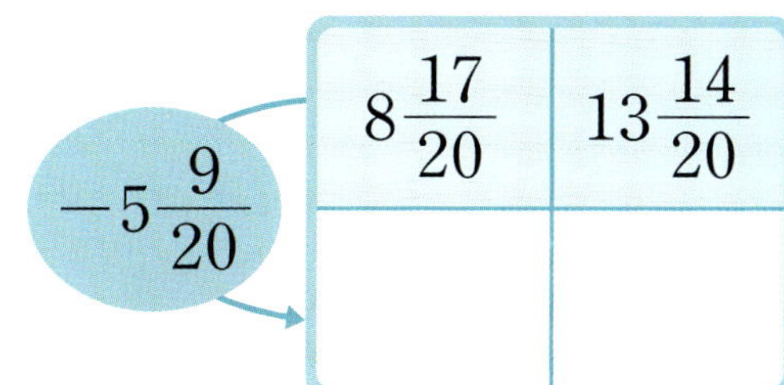

39

고양이의 무게는 $4\frac{1}{8}$ kg이고, 강아지의 무게는 $7\frac{4}{8}$ kg입니다. 강아지는 고양이보다 몇 kg 더 무거운가요?

고양이의 무게: ☐ kg, 강아지의 무게: ☐ kg

(강아지와 고양이의 무게의 차)＝(강아지의 무게)－(고양이의 무게)

＝ ☐ － ☐ ＝ ☐ (kg)  ☐ kg

간식 찾기

주어진 뺄셈식을 바르게 계산하였으면 ➡를, 잘못 계산하였으면 ➡를 따라갔을 때 도착한 곳의 음식을 오늘의 간식으로 정하기로 하였습니다. 오늘의 간식을 찾아 쓰세요.

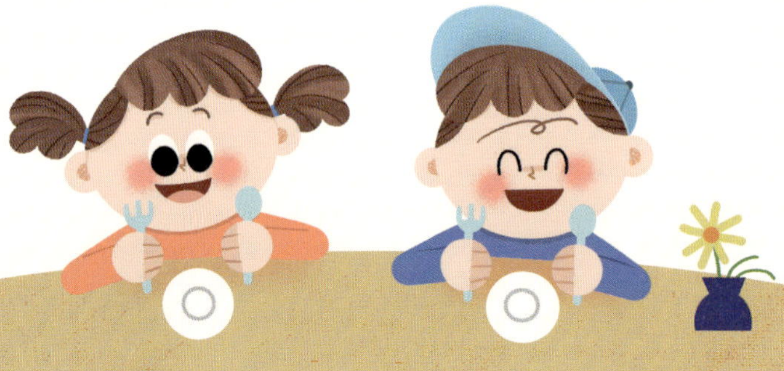

$$2\frac{5}{6} - 1\frac{3}{6} = 1\frac{2}{6}$$

$$4\frac{6}{9} - 3\frac{1}{9} = 2\frac{5}{9}$$

$$5\frac{7}{8} - 2\frac{2}{8} = 3\frac{5}{8}$$

$$3\frac{8}{13} - 2\frac{7}{13} = 5\frac{1}{13}$$

$$5\frac{9}{10} - 3\frac{5}{10} = 2\frac{4}{10}$$

$$4\frac{11}{14} - 1\frac{2}{14} = 3\frac{9}{14}$$

$$5\frac{29}{32} - 3\frac{12}{32} = 2\frac{19}{32}$$

$$6\frac{18}{22} - 1\frac{3}{22} = 5\frac{13}{22}$$

$$8\frac{23}{29} - 2\frac{6}{29} = 5\frac{17}{29}$$

치킨

피자

햄버거

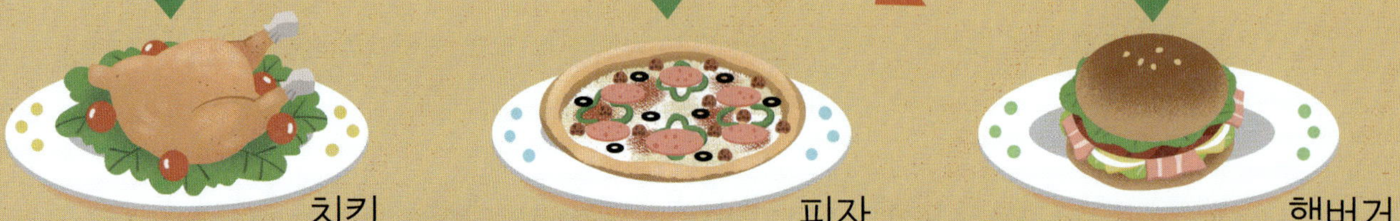

⑫ (자연수) − (분수)

● $3-1\dfrac{1}{4}$ 을 계산해 볼까요?

방법 1 자연수에서 1만큼을 분수로 바꾸어 빼기

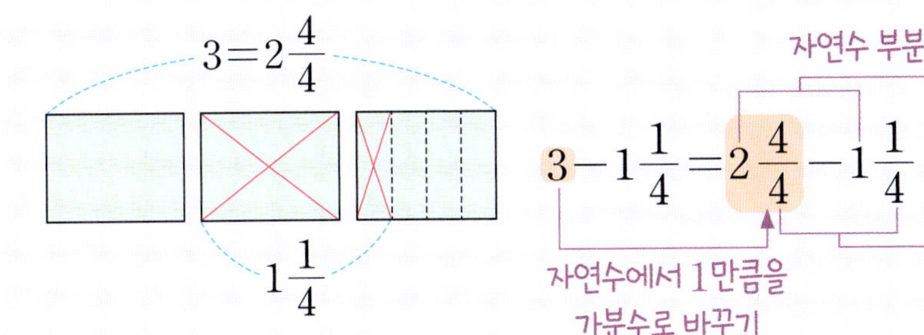

$$3-1\frac{1}{4}=2\frac{4}{4}-1\frac{1}{4}=(2-1)+\left(\frac{4}{4}-\frac{1}{4}\right)=1+\frac{3}{4}=1\frac{3}{4}$$

자연수 부분끼리 빼기
자연수에서 1만큼을 가분수로 바꾸기
분수 부분끼리 빼기

방법 2 자연수와 대분수를 모두 가분수로 바꾸어 빼기

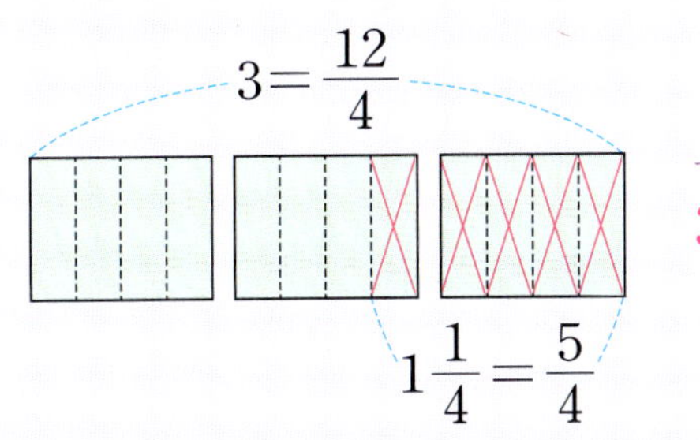

$$3-1\frac{1}{4}=\frac{12}{4}-\frac{5}{4}=\frac{7}{4}=1\frac{3}{4}$$

가분수로 바꾸기
대분수로 바꾸기

1~9 뺄셈을 하세요.

1 $2-\dfrac{1}{3}$

2 $3-\dfrac{2}{5}$

3 $5-\dfrac{4}{6}$

4 $4-\dfrac{2}{8}$

5 $7-\dfrac{3}{4}$

6 $6-\dfrac{5}{7}$

7 $3-\dfrac{5}{6}$

8 $5-\dfrac{7}{9}$

9 $9-\dfrac{7}{10}$

10 $2 - 1\dfrac{1}{2}$

11 $3 - 1\dfrac{2}{3}$

12 $5 - 2\dfrac{3}{5}$

13 $4 - 1\dfrac{4}{8}$

14 $6 - 3\dfrac{5}{12}$

15 $8 - 2\dfrac{1}{13}$

16 $7 - 4\dfrac{13}{16}$

17 $4 - 2\dfrac{2}{4}$

18 $5 - 3\dfrac{4}{7}$

19 $7 - 1\dfrac{8}{10}$

20 $6 - 2\dfrac{5}{11}$

21 $8 - 5\dfrac{9}{14}$

22 $9 - 4\dfrac{17}{18}$

23 $10 - 7\dfrac{6}{21}$

24 $5 - 1\dfrac{5}{6}$

25 $6 - 4\dfrac{3}{9}$

26 $9 - 3\dfrac{6}{13}$

27 $8 - 1\dfrac{11}{15}$

28 $7 - 2\dfrac{14}{17}$

29 $12 - 5\dfrac{11}{20}$

30 $14 - 8\dfrac{12}{24}$

31

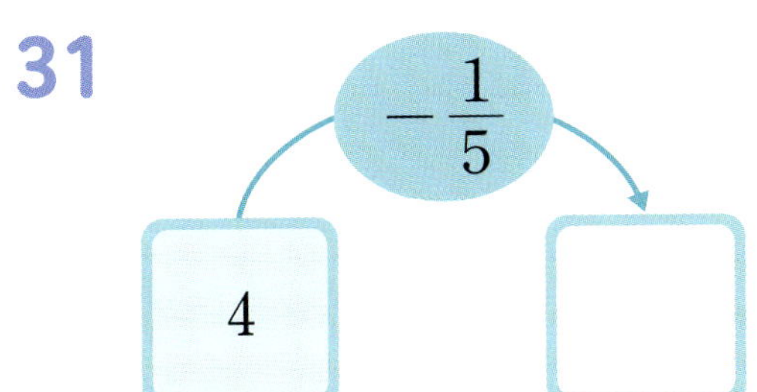

34

32

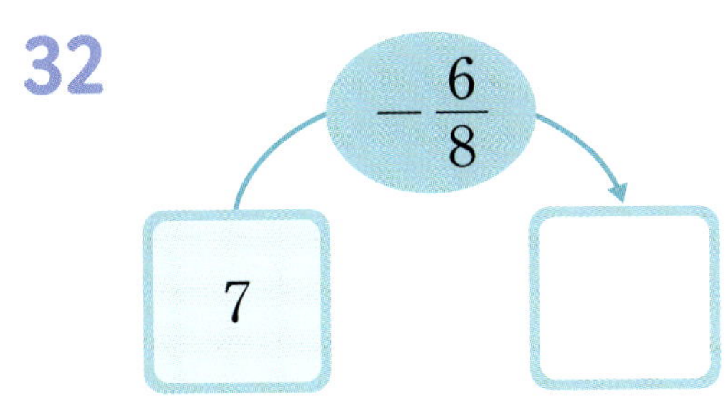

35

33

36

민지는 공부를 어제는 2시간 동안 하였고, 오늘은 $1\dfrac{7}{12}$ 시간 동안 하였습니다. 어제는 오늘보다 공부를 몇 시간 더 오래 하였나요?

어제 공부한 시간: ☐ 시간, 오늘 공부한 시간: ☐ 시간

(어제와 오늘 공부한 시간의 차) = (어제 공부한 시간) − (오늘 공부한 시간)

= ☐ − ☐ = ☐ (시간)   답 ☐ 시간

풍선이 터지는 친구 찾기

친구들이 퀴즈를 풀고 있습니다. 풍선에 적힌 뺄셈식의 계산 결과를 바르게 쓰면 풍선은 터지지 않고 잘못 쓰면 풍선은 터진다고 합니다. 풍선이 터지는 친구를 모두 찾아 △표 하세요.

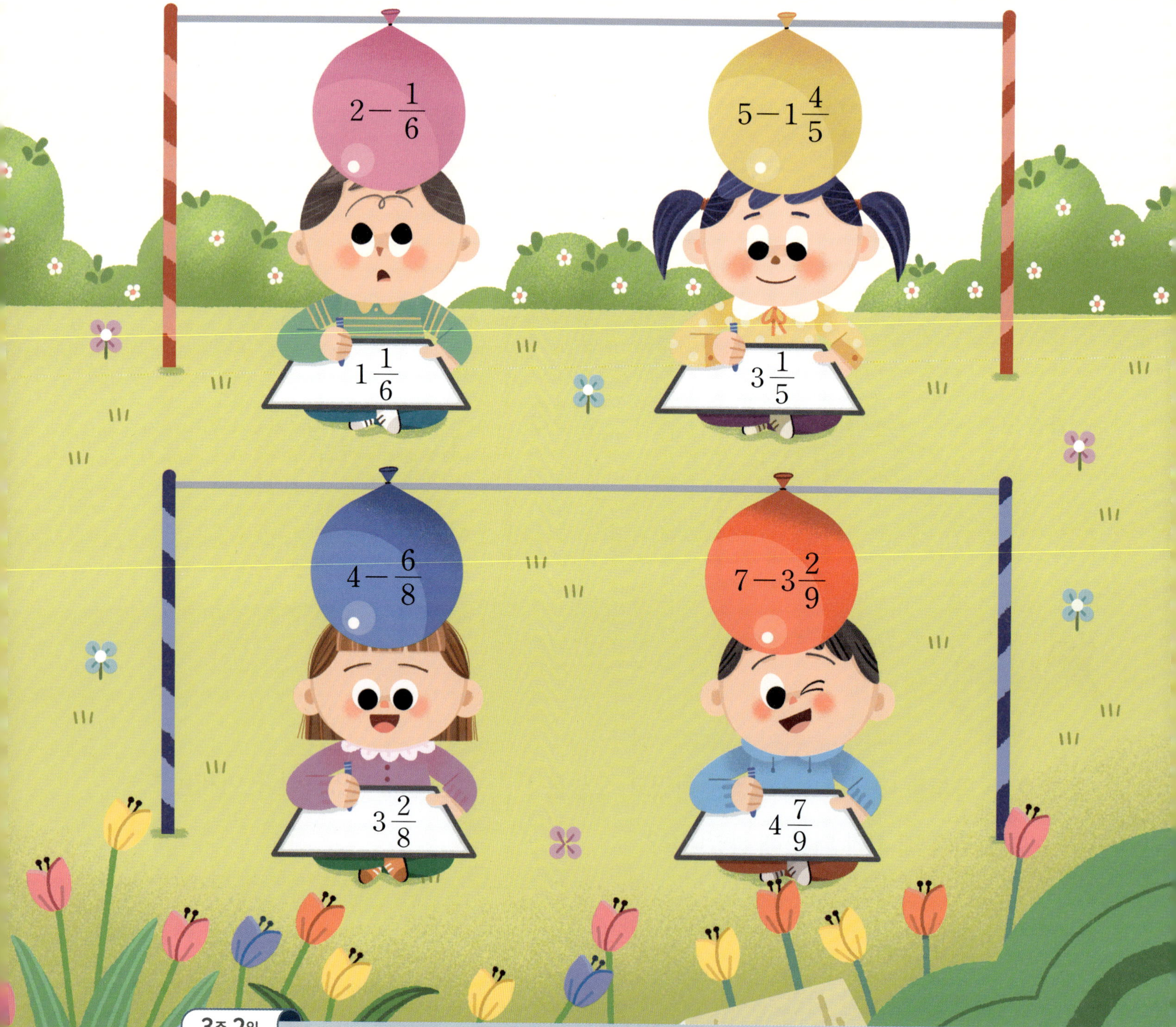

⑬ 진분수 부분끼리 뺄 수 없고 분모가 같은 (대분수)−(대분수)(1)

● $3\dfrac{1}{4} - 1\dfrac{3}{4}$ 을 계산해 볼까요?

방법 1 자연수 부분끼리 빼고, 분수 부분끼리 빼기

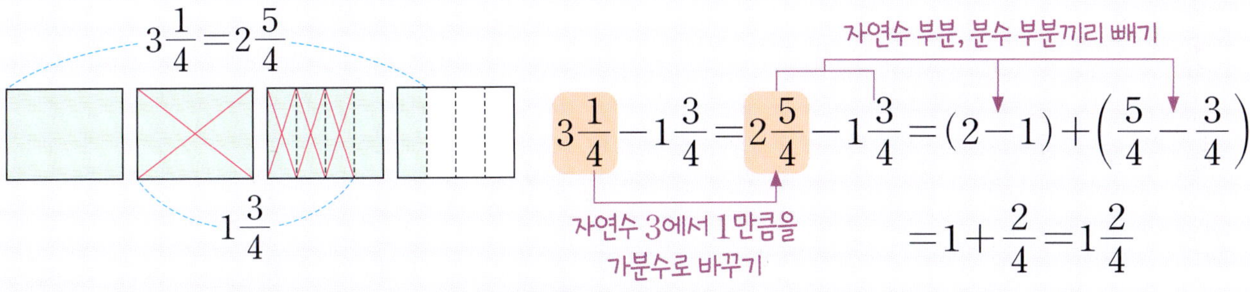

$$3\dfrac{1}{4} = 2\dfrac{5}{4}$$

$$1\dfrac{3}{4}$$

자연수 부분, 분수 부분끼리 빼기

$$3\dfrac{1}{4} - 1\dfrac{3}{4} = 2\dfrac{5}{4} - 1\dfrac{3}{4} = (2-1) + \left(\dfrac{5}{4} - \dfrac{3}{4}\right)$$

자연수 3에서 1만큼을 가분수로 바꾸기

$$= 1 + \dfrac{2}{4} = 1\dfrac{2}{4}$$

방법 2 대분수를 가분수로 바꾸어 분자끼리 빼기

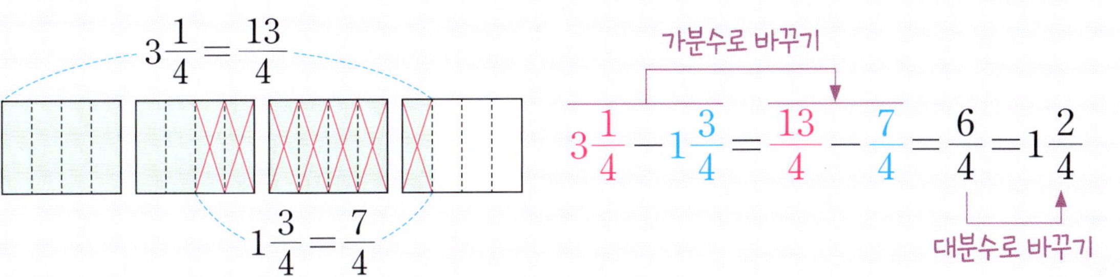

$$3\dfrac{1}{4} = \dfrac{13}{4}$$

$$1\dfrac{3}{4} = \dfrac{7}{4}$$

가분수로 바꾸기

$$3\dfrac{1}{4} - 1\dfrac{3}{4} = \dfrac{13}{4} - \dfrac{7}{4} = \dfrac{6}{4} = 1\dfrac{2}{4}$$

대분수로 바꾸기

1~9 뺄셈을 하세요.

1 $2\dfrac{1}{3} - 1\dfrac{2}{3}$

2 $4\dfrac{2}{5} - 1\dfrac{3}{5}$

3 $5\dfrac{3}{6} - 3\dfrac{4}{6}$

4 $4\dfrac{1}{7} - 2\dfrac{3}{7}$

5 $6\dfrac{4}{9} - 3\dfrac{7}{9}$

6 $7\dfrac{2}{10} - 1\dfrac{8}{10}$

7 $5\dfrac{3}{8} - 2\dfrac{6}{8}$

8 $7\dfrac{5}{12} - 4\dfrac{9}{12}$

9 $9\dfrac{1}{15} - 3\dfrac{7}{15}$

10 $3\dfrac{1}{4} - 1\dfrac{2}{4}$

11 $4\dfrac{3}{5} - 2\dfrac{4}{5}$

12 $5\dfrac{3}{6} - 1\dfrac{5}{6}$

13 $6\dfrac{1}{8} - 3\dfrac{3}{8}$

14 $8\dfrac{4}{10} - 2\dfrac{7}{10}$

15 $7\dfrac{6}{12} - 5\dfrac{9}{12}$

16 $9\dfrac{5}{15} - 4\dfrac{12}{15}$

17 $4\dfrac{2}{6} - 1\dfrac{5}{6}$

18 $5\dfrac{3}{7} - 3\dfrac{6}{7}$

19 $6\dfrac{5}{9} - 2\dfrac{7}{9}$

20 $7\dfrac{4}{11} - 4\dfrac{9}{11}$

21 $9\dfrac{1}{14} - 7\dfrac{8}{14}$

22 $8\dfrac{2}{18} - 6\dfrac{15}{18}$

23 $10\dfrac{7}{21} - 5\dfrac{12}{21}$

24 $5\dfrac{2}{4} - 2\dfrac{4}{4}$

25 $6\dfrac{1}{8} - 4\dfrac{7}{8}$

26 $8\dfrac{4}{10} - 3\dfrac{9}{10}$

27 $9\dfrac{2}{13} - 5\dfrac{8}{13}$

28 $7\dfrac{6}{15} - 1\dfrac{13}{15}$

29 $4\dfrac{12}{20} - 3\dfrac{18}{20}$

30 $13\dfrac{15}{24} - 7\dfrac{21}{24}$

31 $3\dfrac{1}{7}$ $\xrightarrow{-1\dfrac{4}{7}}$ ☐

32 $5\dfrac{5}{9}$ $\xrightarrow{-2\dfrac{8}{9}}$ ☐

33 $6\dfrac{2}{14}$ $\xrightarrow{-4\dfrac{9}{14}}$ ☐

34 $8\dfrac{3}{17}$ $\xrightarrow{-2\dfrac{11}{17}}$ ☐

35 $7\dfrac{8}{25}$ $\xrightarrow{-3\dfrac{22}{25}}$ ☐

36 $5\dfrac{13}{28}$ $\xrightarrow{-4\dfrac{24}{28}}$ ☐

37 $2\dfrac{1}{5}$ | $-1\dfrac{4}{5}$ | ☐

38 $4\dfrac{3}{8}$ | $-2\dfrac{5}{8}$ | ☐

39 $6\dfrac{5}{12}$ | $-1\dfrac{9}{12}$ | ☐

40 $9\dfrac{8}{16}$ | $-5\dfrac{13}{16}$ | ☐

41 $8\dfrac{4}{21}$ | $-3\dfrac{10}{21}$ | ☐

42 $10\dfrac{4}{32}$ | $-6\dfrac{26}{32}$ | ☐

놀이기구 타기

솔이가 놀이공원에 갔습니다. ①, ②, ③, ④를 계산하여 □ 안에 알맞은 수에 해당하는 글자를 아래 표에서 찾아 차례로 쓰면 솔이가 타려는 놀이기구를 알 수 있습니다. 솔이가 타려는 놀이기구를 알아보세요.

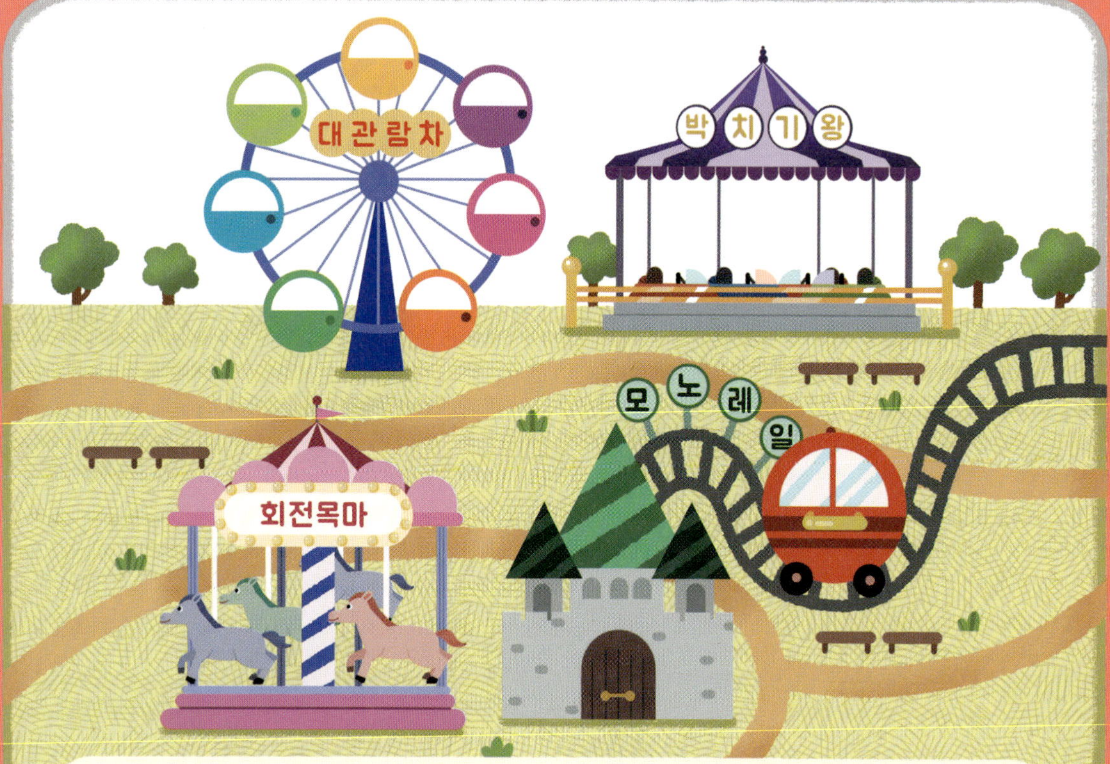

① $4\dfrac{3}{8} - 1\dfrac{7}{8} = \square\dfrac{4}{8}$

② $5\dfrac{6}{11} - 2\dfrac{10}{11} = 2\dfrac{\square}{11}$

③ $8\dfrac{3}{20} - 3\dfrac{17}{20} = \square\dfrac{6}{20}$

④ $6\dfrac{1}{24} - 1\dfrac{19}{24} = 4\dfrac{\square}{24}$

1	람	4	레	7	노	10	차	13	대
2	모	5	기	8	전	11	관	14	마
3	회	6	일	9	박	12	목	15	왕

① ② ③ ④

솔이가 타려는 놀이기구는 □□□□ 입니다.

⑭ 진분수 부분끼리 뺄 수 없고 분모가 같은 (대분수)−(대분수)(2)

● $4\dfrac{2}{7}-2\dfrac{5}{7}$ 를 계산해 볼까요?

방법 1 자연수 부분끼리 빼고, 분수 부분끼리 빼기

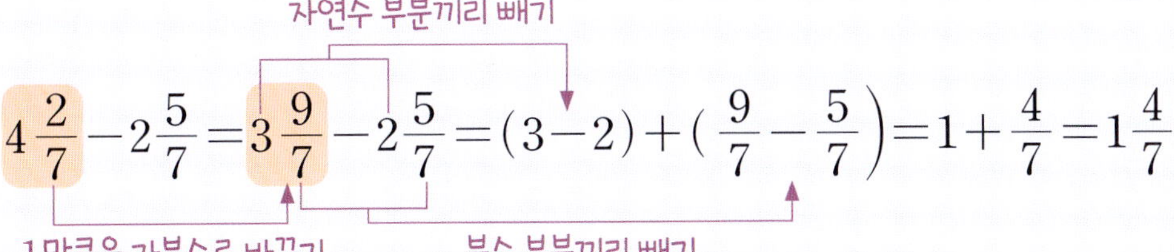

자연수 부분끼리 빼기

$$4\dfrac{2}{7}-2\dfrac{5}{7}=3\dfrac{9}{7}-2\dfrac{5}{7}=(3-2)+\left(\dfrac{9}{7}-\dfrac{5}{7}\right)=1+\dfrac{4}{7}=1\dfrac{4}{7}$$

1만큼을 가분수로 바꾸기   분수 부분끼리 빼기

진분수끼리 뺄 수 없으므로 $4\dfrac{2}{7}$ 를 $3\dfrac{9}{7}$ 로 나타내!

방법 2 대분수를 가분수로 바꾸어 분자끼리 빼기

$$4\dfrac{2}{7}-2\dfrac{5}{7}=\dfrac{30}{7}-\dfrac{19}{7}=\dfrac{11}{7}=1\dfrac{4}{7}$$

가분수로 바꾸기   대분수로 바꾸기

대분수를 가분수로 바꾸어 계산한 후 계산 결과를 다시 대분수로 바꿔야 해.

1~12 뺄셈을 하세요.

1 $3\dfrac{2}{4}-1\dfrac{3}{4}$

2 $5\dfrac{1}{5}-2\dfrac{4}{5}$

3 $4\dfrac{3}{7}-1\dfrac{5}{7}$

4 $6\dfrac{2}{9}-4\dfrac{7}{9}$

5 $4\dfrac{3}{6}-2\dfrac{4}{6}$

6 $6\dfrac{2}{8}-1\dfrac{6}{8}$

7 $7\dfrac{4}{10}-4\dfrac{8}{10}$

8 $8\dfrac{5}{12}-2\dfrac{9}{12}$

9 $5\dfrac{6}{9}-1\dfrac{8}{9}$

10 $8\dfrac{4}{11}-3\dfrac{7}{11}$

11 $9\dfrac{2}{14}-2\dfrac{3}{14}$

12 $10\dfrac{7}{16}-5\dfrac{12}{16}$

13 $4\dfrac{1}{3}-1\dfrac{2}{3}$

14 $5\dfrac{1}{4}-3\dfrac{3}{4}$

15 $6\dfrac{4}{7}-2\dfrac{6}{7}$

16 $2\dfrac{3}{8}-1\dfrac{7}{8}$

17 $7\dfrac{1}{9}-4\dfrac{8}{9}$

18 $8\dfrac{5}{12}-3\dfrac{9}{12}$

19 $10\dfrac{2}{15}-6\dfrac{11}{15}$

20 $3\dfrac{2}{5}-1\dfrac{4}{5}$

21 $4\dfrac{1}{6}-2\dfrac{5}{6}$

22 $7\dfrac{7}{10}-3\dfrac{9}{10}$

23 $5\dfrac{4}{11}-1\dfrac{8}{11}$

24 $8\dfrac{2}{14}-4\dfrac{11}{14}$

25 $9\dfrac{3}{18}-2\dfrac{10}{18}$

26 $12\dfrac{15}{20}-7\dfrac{18}{20}$

27 $5\dfrac{1}{7}-2\dfrac{5}{7}$

28 $6\dfrac{3}{9}-4\dfrac{8}{9}$

29 $8\dfrac{4}{15}-3\dfrac{5}{15}$

30 $7\dfrac{2}{16}-1\dfrac{9}{16}$

31 $9\dfrac{5}{21}-4\dfrac{19}{21}$

32 $16\dfrac{9}{24}-6\dfrac{18}{24}$

33 $20\dfrac{16}{27}-14\dfrac{21}{27}$

34~36 빈칸에 두 수의 차를 써넣으세요.

34

$7\frac{1}{5}$ $2\frac{3}{5}$

□

35

$5\frac{2}{9}$ $4\frac{3}{9}$

□

36

$8\frac{6}{14}$ $5\frac{9}{14}$

□

37~39 빈칸에 알맞은 수를 써넣으세요.

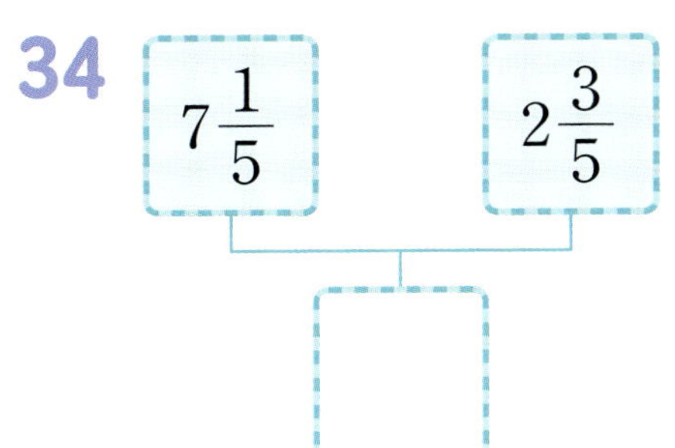

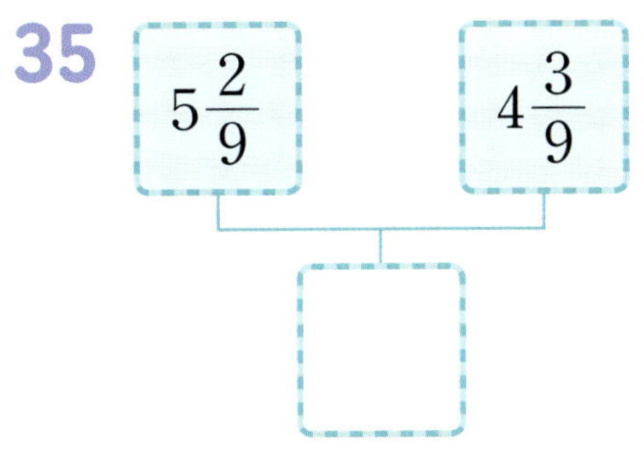

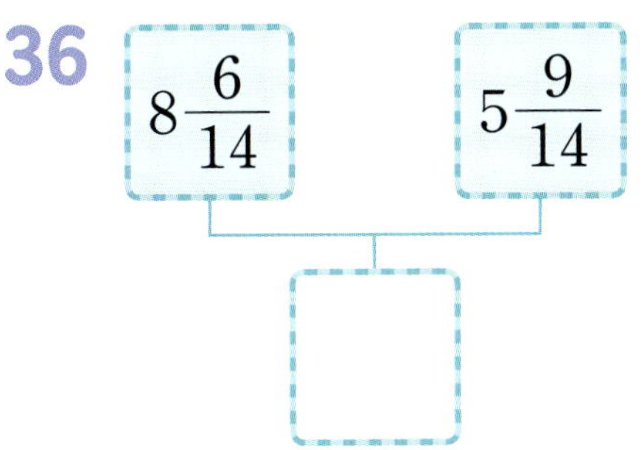

37 (−)

$3\frac{1}{4}$	$2\frac{2}{4}$	
$8\frac{4}{10}$	$5\frac{7}{10}$	

38 (−)

$4\frac{3}{7}$	$1\frac{5}{7}$	
$9\frac{6}{13}$	$4\frac{8}{13}$	

39 (−)

$7\frac{5}{16}$	$3\frac{11}{16}$	
$6\frac{13}{20}$	$5\frac{17}{20}$	

연산+

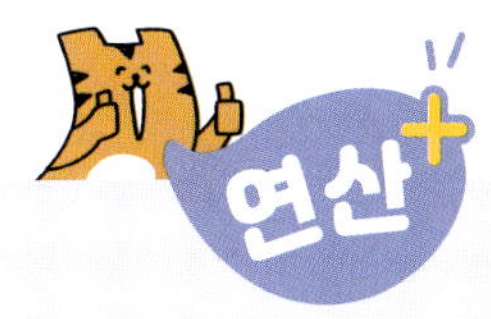

현욱이는 물 $3\frac{1}{8}$ L 중에서 $1\frac{3}{8}$ L를 화단에 주었습니다. 남은 물은 몇 L인가요?

처음에 있던 물의 양: □ L, 화단에 준 물의 양: □ L

(남은 물의 양)=(처음에 있던 물의 양)−(화단에 준 물의 양)

=□−□=□(L)

답 □ L

당근밭 찾아가기

토끼가 당근밭에 가려고 합니다. 각 칸에 적힌 뺄셈식의 계산 결과가 3과 4 사이인 식을 따라가면 당근밭에 도착할 수 있습니다. 올바른 길을 따라가며 선으로 이으세요.

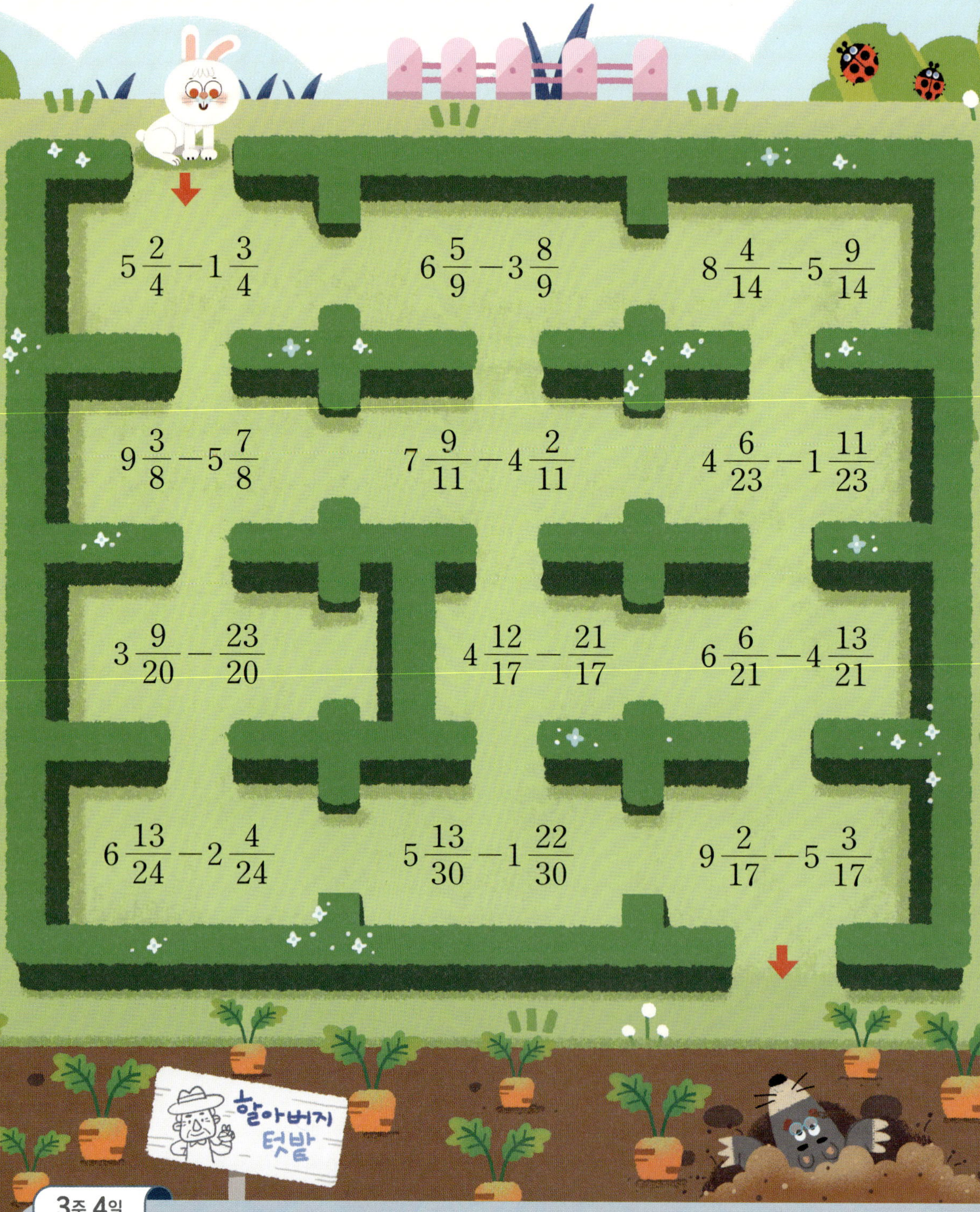

$$5\frac{2}{4} - 1\frac{3}{4} \qquad 6\frac{5}{9} - 3\frac{8}{9} \qquad 8\frac{4}{14} - 5\frac{9}{14}$$

$$9\frac{3}{8} - 5\frac{7}{8} \qquad 7\frac{9}{11} - 4\frac{2}{11} \qquad 4\frac{6}{23} - 1\frac{11}{23}$$

$$3\frac{9}{20} - \frac{23}{20} \qquad 4\frac{12}{17} - \frac{21}{17} \qquad 6\frac{6}{21} - 4\frac{13}{21}$$

$$6\frac{13}{24} - 2\frac{4}{24} \qquad 5\frac{13}{30} - 1\frac{22}{30} \qquad 9\frac{2}{17} - 5\frac{3}{17}$$

📖 교과서 **분수의 덧셈과 뺄셈**

마무리 연산

1~4 그림을 보고 □ 안에 알맞은 수를 써넣으세요.

1 $\dfrac{5}{9} + \dfrac{3}{9} = \dfrac{\square}{9}$

2 $1\dfrac{1}{3} + 1\dfrac{1}{3} = \square\dfrac{\square}{3}$

3 $2 - \dfrac{3}{7} = \square\dfrac{\square}{7} - \dfrac{3}{7} = \square\dfrac{\square}{7}$

4 $3\dfrac{1}{3} - 2\dfrac{2}{3} = \square\dfrac{\square}{3} - 2\dfrac{2}{3} = \dfrac{\square}{3}$

5~10 계산을 하세요.

5 $\dfrac{3}{6} + \dfrac{5}{6}$

6 $3\dfrac{1}{4} + 1\dfrac{2}{4}$

7 $1\dfrac{7}{12} + 4\dfrac{9}{12}$

8 $\dfrac{4}{5} - \dfrac{1}{5}$

9 $4\dfrac{7}{8} - 2\dfrac{5}{8}$

10 $5\dfrac{4}{15} - 1\dfrac{11}{15}$

11~16 빈칸에 알맞은 수를 써넣으세요.

11 (+)

$\frac{4}{7}$	$\frac{6}{7}$	

12 (+)

$1\frac{7}{10}$	$2\frac{2}{10}$	

13 (+)

$4\frac{13}{18}$	$3\frac{11}{18}$	

14

$\frac{8}{9}$	$-\frac{4}{9}$	

15

$6\frac{10}{14}$	$-2\frac{5}{14}$	

16

5	$-3\frac{1}{4}$	

17~20 빈칸에 알맞은 수를 써넣으세요.

17 $\frac{5}{8}$, $3\frac{1}{8}$ → $+1\frac{4}{8}$ → ☐, ☐

18 $7\frac{10}{11}$, $4\frac{5}{11}$ → $-1\frac{8}{11}$ → ☐, ☐

19 $3\frac{9}{14}$ → $+\frac{3}{14}$ → ☐ → $+2\frac{9}{14}$ → ☐

20 7 → $-\frac{2}{6}$ → ☐ → $-4\frac{5}{6}$ → ☐

21 가장 큰 수와 가장 작은 수의 합을 구하세요.

$$\frac{5}{16} \qquad \frac{11}{16} \qquad \frac{13}{16}$$

(   )

22 계산 결과가 가장 큰 것을 찾아 기호를 쓰세요.

$$\text{㉠ } 2\frac{2}{5}+2\frac{2}{5} \qquad \text{㉡ } 3\frac{4}{5}+1\frac{3}{5} \qquad \text{㉢ } 1\frac{3}{5}+4\frac{1}{5}$$

(   )

23 계산 결과를 찾아 선으로 이으세요.

$$4\frac{7}{13}-1\frac{3}{13} \cdot \qquad\qquad \cdot\; 2\frac{6}{13}$$

$$4\frac{2}{13}-1\frac{9}{13} \cdot \qquad\qquad \cdot\; 2\frac{12}{13}$$

$$4-1\frac{1}{13} \cdot \qquad\qquad \cdot\; 3\frac{4}{13}$$

24 ☐ 안에 알맞은 수를 써넣으세요.

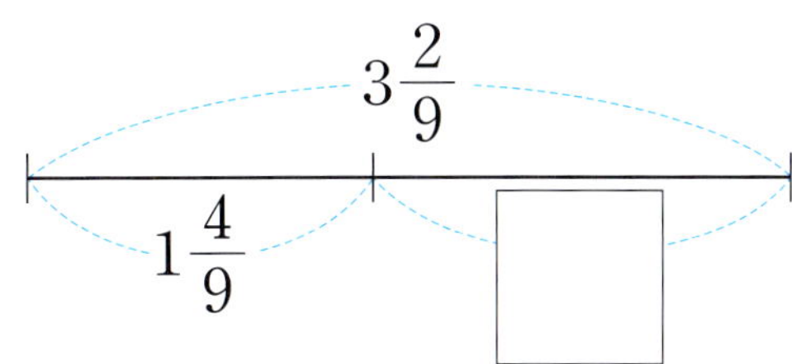

25 빨간색 물감 $\dfrac{2}{7}$ L와 노란색 물감 $\dfrac{3}{7}$ L를 섞어 주황색 물감을 만들었습니다. 만든 주황색 물감은 모두 몇 L인가요?

식

답

26 케이크를 준영이는 $3\dfrac{5}{8}$ 조각 먹고, 주희는 준영이보다 $1\dfrac{7}{8}$ 조각만큼 더 적게 먹었습니다. 주희가 먹은 케이크는 몇 조각인가요?

식

답

27 길이가 $4\dfrac{3}{12}$ cm인 색 테이프 2장을 $\dfrac{7}{12}$ cm만큼 겹쳐서 이어 붙였습니다. 이어 붙인 색 테이프의 전체 길이는 몇 cm인가요?

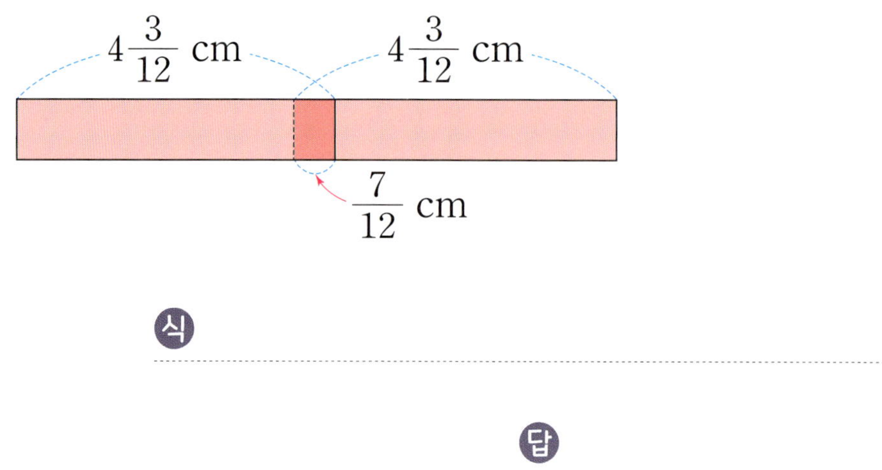

식

답

📖 교과서 소수의 덧셈과 뺄셈

4주 1일

① 소수 두 자리 수 알아보기

● 소수 두 자리 수를 알아볼까요?

> 분수 $\dfrac{1}{100}$ 은 소수로 0.01이라 쓰고, 영 점 영일이라고 읽습니다.

① 분수 $\dfrac{27}{100}$ 은 소수로 0.27이라 쓰고, 영 점 이칠이라고 읽습니다.

② 분수 $1\dfrac{83}{100}$ 은 소수로 1.83이라 쓰고, 일 점 팔삼이라고 읽습니다.

● 2.59의 자릿값을 알아볼까요?

일의 자리	소수 첫째 자리	소수 둘째 자리
2		
0 .	5	
0 .	0	9

2.59에서

2는 일의 자리 숫자이고, 2를 나타냅니다.

5는 소수 첫째 자리 숫자이고, 0.5를 나타냅니다.

9는 소수 둘째 자리 숫자이고, 0.09를 나타냅니다.

1~9 분수를 소수로 나타내세요.

1 $\dfrac{3}{100} = \boxed{}$

2 $\dfrac{9}{100} = \boxed{}$

3 $\dfrac{14}{100} = \boxed{}$

4 $\dfrac{16}{100} = \boxed{}$

5 $\dfrac{21}{100} = \boxed{}$

6 $\dfrac{38}{100} = \boxed{}$

7 $1\dfrac{64}{100} = \boxed{}$

8 $2\dfrac{32}{100} = \boxed{}$

9 $4\dfrac{57}{100} = \boxed{}$

10 0.02

11 0.07

12 0.26

13 2.74

14 1.35

15 3.89

16 영 점 영사

17 영 점 영팔

18 영 점 일오

19 사 점 사육

20 이 점 육일

21 오 점 구삼

 밑줄 친 숫자가 나타내는 수를 쓰세요.

22
0.12 ➡

23
1.27 ➡

24
0.46 ➡

25
3.69 ➡

 설명하는 수를 찾아 ◯표 하세요.

26

소수 첫째 자리 숫자가 3인 수		
3.15	2.38	5.93

27

소수 둘째 자리 숫자가 7인 수		
2.67	4.79	7.85

28

소수 첫째 자리 숫자가 8인 수		
2.18	6.85	8.43

29

소수 둘째 자리 숫자가 4인 수		
4.62	3.47	9.84

1이 3개, 0.1이 5개, 0.01이 8개인 소수를 쓰고 읽어 보세요.

1이 3개이면 ☐, 0.1이 5개이면 ☐, 0.01이 8개이면 ☐ 입니다.

따라서 1이 3개, 0.1이 5개, 0.01이 8개인 소수는 ☐ 입니다.

쓰기 ☐   읽기 ☐

그림 완성하기

0.81부터 0.98까지의 소수를 순서대로 선으로 이어 그림을 완성하세요.

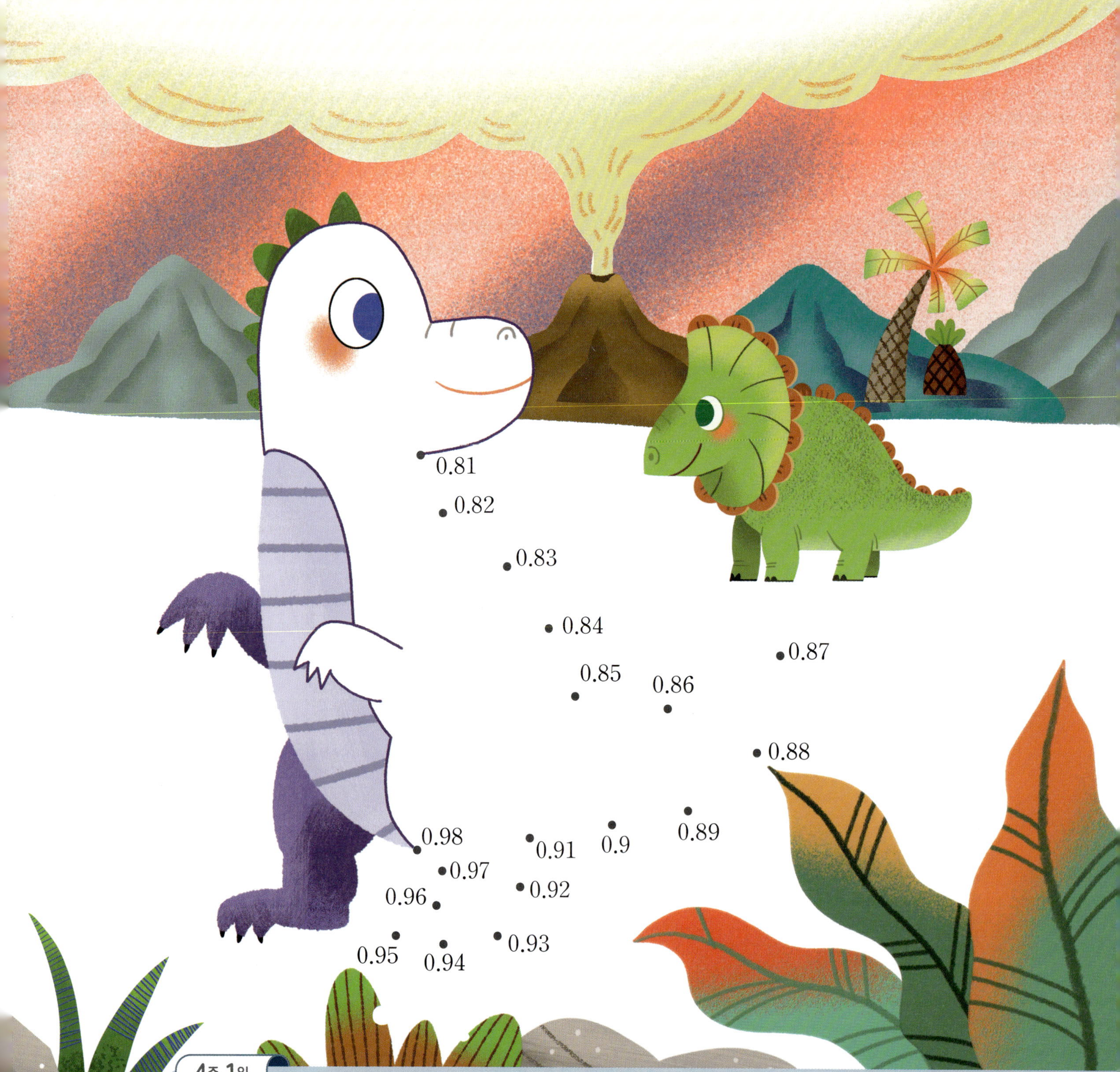

오늘 나의 실력을 평가해 봐!

부모님 응원 한마디

② 소수 세 자리 수 알아보기

● 소수 세 자리 수를 알아볼까요?

> 분수 $\dfrac{1}{1000}$ 은 소수로 0.001이라 쓰고, 영 점 영영일이라고 읽습니다.

① 분수 $\dfrac{258}{1000}$ 은 소수로 0.258이라 쓰고, 영 점 이오팔이라고 읽습니다.

② 분수 $1\dfrac{746}{1000}$ 은 소수로 1.746이라 쓰고, 일 점 칠사육이라고 읽습니다.

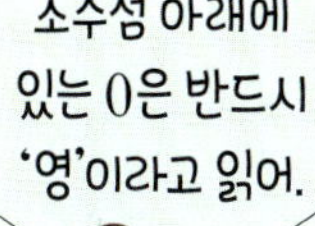

● 3.179의 자릿값을 알아볼까요?

일의 자리		소수 첫째 자리	소수 둘째 자리	소수 셋째 자리
3				
0	.	1		
0	.	0	7	
0	.	0	0	9

3.179에서

3은 일의 자리 숫자이고, 3을 나타냅니다.

1은 소수 첫째 자리 숫자이고, 0.1을 나타냅니다.

7은 소수 둘째 자리 숫자이고, 0.07을 나타냅니다.

9는 소수 셋째 자리 숫자이고, 0.009를 나타냅니다.

1~9 분수를 소수로 나타내세요.

1 $\dfrac{4}{1000} = \boxed{}$

4 $\dfrac{82}{1000} = \boxed{}$

7 $1\dfrac{395}{1000} = \boxed{}$

2 $\dfrac{13}{1000} = \boxed{}$

5 $\dfrac{149}{1000} = \boxed{}$

8 $4\dfrac{726}{1000} = \boxed{}$

3 $\dfrac{67}{1000} = \boxed{}$

6 $\dfrac{438}{1000} = \boxed{}$

9 $6\dfrac{851}{1000} = \boxed{}$

10
0.003

11
0.017

12
0.145

13
0.608

14
2.359

15
4.082

16
영 점 영영육

17
영 점 영일이

18
영 점 영칠삼

19
영 점 이사육

20
삼 점 칠사구

21
육 점 구영사

22 0.37<u>4</u> ➡

23 0.<u>4</u>18 ➡

24 1.7<u>9</u>2 ➡

25 <u>9</u>.516 ➡

26

일의 자리 숫자가 3인 수		
0.382	1.523	3.146

27

소수 첫째 자리 숫자가 8인 수		
6.218	2.084	0.839

28

소수 둘째 자리 숫자가 5인 수		
1.852	2.645	5.413

29

소수 셋째 자리 숫자가 2인 수		
3.289	4.302	1.625

연산➕

3이 나타내는 수가 0.03인 수를 말한 친구를 찾아 이름을 쓰세요.

3이 나타내는 수: 1.06<u>3</u> ➡ ☐ , 4.<u>3</u>9 ➡ ☐ , 0.1<u>3</u>7 ➡ ☐

따라서 3이 나타내는 수가 0.03인 수를 말한 친구는 ☐ 입니다. 답 ☐

가로세로 완성하기

가로 열쇠와 세로 열쇠가 나타내는 소수를 읽어 빈칸을 모두 채우세요.

가로 열쇠

㉠ 0.001이 13개인 수
㉡ 1이 6개, 0.1이 8개, 0.01이 7개, 0.001이 5개인 수
㉢ 0.001이 2659개인 수
㉣ 1이 14개, 0.1이 1개, 0.01이 4개, 0.001이 7개인 수

세로 열쇠

㉤ 3과 0.482만큼의 수
㉥ 일의 자리 숫자가 5, 소수 첫째 자리 숫자가 2, 소수 둘째 자리 숫자가 9, 소수 셋째 자리 숫자가 4인 수
㉦ 일의 자리 숫자가 1, 소수 첫째 자리 숫자가 3, 소수 둘째 자리 숫자가 0, 소수 셋째 자리 숫자가 4인 수

오늘 나의 실력을 평가해 봐!

부모님 응원 한마디

📖 교과서 소수의 덧셈과 뺄셈

③ 소수 사이의 관계

● 1, 0.1, 0.01, 0.001 사이의 관계를 알아볼까요?

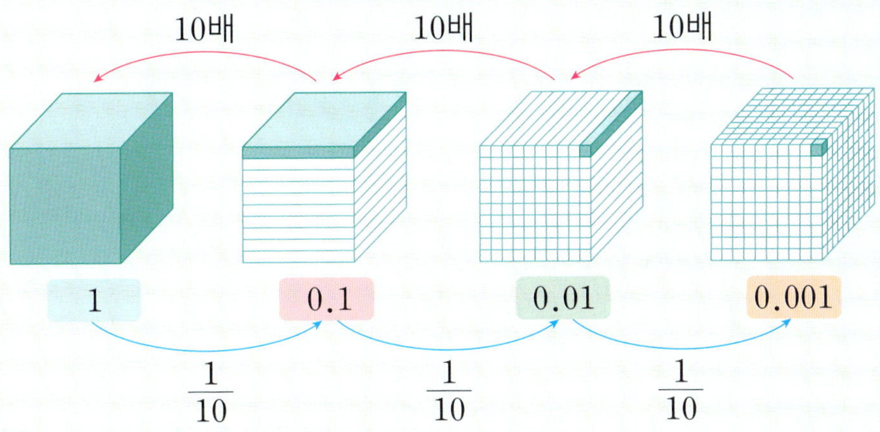

> ① 소수를 10배 하면 소수점을 기준으로 수가 왼쪽으로 한 자리씩 이동합니다.
>
> ② 소수의 $\frac{1}{10}$ 을 하면 소수점을 기준으로 수가 오른쪽으로 한 자리씩 이동합니다.

1~3 빈칸에 알맞은 수를 써넣으세요.

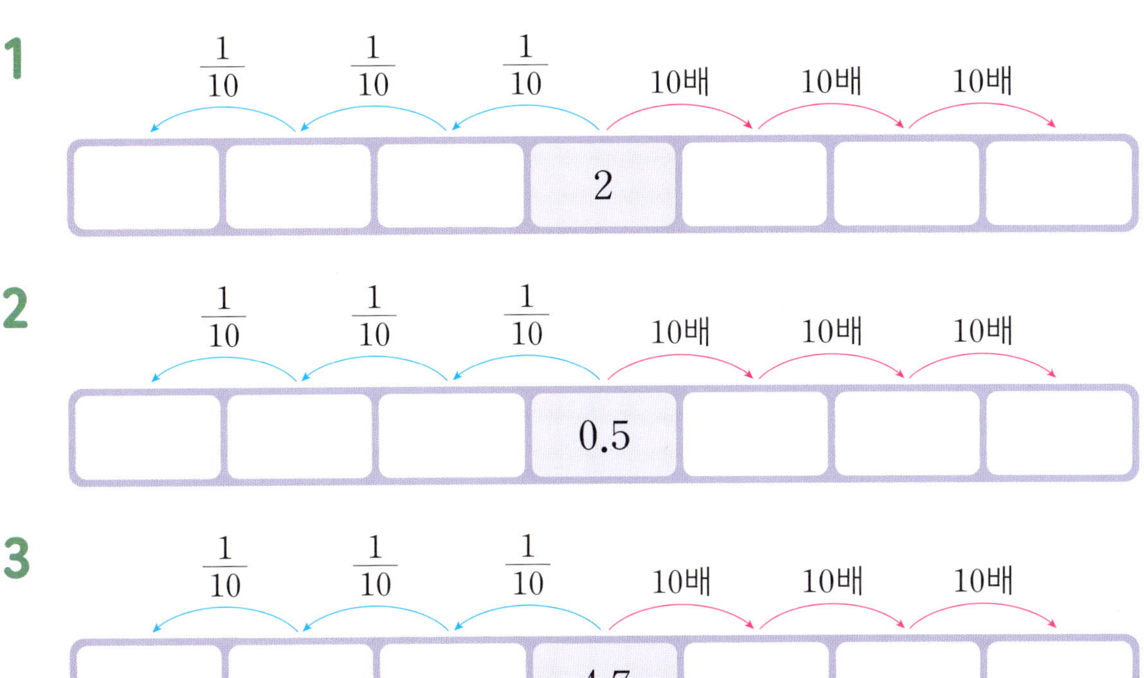

4 0.3의 10배는 □이고,
100배는 □입니다.

5 0.28의 10배는 □이고,
100배는 □입니다.

6 0.195의 10배는 □이고,
100배는 □입니다.

7 1.64의 10배는 □이고,
100배는 □입니다.

8 3.501의 10배는 □이고,
100배는 □입니다.

9 12.37의 10배는 □이고,
100배는 □입니다.

10 6의 $\frac{1}{10}$은 □이고,
$\frac{1}{100}$은 □입니다.

11 2.9의 $\frac{1}{10}$은 □이고,
$\frac{1}{100}$은 □입니다.

12 13의 $\frac{1}{10}$은 □이고,
$\frac{1}{100}$은 □입니다.

13 27.1의 $\frac{1}{10}$은 □이고,
$\frac{1}{100}$은 □입니다.

14 0.58의 $\frac{1}{10}$은 □이고,
$\frac{1}{100}$은 □입니다.

15 496의 $\frac{1}{10}$은 □이고,
$\frac{1}{100}$은 □입니다.

16 0.07 →（×100）→ □

20 6 →（×$\frac{1}{10}$）→ □

17 4.59 →（×10）→ □

21 2.9 →（×$\frac{1}{100}$）→ □

18 0.018 →（×1000）→ □

22 125 →（×$\frac{1}{1000}$）→ □

19 2.963 →（×10）→ □

23 312.4 →（×$\frac{1}{100}$）→ □

사탕 1개의 무게는 0.048 kg입니다. 사탕 100개의 무게는 몇 kg인가요?

사탕 1개의 무게: □ kg, 사탕 100개의 무게: 사탕 1개의 무게의 □ 배

□ 의 □ 배는 □ 입니다.

→ 사탕 1개의 무게

따라서 사탕 100개의 무게는 □ kg입니다.　　　　답 □ kg

비밀번호 찾기

현수와 성주는 카페의 와이파이 비밀번호를 찾으려고 합니다. 카페의 비밀번호는
안내표 에서 □ 안에 들어갈 수를 모두 더한 값입니다. 비밀번호를 찾아보세요.

안내표

- 1.4는 0.014의 □ 배입니다.
- 0.02의 □ 배는 20입니다.
- 38.74는 3.874의 □ 배입니다.

비밀번호는 □□□□ 입니다.

오늘 나의 실력을 평가해 봐!

부모님 응원 한마디

④ 소수의 크기 비교

● 소수의 크기를 비교해 볼까요?

① 자연수 부분을 먼저 비교합니다.

② 자연수 부분이 같으면 소수 첫째 자리 수, 소수 둘째 자리 수, 소수 셋째 자리 수의 크기를 차례로 비교합니다.

자연수 부분 비교
3.56 > 2.19

소수 첫째 자리 수 비교	
2.18	2.74
2.18 < 2.74	

소수 둘째 자리 수 비교	
1.39	1.36
1.39	1.36
1.39 > 1.36	

소수 셋째 자리 수 비교	
6.204	6.208
6.204	6.208
6.204	6.208
6.204 < 6.208	

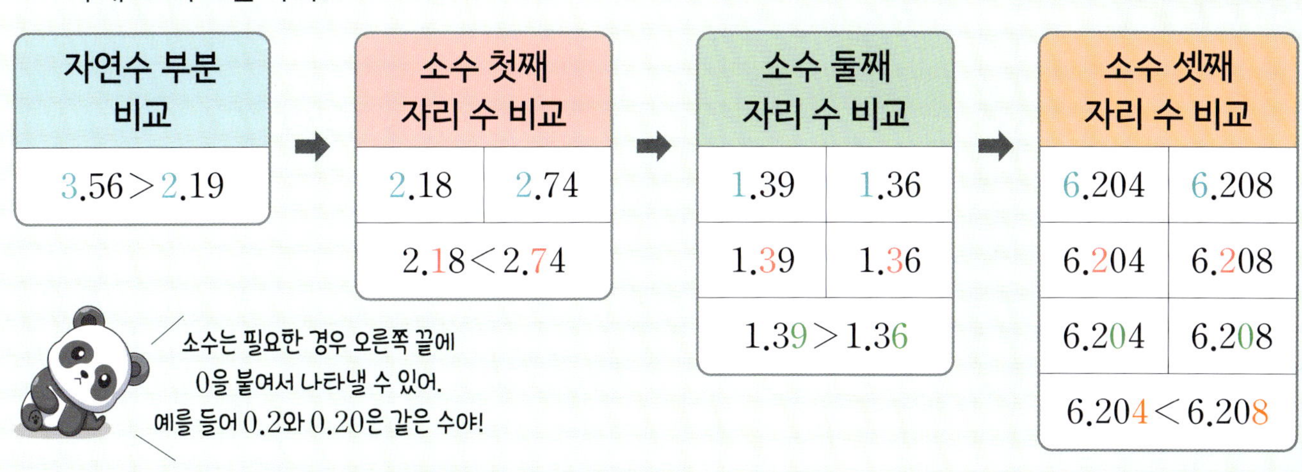

1~6 더 큰 수에 ◯표 하세요.

1

0.4	0.5
( )	( )

4

2.87	2.89
( )	( )

2

4.4	3.4
( )	( )

5

4.91	4.89
( )	( )

3

1.9	1.7
( )	( )

6

8.123	8.126
( )	( )

 두 소수의 크기를 비교하여 ○ 안에 >, =, <를 알맞게 써넣으세요.

7 0.3 ◯ 2.5

8 0.17 ◯ 0.42

9 0.69 ◯ 0.63

10 5.19 ◯ 6.03

11 0.478 ◯ 0.472

12 2.671 ◯ 2.741

13 4.516 ◯ 4.509

14 7.103 ◯ 8.195

15 1.26 ◯ 1.7

16 3.4 ◯ 3.04

17 0.58 ◯ 0.580

18 0.13 ◯ 0.028

19 7.256 ◯ 7.29

20 5.23 ◯ 5.061

21 8.378 ◯ 10.24

22 12.654 ◯ 12.6

23 0.35 | 0.72

24 1.86 | 1.84

25 6.09 | 5.58

26 0.297 | 0.43

27 10.01 | 10.017

28 1.32   1.358   2.742

29 4.562   3.51   4.393

30 7.096   7.099   7.091

31 3.52   0.129   6.64

32 9.613   9.671   9.66

거실 벽면을 칠하는 데 노란색 페인트를 1.285 L 사용했고, 초록색 페인트를 1.209 L 사용했습니다. 어느 색 페인트를 더 많이 사용했나요?

사용한 노란색 페인트의 양: ☐ L, 사용한 초록색 페인트의 양: ☐ L

☐ ◯ ☐ 이므로 (노란색 , 초록색) 페인트를 더 많이 사용했습니다.

↑ 사용한 노란색 페인트의 양   ↑ 사용한 초록색 페인트의 양

답 ☐ 페인트

길 찾기

갈림길에서 더 큰 소수를 따라가면 꿀이가 벌꿀 농장에 도착할 수 있습니다. 올바른 길을 찾아 선으로 이으세요.

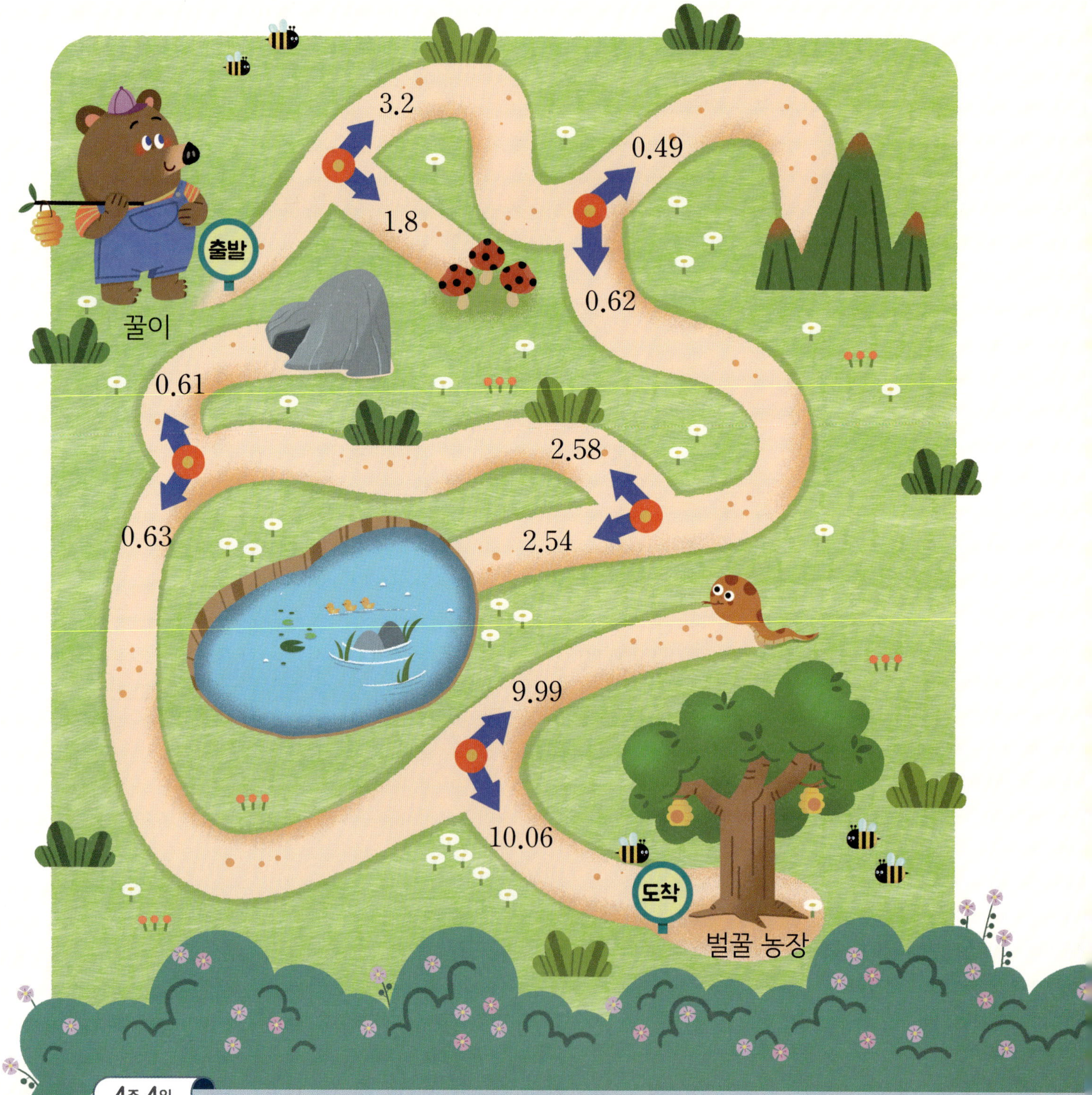

⑤ 받아올림이 없는 소수 한 자리 수의 덧셈

● 1.3＋0.4를 계산해 볼까요?

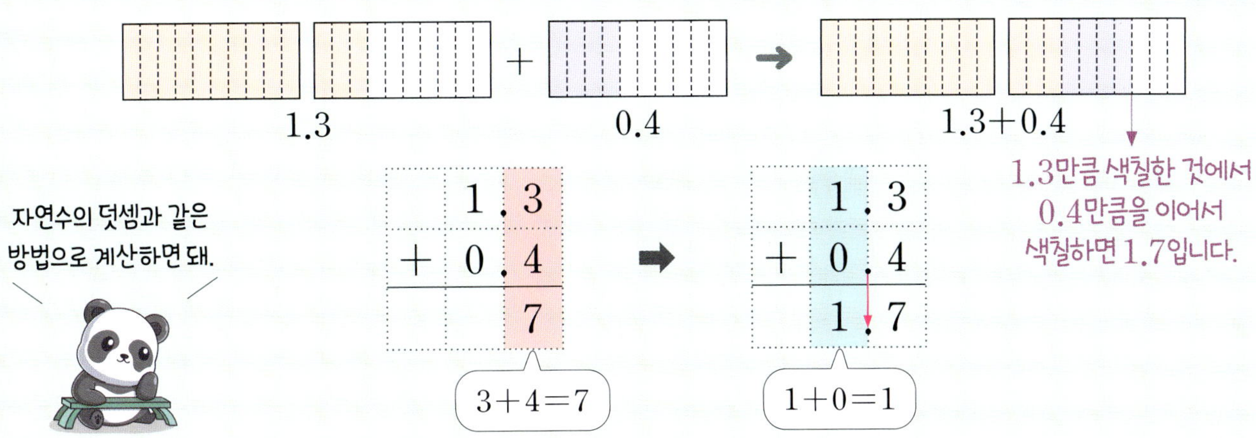

① 소수점의 자리를 맞추어 세로로 씁니다.
② 같은 자리 수끼리 더한 다음 소수점을 내려 찍습니다.

1~9 덧셈을 하세요.

1

$$\begin{array}{r} 0.1 \\ +\ 0.2 \\ \hline \end{array}$$

2

$$\begin{array}{r} 0.2 \\ +\ 0.4 \\ \hline \end{array}$$

3

$$\begin{array}{r} 0.3 \\ +\ 0.5 \\ \hline \end{array}$$

4

$$\begin{array}{r} 0.6 \\ +\ 1.3 \\ \hline \end{array}$$

5

$$\begin{array}{r} 5.4 \\ +\ 0.1 \\ \hline \end{array}$$

6

$$\begin{array}{r} 0.5 \\ +\ 8.2 \\ \hline \end{array}$$

7

$$\begin{array}{r} 2.7 \\ +\ 1.1 \\ \hline \end{array}$$

8

$$\begin{array}{r} 3.4 \\ +\ 2.3 \\ \hline \end{array}$$

9

$$\begin{array}{r} 4.2 \\ +\ 5.2 \\ \hline \end{array}$$

10~26 덧셈을 하세요.

10
$$\begin{array}{r} 0.2 \\ +\ 0.3 \\ \hline \end{array}$$

11
$$\begin{array}{r} 0.4 \\ +\ 0.2 \\ \hline \end{array}$$

12
$$\begin{array}{r} 0.6 \\ +\ 0.1 \\ \hline \end{array}$$

13
$$\begin{array}{r} 1.3 \\ +\ 2.3 \\ \hline \end{array}$$

14
$$\begin{array}{r} 4.4 \\ +\ 3.5 \\ \hline \end{array}$$

15
$$\begin{array}{r} 2.1 \\ +\ 4.2 \\ \hline \end{array}$$

16
$$\begin{array}{r} 7.3 \\ +\ 1.5 \\ \hline \end{array}$$

17
$$\begin{array}{r} 3.5 \\ +\ 3.2 \\ \hline \end{array}$$

18
$$\begin{array}{r} 1\,0.6 \\ +\ \ \ \ 0.3 \\ \hline \end{array}$$

19
$$\begin{array}{r} 1\,2.2 \\ +\ \ \ \ 3.4 \\ \hline \end{array}$$

20 $0.1+0.7$

21 $0.3+0.4$

22 $2.2+1.1$

23 $3.4+2.2$

24 $4.5+2.3$

25 $12.1+2.6$

26 $15.5+1.4$

27
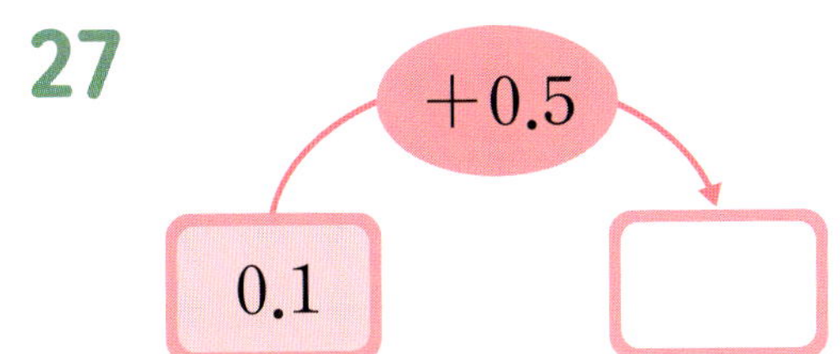

28
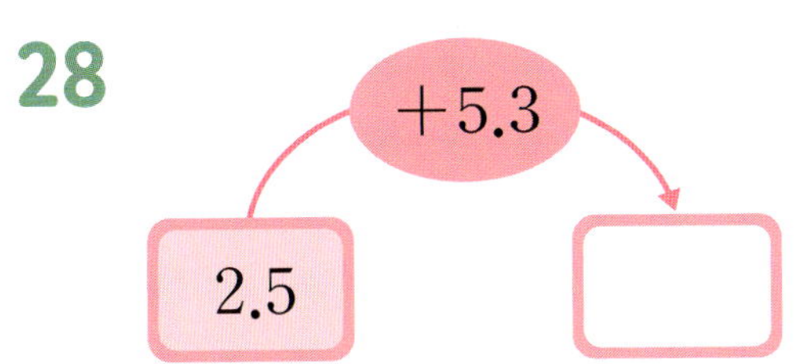

29
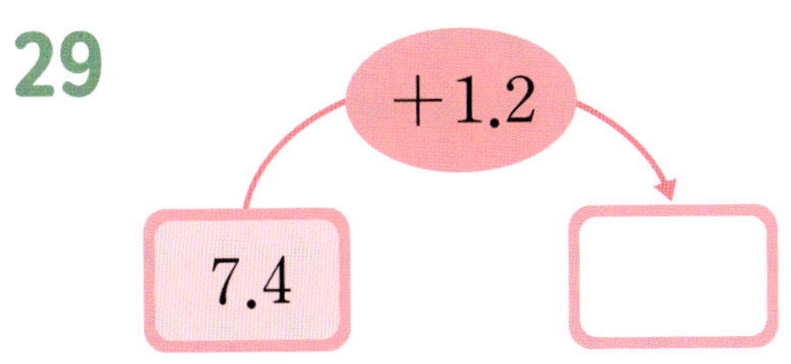

30
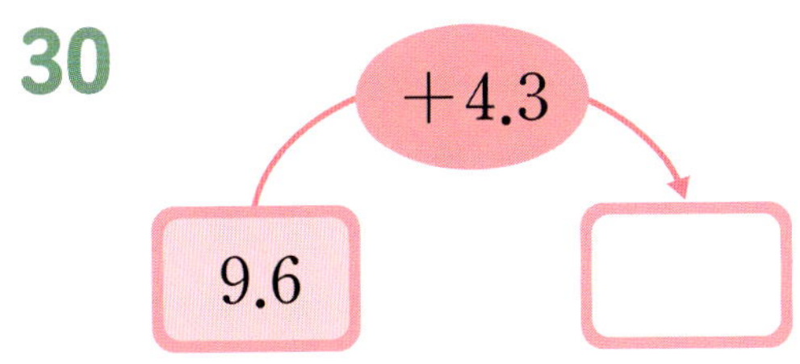

31
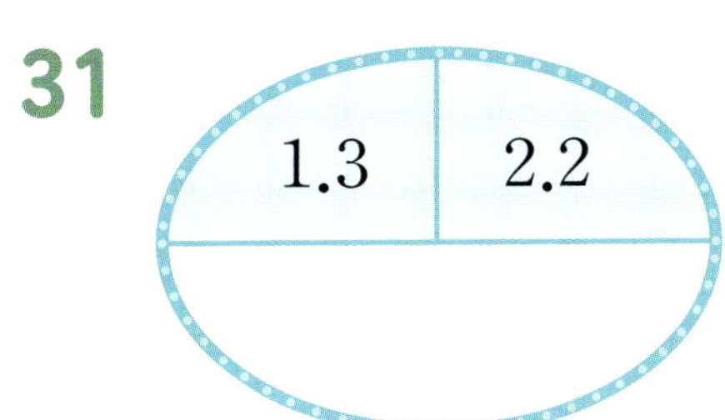

32
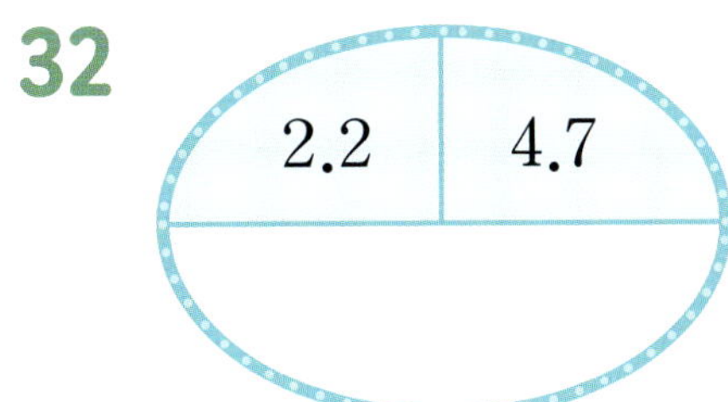

33
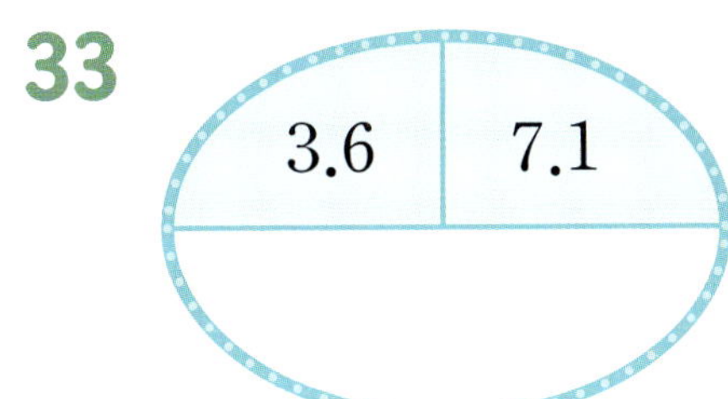

34
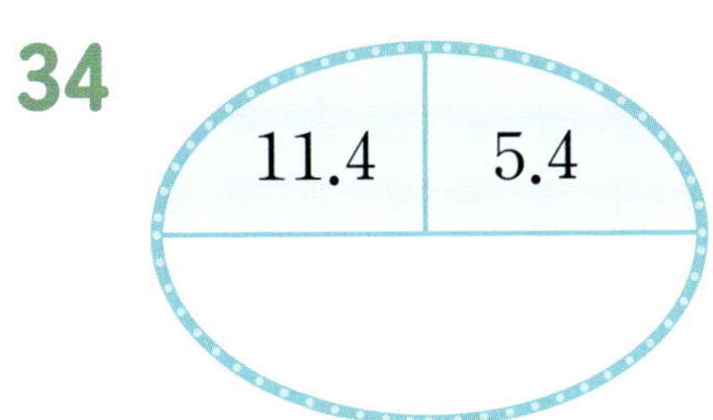

지연이가 자전거를 타고 어제는 4.3 km 달렸고, 오늘은 2.2 km 달렸습니다. 지연이가 어제와 오늘 자전거를 타고 달린 거리는 모두 몇 km인가요?

어제 달린 거리: ☐ km, 오늘 달린 거리: ☐ km

(어제와 오늘 달린 거리)＝(어제 달린 거리)＋(오늘 달린 거리)

= ☐ + ☐ = ☐ (km)   답 ☐ km

버스 찾기

윤서네 반 학생들이 현장 학습을 갈 때 함께 타고 갈 버스 번호에 대해 이야기하고 있습니다. 윤서네 반 학생들이 타야 하는 버스를 찾아 ◯표 하세요.

버스 번호는 ㉠ ㉡ ㉢ ㉣ 입니다.

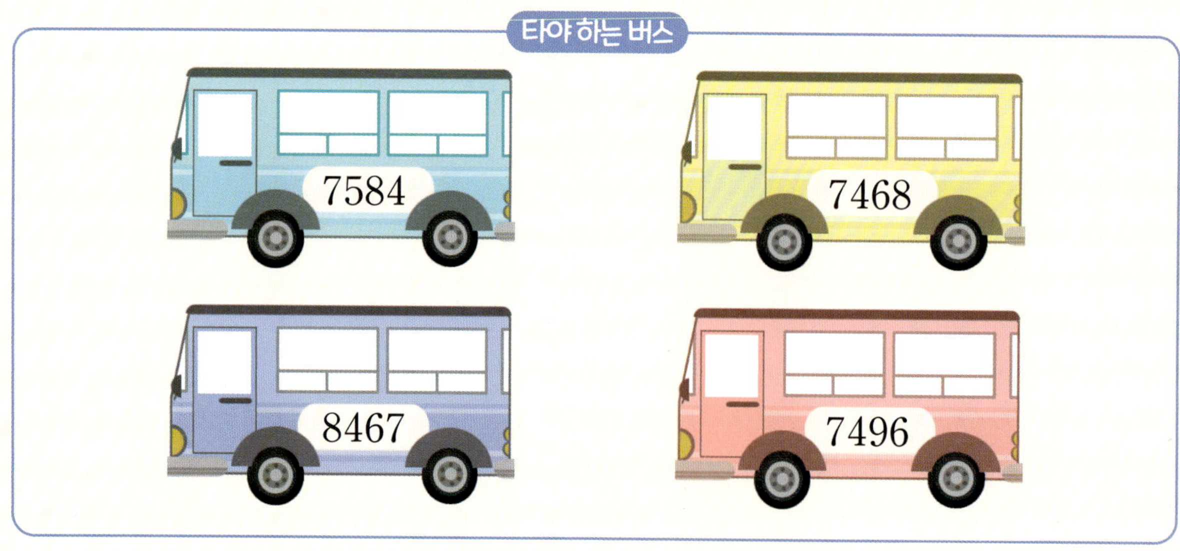

6 받아올림이 있는 소수 한 자리 수의 덧셈(1)

● 1.6+0.8을 계산해 볼까요?

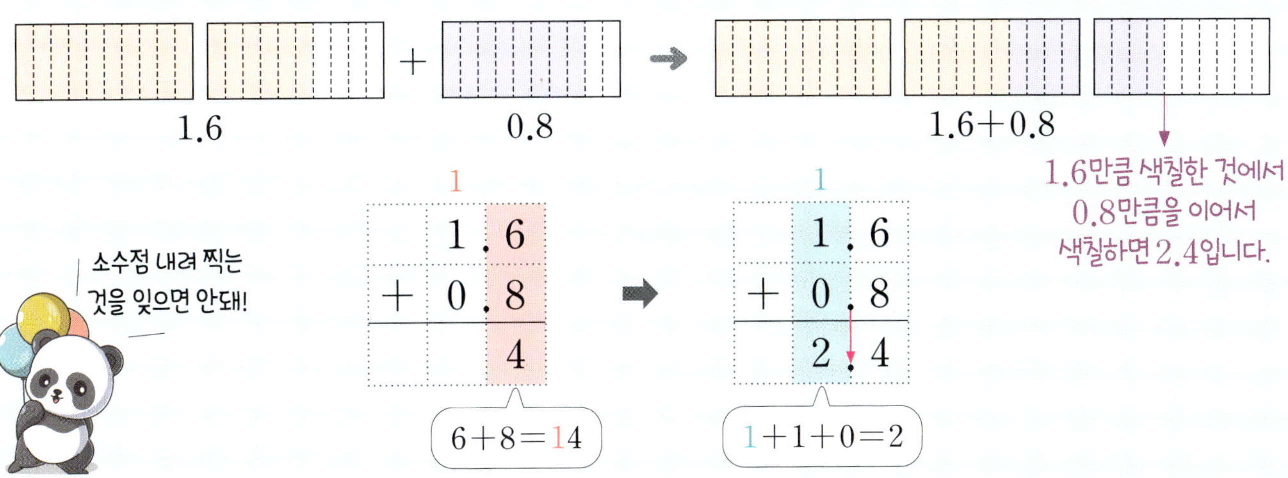

① 소수점의 자리를 맞추어 세로로 쓰고, 같은 자리 수끼리 더합니다.
② 소수 첫째 자리 수끼리의 합이 10이거나 10보다 크면 일의 자리로 1을 받아올림하여 계산합니다.

1~9 덧셈을 하세요.

1

$$\begin{array}{r} 0.7 \\ +\ 0.5 \\ \hline \end{array}$$

2

$$\begin{array}{r} 0.5 \\ +\ 0.6 \\ \hline \end{array}$$

3

$$\begin{array}{r} 1.9 \\ +\ 0.4 \\ \hline \end{array}$$

4

$$\begin{array}{r} 0.8 \\ +\ 2.7 \\ \hline \end{array}$$

5

$$\begin{array}{r} 1.5 \\ +\ 2.8 \\ \hline \end{array}$$

6

$$\begin{array}{r} 5.9 \\ +\ 0.2 \\ \hline \end{array}$$

7

$$\begin{array}{r} 2.6 \\ +\ 3.9 \\ \hline \end{array}$$

8

$$\begin{array}{r} 0.7 \\ +\ 7.5 \\ \hline \end{array}$$

9

$$\begin{array}{r} 4.4 \\ +\ 4.7 \\ \hline \end{array}$$

 덧셈을 하세요.

10 $\begin{array}{r} 0.1 \\ +\,0.9 \\ \hline \end{array}$	**15** $\begin{array}{r} 1.6 \\ +\,2.5 \\ \hline \end{array}$	**20** $\begin{array}{r} 4.7 \\ +\,7.8 \\ \hline \end{array}$
11 $\begin{array}{r} 0.5 \\ +\,1.7 \\ \hline \end{array}$	**16** $\begin{array}{r} 2.9 \\ +\,3.9 \\ \hline \end{array}$	**21** $\begin{array}{r} 8.5 \\ +\,4.7 \\ \hline \end{array}$
12 $\begin{array}{r} 0.4 \\ +\,3.9 \\ \hline \end{array}$	**17** $\begin{array}{r} 5.8 \\ +\,1.7 \\ \hline \end{array}$	**22** $\begin{array}{r} 9.9 \\ +\,6.6 \\ \hline \end{array}$
13 $\begin{array}{r} 2.6 \\ +\,2.5 \\ \hline \end{array}$	**18** $\begin{array}{r} 3.8 \\ +\,4.6 \\ \hline \end{array}$	**23** $\begin{array}{r} 1\,3.7 \\ +\ \ \ 3.5 \\ \hline \end{array}$
14 $\begin{array}{r} 4.7 \\ +\,1.9 \\ \hline \end{array}$	**19** $\begin{array}{r} 3.9 \\ +\,6.5 \\ \hline \end{array}$	**24** $\begin{array}{r} 1\,6.8 \\ +\ \ \ 1.9 \\ \hline \end{array}$

25 $0.8+1.2$

26 $2.7+0.8$

27 $0.5+4.9$

28 $3.8+2.4$

29 $1.4+5.7$

30 $2.5+6.8$

31 $6.9+4.9$

[32~37] 빈칸에 알맞은 수를 써넣으세요.

32 $+$

0.3	0.9	

33 $+$

1.8	0.6	

34 $+$

2.7	4.5	

35 $+$

5.6	2.9	

36 $+$

4.3	4.8	

37 $+$

9.9	2.7	

색칠하기

덧셈의 계산 결과를 색칠 열쇠 에서 찾아 같은 색으로 색칠하세요.

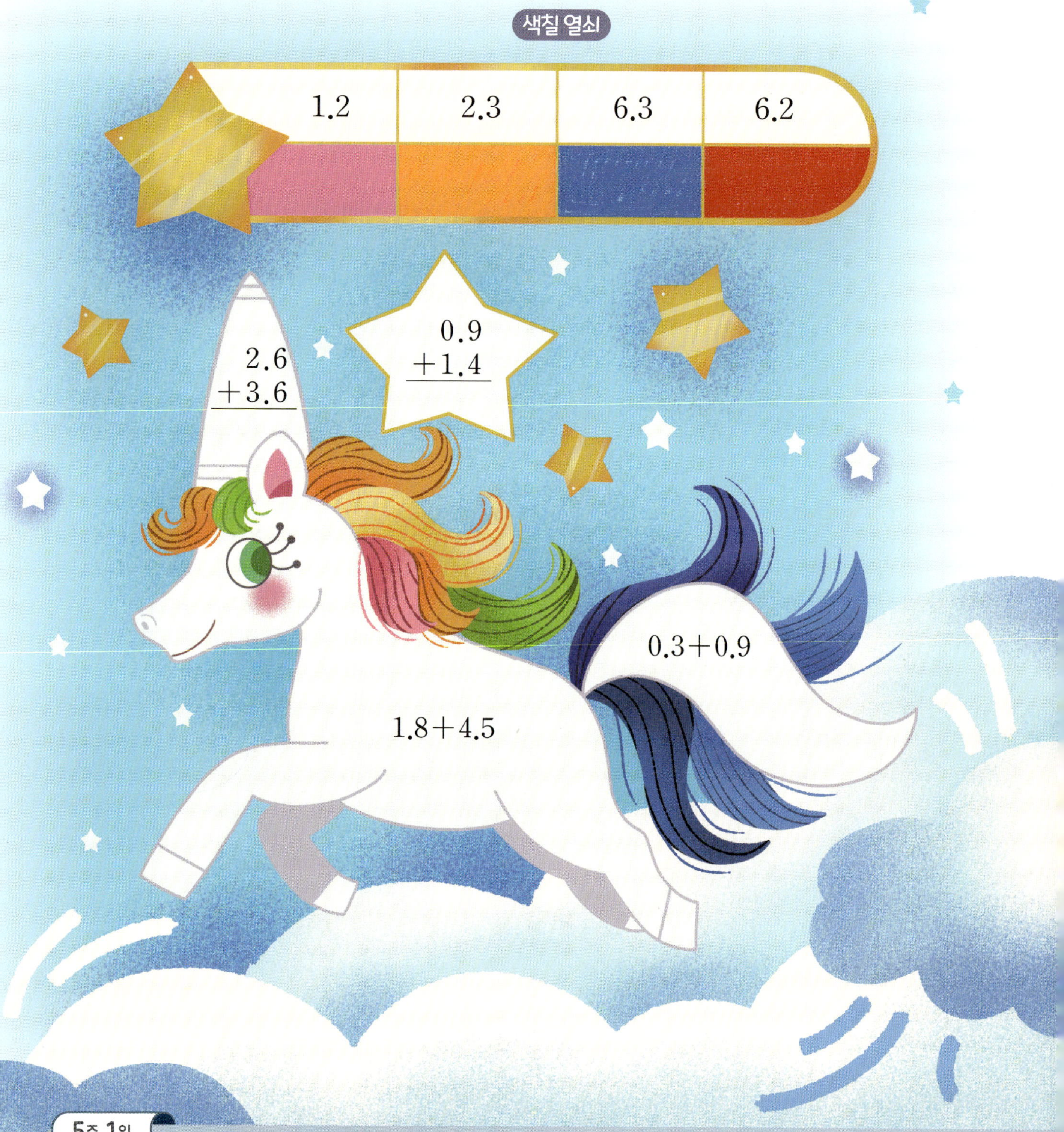

7 받아올림이 있는 소수 한 자리 수의 덧셈(2)

● 2.4＋3.8을 계산해 볼까요?

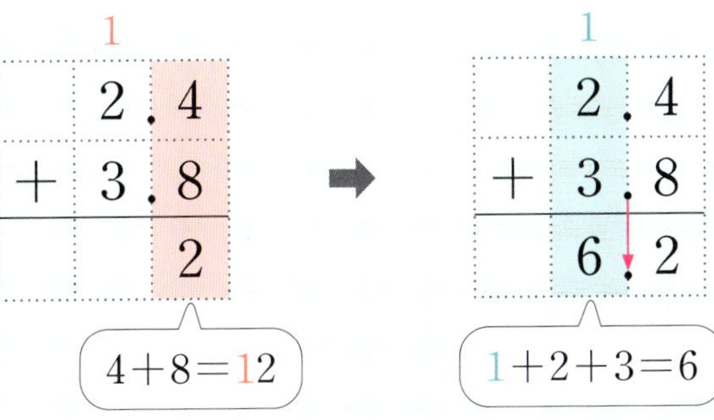

$$4+8=12$$

$$1+2+3=6$$

1~12 덧셈을 하세요.

1
$$\begin{array}{r} 0.7 \\ +\ 0.6 \\ \hline \end{array}$$

2
$$\begin{array}{r} 0.4 \\ +\ 1.8 \\ \hline \end{array}$$

3
$$\begin{array}{r} 2.5 \\ +\ 0.9 \\ \hline \end{array}$$

4
$$\begin{array}{r} 0.5 \\ +\ 3.7 \\ \hline \end{array}$$

5
$$\begin{array}{r} 1.8 \\ +\ 1.3 \\ \hline \end{array}$$

6
$$\begin{array}{r} 2.7 \\ +\ 2.7 \\ \hline \end{array}$$

7
$$\begin{array}{r} 3.9 \\ +\ 2.4 \\ \hline \end{array}$$

8
$$\begin{array}{r} 2.7 \\ +\ 4.8 \\ \hline \end{array}$$

9
$$\begin{array}{r} 6.6 \\ +\ 1.4 \\ \hline \end{array}$$

10
$$\begin{array}{r} 7.5 \\ +\ 2.6 \\ \hline \end{array}$$

11
$$\begin{array}{r} 2.9 \\ +\ 8.5 \\ \hline \end{array}$$

12
$$\begin{array}{r} 9.7 \\ +\ 3.8 \\ \hline \end{array}$$

13
$$\begin{array}{r} 0.4 \\ +\ 0.9 \\ \hline \end{array}$$

14
$$\begin{array}{r} 1.6 \\ +\ 0.8 \\ \hline \end{array}$$

15
$$\begin{array}{r} 0.5 \\ +\ 4.6 \\ \hline \end{array}$$

16
$$\begin{array}{r} 2.7 \\ +\ 3.8 \\ \hline \end{array}$$

17
$$\begin{array}{r} 5.9 \\ +\ 1.2 \\ \hline \end{array}$$

18
$$\begin{array}{r} 3.8 \\ +\ 2.5 \\ \hline \end{array}$$

19
$$\begin{array}{r} 1.9 \\ +\ 6.8 \\ \hline \end{array}$$

20
$$\begin{array}{r} 4.7 \\ +\ 5.4 \\ \hline \end{array}$$

21
$$\begin{array}{r} 13.6 \\ +\ \ \ 0.6 \\ \hline \end{array}$$

22
$$\begin{array}{r} 16.5 \\ +\ \ \ 2.8 \\ \hline \end{array}$$

23 $0.3+1.8$

24 $2.4+4.9$

25 $5.7+3.5$

26 $4.5+7.9$

27 $8.8+6.7$

28 $15.6+0.4$

29 $12.9+5.7$

30 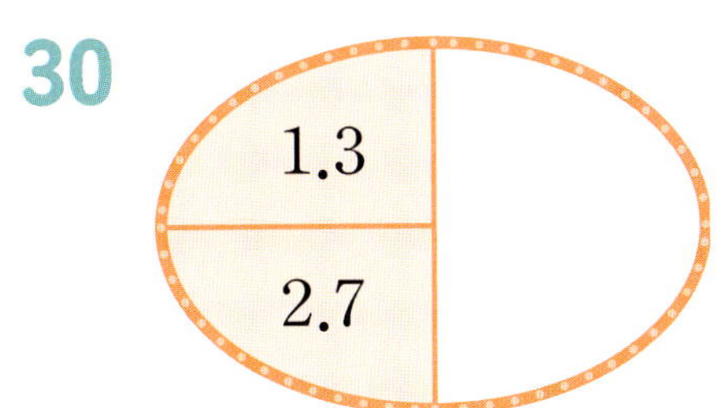

31 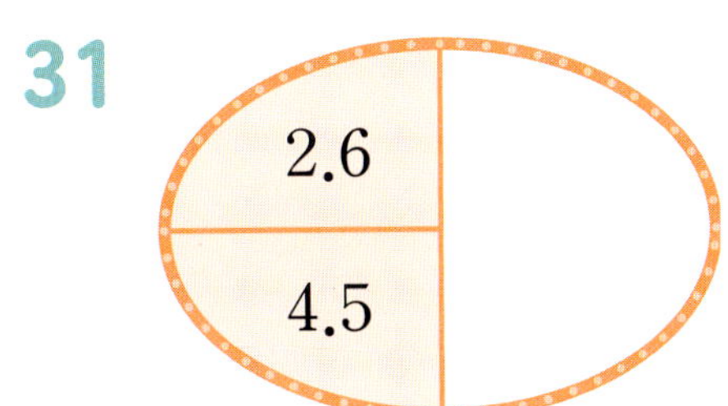

32 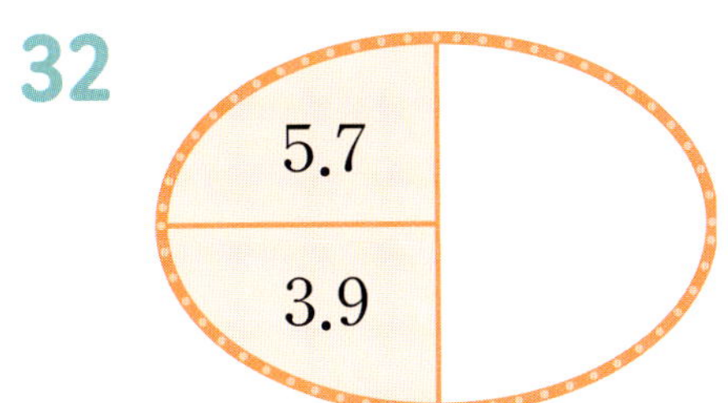

33 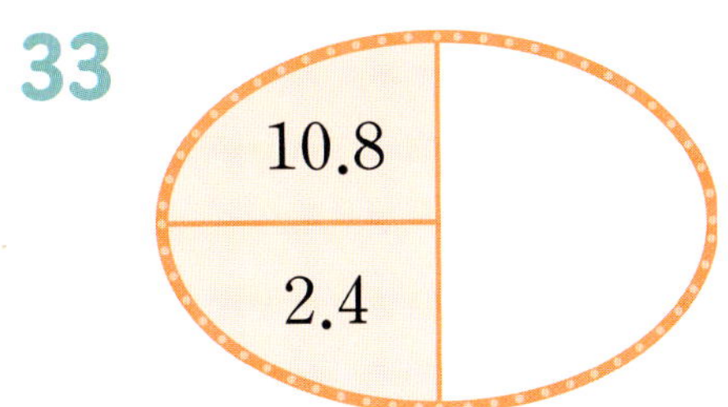

34 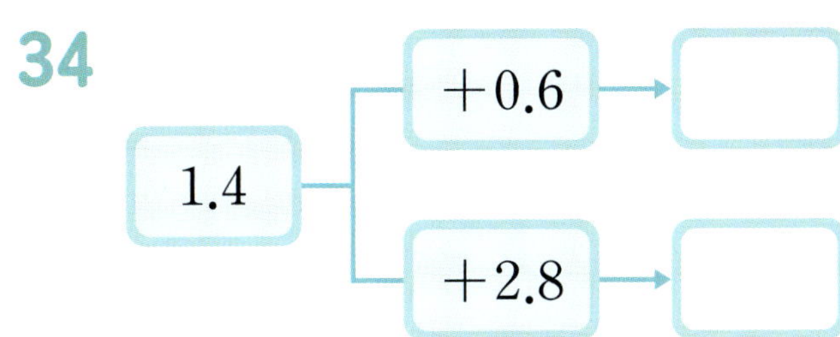

35 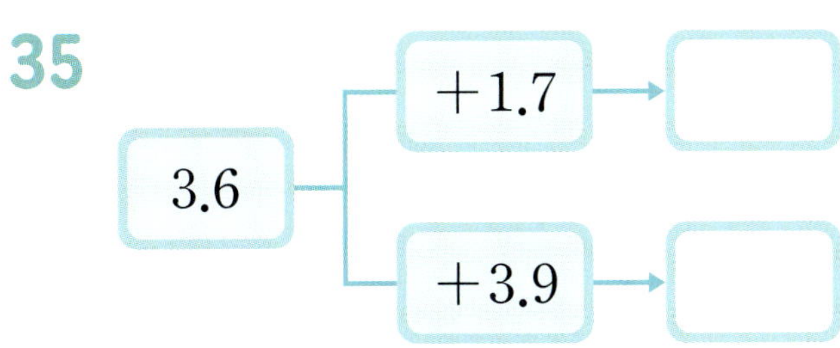

36 

37 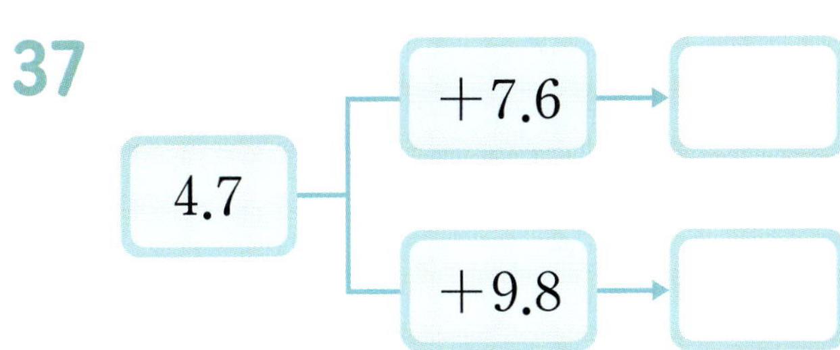

은우의 몸무게는 37.6 kg이고, 정수의 몸무게는 은우보다 0.5 kg만큼 더 무겁습니다. 정수의 몸무게는 몇 kg인가요?

은우의 몸무게: ☐ kg, 은우보다 더 무거운 몸무게: ☐ kg

(정수의 몸무게)＝(은우의 몸무게)＋(은우보다 더 무거운 몸무게)

= ☐ ＋ ☐ = ☐ (kg)    답 ☐ kg

캡슐 찾기

뽑기 기계에서 뽑은 4개의 캡슐 안에 장난감이 1개씩 들어 있습니다. 장난감들이 하는 말을 읽고 장난감이 각각 어느 캡슐에 들어 있는지 찾아 ☐ 안에 알맞은 기호를 써넣으세요.

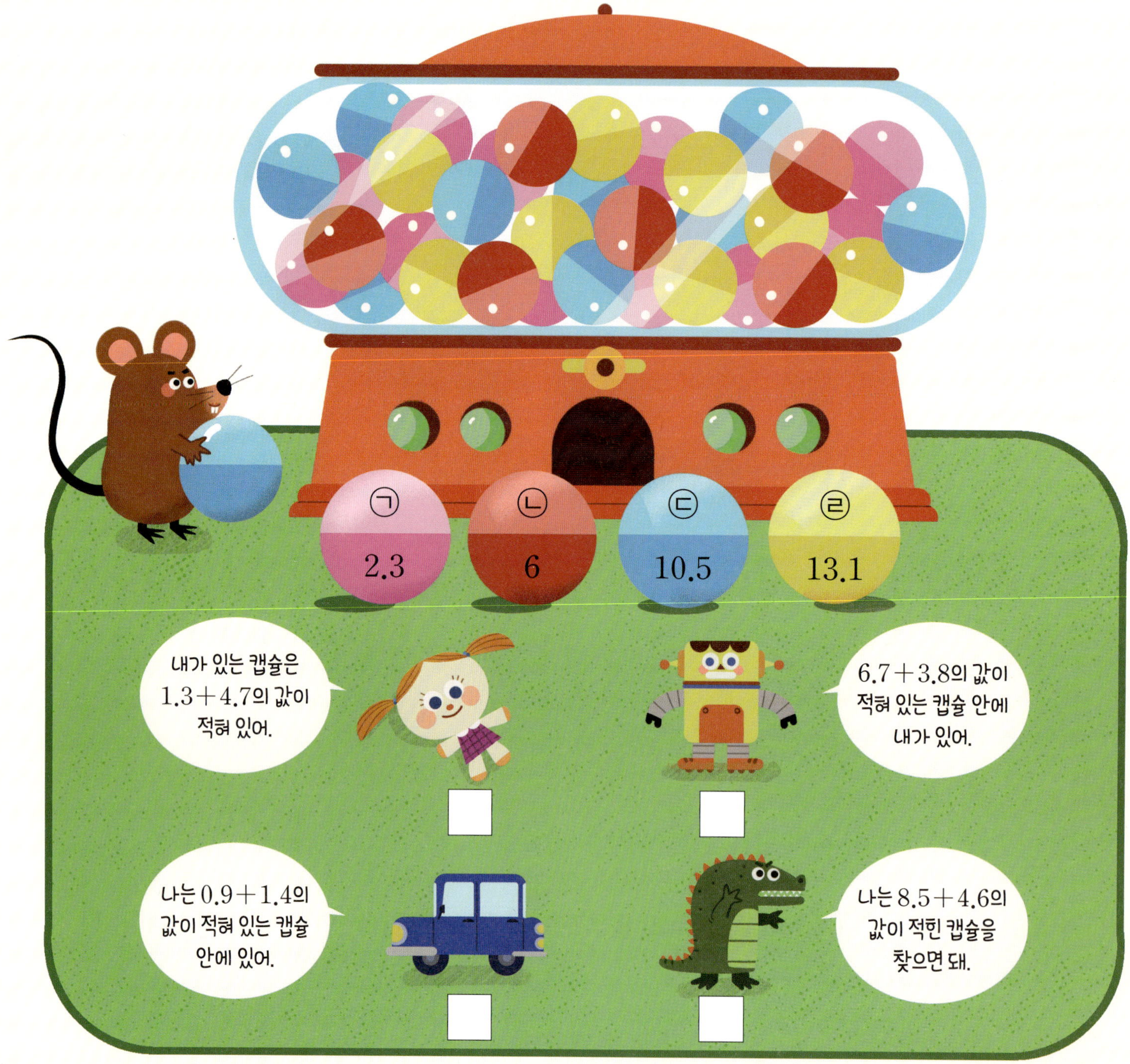

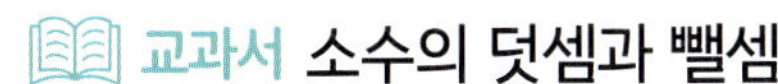 교과서 **소수의 덧셈과 뺄셈**

⑧ 받아올림이 없는 소수 두 자리 수의 덧셈

● 0.53＋0.26을 계산해 볼까요?

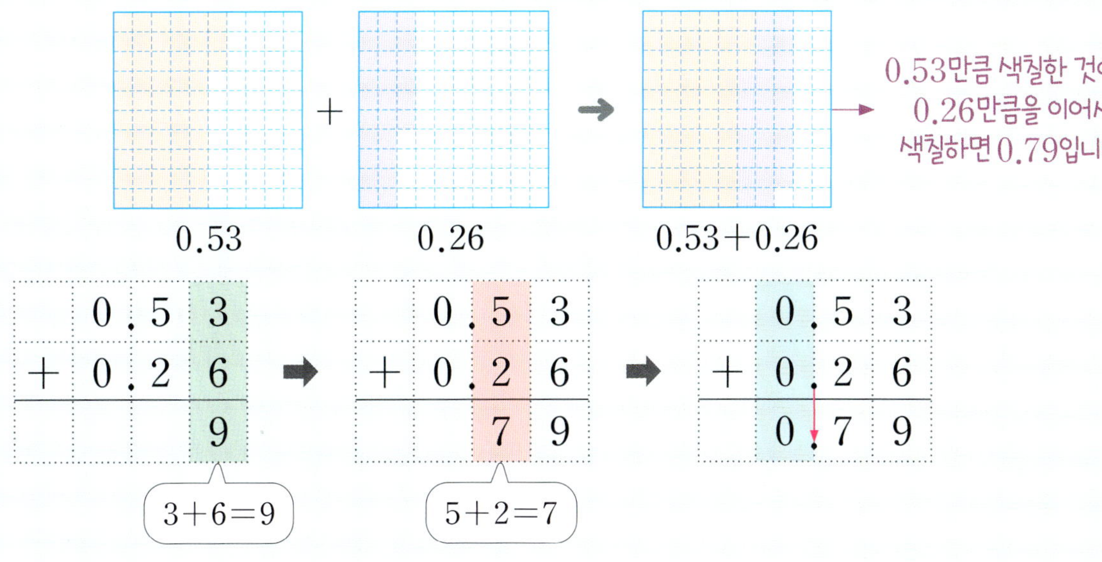

① 소수점의 자리를 맞추어 세로로 씁니다.
② 같은 자리 수끼리 더한 다음 소수점을 내려 찍습니다.

1~6 덧셈을 하세요.

1

$$\begin{array}{r} 0.02 \\ +\ 0.04 \\ \hline \end{array}$$

2

$$\begin{array}{r} 0.14 \\ +\ 0.21 \\ \hline \end{array}$$

3

$$\begin{array}{r} 0.56 \\ +\ 0.13 \\ \hline \end{array}$$

4

$$\begin{array}{r} 1.62 \\ +\ 2.23 \\ \hline \end{array}$$

5

$$\begin{array}{r} 2.71 \\ +\ 4.04 \\ \hline \end{array}$$

6

$$\begin{array}{r} 3.14 \\ +\ 1.83 \\ \hline \end{array}$$

7
$$\begin{array}{r} 0.0\ 3 \\ +\ 0.0\ 4 \\ \hline \end{array}$$

8
$$\begin{array}{r} 0.1\ 4 \\ +\ 0.2\ 2 \\ \hline \end{array}$$

9
$$\begin{array}{r} 2.4\ 2 \\ +\ 0.3\ 3 \\ \hline \end{array}$$

10
$$\begin{array}{r} 0.7\ 5 \\ +\ 3.1\ 2 \\ \hline \end{array}$$

11
$$\begin{array}{r} 2.0\ 3 \\ +\ 4.5\ 6 \\ \hline \end{array}$$

12
$$\begin{array}{r} 1.6\ 2 \\ +\ 2.2\ 3 \\ \hline \end{array}$$

13
$$\begin{array}{r} 3.5\ 1 \\ +\ 1.1\ 4 \\ \hline \end{array}$$

14
$$\begin{array}{r} 4.2\ 3 \\ +\ 4.2\ 5 \\ \hline \end{array}$$

15
$$\begin{array}{r} 4.1\ 4 \\ +\ 5.6\ 4 \\ \hline \end{array}$$

16
$$\begin{array}{r} 8.3\ 7 \\ +\ 3.0\ 2 \\ \hline \end{array}$$

17 $0.05+0.13$

18 $0.32+2.13$

19 $1.62+3.14$

20 $5.05+2.23$

21 $4.41+4.42$

22 $9.91+2.06$

23 $6.51+8.18$

 빈칸에 알맞은 수를 써넣으세요.　　 빈칸에 두 수의 합을 써넣으세요.

24 

28

25 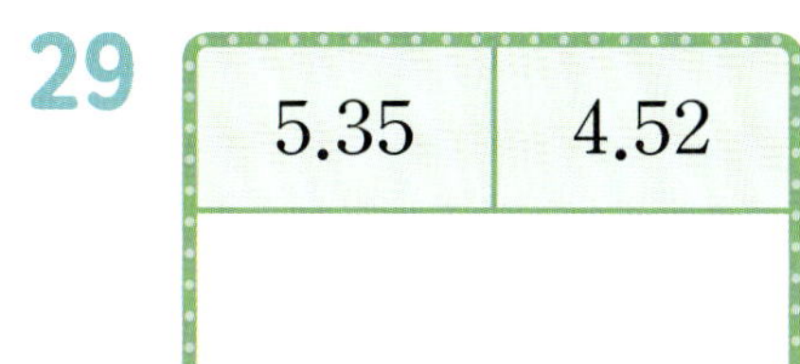

29

26 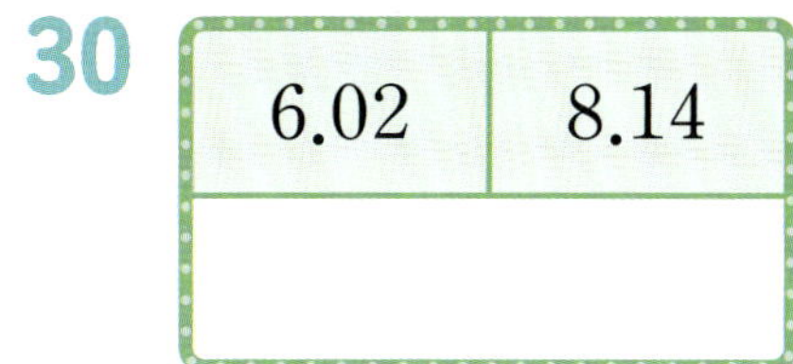

30

27 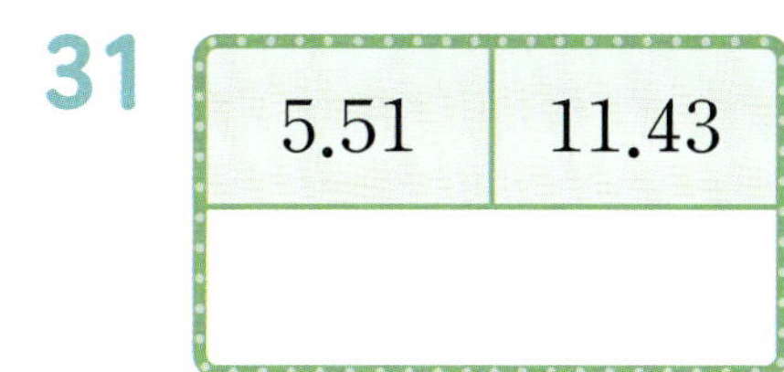

31

빨간색 실의 길이는 2.52 m이고, 파란색 실의 길이는 1.04 m입니다. 빨간색 실과 파란색 실의 길이의 합은 몇 m인가요?

빨간색 실의 길이: ☐ m, 파란색 실의 길이: ☐ m

(빨간색 실과 파란색 실의 길이의 합)=(빨간색 실의 길이)+(파란색 실의 길이)

= ☐ + ☐ = ☐ (m)　　답 ☐ m

사다리 타기

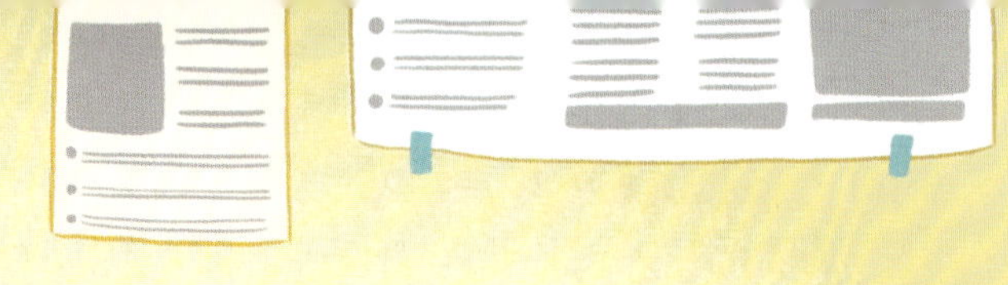

사다리 타기는 세로선을 따라 아래로 내려가다가 가로선을 만나면 가로로 이동하고, 다시 세로선을 만나면 세로선을 따라 아래로 내려가는 놀이입니다. 주어진 식의 계산 결과를 사다리를 타고 내려가서 도착한 곳에 써넣으세요.

| 0.53＋0.14 | 7.12＋1.51 | 2.34＋4.15 | 9.06＋3.32 |

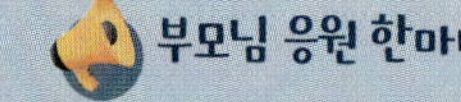

9 받아올림이 있는 소수 두 자리 수의 덧셈(1)

● 0.45＋0.38을 계산해 볼까요?

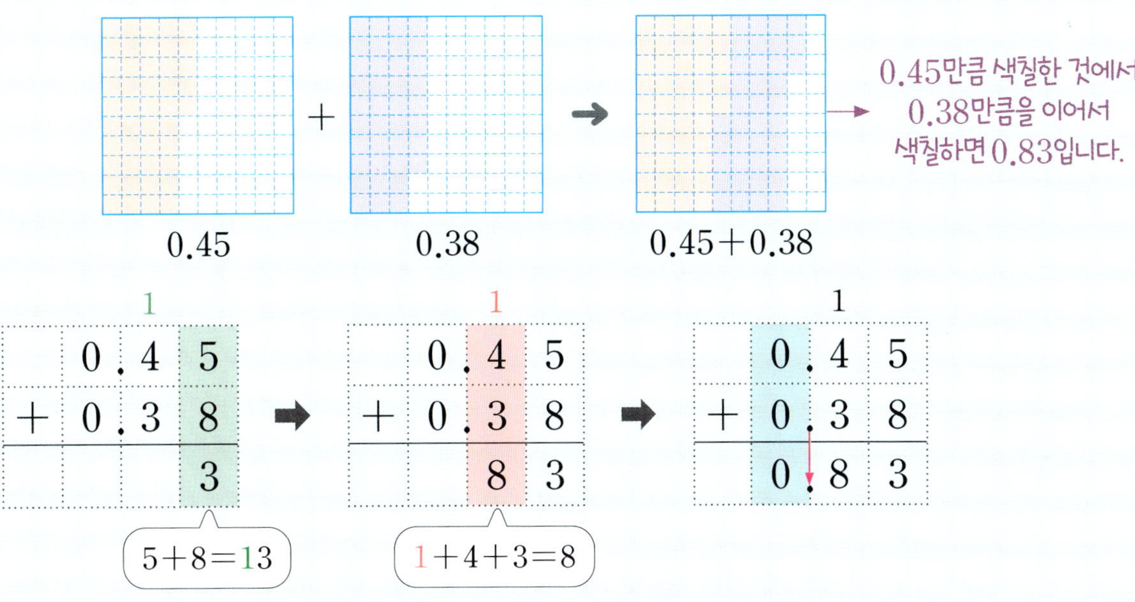

① 소수점의 자리를 맞추어 세로로 쓰고, 같은 자리 수끼리 더합니다.
② 같은 자리 수끼리의 합이 10이거나 10보다 크면 바로 윗자리로 1을 받아올림하여 계산합니다.

1~6 덧셈을 하세요.

1

```
    0 . 3 6
  ＋ 0 . 4 7
```

3

```
    2 . 8 1
  ＋ 0 . 5 2
```

5

```
    1 . 7 3
  ＋ 2 . 4 9
```

2

```
    0 . 6 9
  ＋ 1 . 0 5
```

4

```
    1 . 7 5
  ＋ 3 . 3 4
```

6

```
    4 . 9 6
  ＋ 1 . 3 8
```

7
$$0.59 + 0.24$$

12
$$1.61 + 2.73$$

17
$$1.27 + 1.94$$

8
$$1.48 + 0.17$$

13
$$3.92 + 1.54$$

18
$$2.56 + 4.86$$

9
$$2.19 + 3.63$$

14
$$1.26 + 4.81$$

19
$$5.79 + 3.57$$

10
$$4.58 + 2.36$$

15
$$5.45 + 2.83$$

20
$$1.68 + 6.85$$

11
$$3.27 + 5.45$$

16
$$6.74 + 0.95$$

21
$$7.34 + 2.76$$

22 $0.14+0.28$

23 $1.69+2.15$

24 $3.35+1.45$

25 $2.46+4.71$

26 $5.93+3.52$

27 $3.85+6.48$

28 $9.69+2.73$

29 $\boxed{0.04} \longrightarrow \left(+0.69\right) \rightarrow \boxed{}$

30 $\boxed{2.36} \longrightarrow \left(+2.28\right) \rightarrow \boxed{}$

31 $\boxed{4.62} \longrightarrow \left(+1.76\right) \rightarrow \boxed{}$

32 $\boxed{3.76} \longrightarrow \left(+5.92\right) \rightarrow \boxed{}$

33 $\boxed{8.48} \longrightarrow \left(+4.53\right) \rightarrow \boxed{}$

34 $\boxed{12.95} \longrightarrow \left(+2.65\right) \rightarrow \boxed{}$

길 찾기

다연이는 기차를 타고 할머니 댁에 가려고 합니다. 갈림길 문제의 계산 결과를 따라가면 할머니가 마중 나오신 기차역에 도착할 수 있습니다. 올바른 길을 찾아 선으로 이으세요.

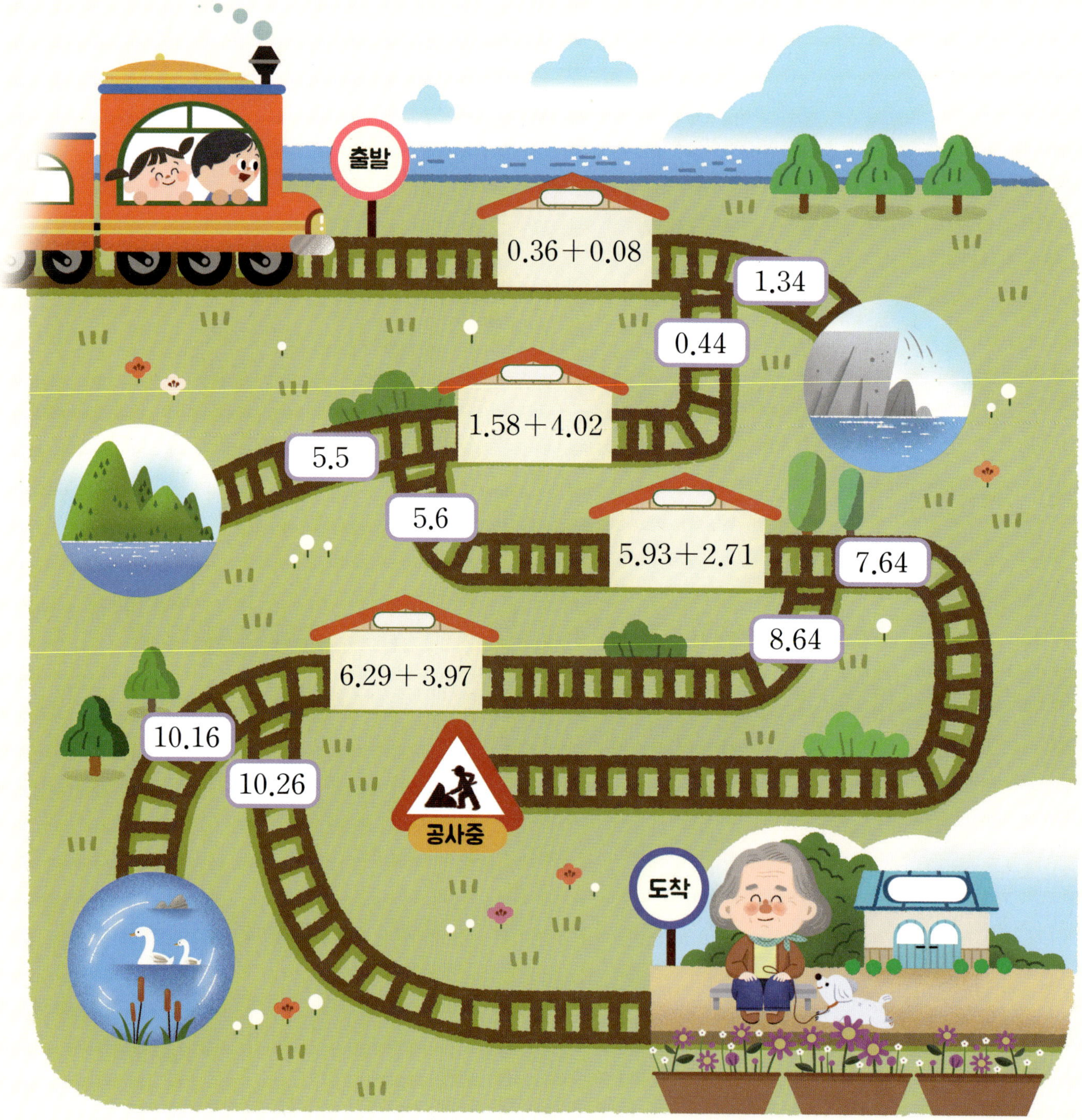

오늘 나의 실력을 평가해 봐!

부모님 응원 한마디

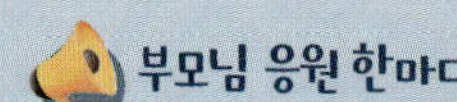

⑩ 받아올림이 있는 소수 두 자리 수의 덧셈(2)

● 1.76＋0.89를 계산해 볼까요?

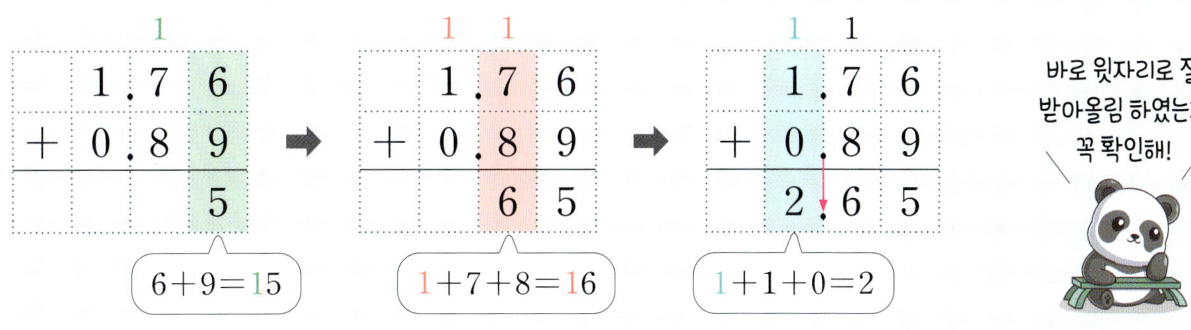

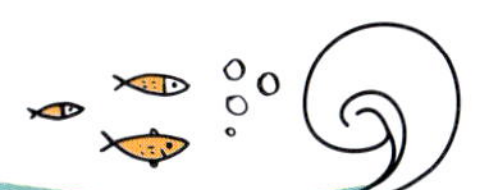

1~12 덧셈을 하세요.

1
$$\begin{array}{r} 1.35 \\ +\ 0.08 \\ \hline \end{array}$$

2
$$\begin{array}{r} 2.49 \\ +\ 1.12 \\ \hline \end{array}$$

3
$$\begin{array}{r} 1.68 \\ +\ 3.27 \\ \hline \end{array}$$

4
$$\begin{array}{r} 3.26 \\ +\ 2.57 \\ \hline \end{array}$$

5
$$\begin{array}{r} 1.86 \\ +\ 1.53 \\ \hline \end{array}$$

6
$$\begin{array}{r} 1.74 \\ +\ 2.94 \\ \hline \end{array}$$

7
$$\begin{array}{r} 3.31 \\ +\ 1.83 \\ \hline \end{array}$$

8
$$\begin{array}{r} 2.95 \\ +\ 4.62 \\ \hline \end{array}$$

9
$$\begin{array}{r} 3.68 \\ +\ 1.75 \\ \hline \end{array}$$

10
$$\begin{array}{r} 0.97 \\ +\ 6.39 \\ \hline \end{array}$$

11
$$\begin{array}{r} 5.94 \\ +\ 2.56 \\ \hline \end{array}$$

12
$$\begin{array}{r} 3.45 \\ +\ 5.68 \\ \hline \end{array}$$

13
$$\begin{array}{r} 0.2\,7 \\ +\ 0.6\,4 \\ \hline \end{array}$$

14
$$\begin{array}{r} 1.3\,9 \\ +\ 2.0\,7 \\ \hline \end{array}$$

15
$$\begin{array}{r} 4.5\,8 \\ +\ 2.1\,6 \\ \hline \end{array}$$

16
$$\begin{array}{r} 2.4\,5 \\ +\ 3.0\,5 \\ \hline \end{array}$$

17
$$\begin{array}{r} 4.9\,6 \\ +\ 1.2\,1 \\ \hline \end{array}$$

18
$$\begin{array}{r} 2.4\,3 \\ +\ 2.7\,5 \\ \hline \end{array}$$

19
$$\begin{array}{r} 3.8\,1 \\ +\ 4.9\,4 \\ \hline \end{array}$$

20
$$\begin{array}{r} 2.7\,2 \\ +\ 5.3\,9 \\ \hline \end{array}$$

21
$$\begin{array}{r} 4.6\,8 \\ +\ 4.9\,7 \\ \hline \end{array}$$

22
$$\begin{array}{r} 6.5\,4 \\ +\ 3.6\,7 \\ \hline \end{array}$$

23 $2.49+1.34$

24 $1.68+4.28$

25 $3.53+2.81$

26 $2.92+5.74$

27 $5.61+3.55$

28 $10.84+4.62$

29 $4.76+13.94$

30

| 1.36 | |
| 3.26 | |

31

| 4.62 | |
| 2.45 | |

32

| 3.58 | |
| 5.62 | |

33

| 5.79 | |
| 4.46 | |

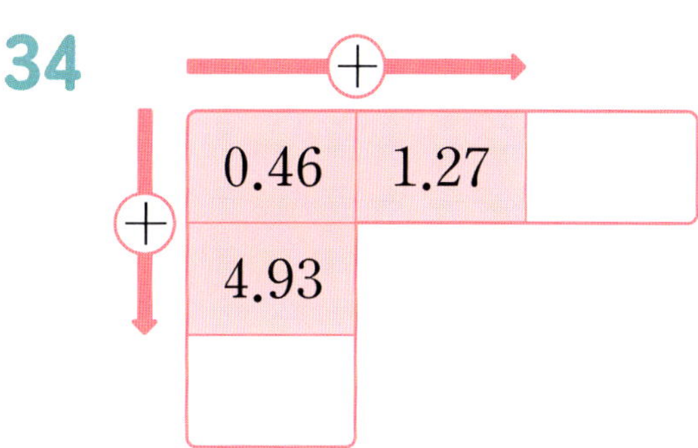

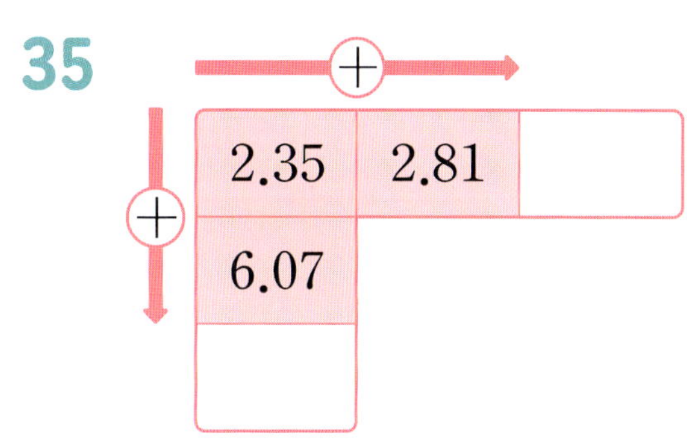

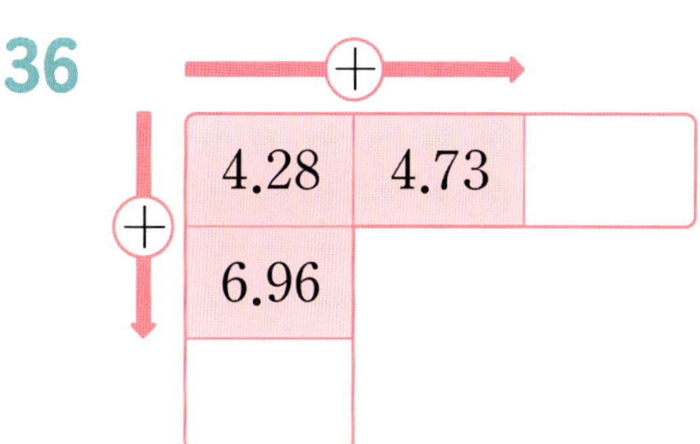

직사각형의 가로는 43.28 cm이고, 세로는 가로보다 1.52 cm만큼 더 깁니다. 직사각형의 세로는 몇 cm인가요?

직사각형의 가로: [   ] cm, 가로보다 더 긴 길이: [   ] cm

(직사각형의 세로)＝(직사각형의 가로)＋(가로보다 더 긴 길이)

＝ [   ] ＋ [   ] ＝ [   ] (cm)   답 [   ] cm

자동차 번호 찾기

다음을 읽고 도망간 자동차 번호를 찾아보세요.

도망간 자동차 번호는 [ ][ ][ ][ ]입니다.

📖 교과서 **소수의 덧셈과 뺄셈**

⑪ 자릿수가 다른 소수의 덧셈

● **2.74＋1.5**를 계산해 볼까요?

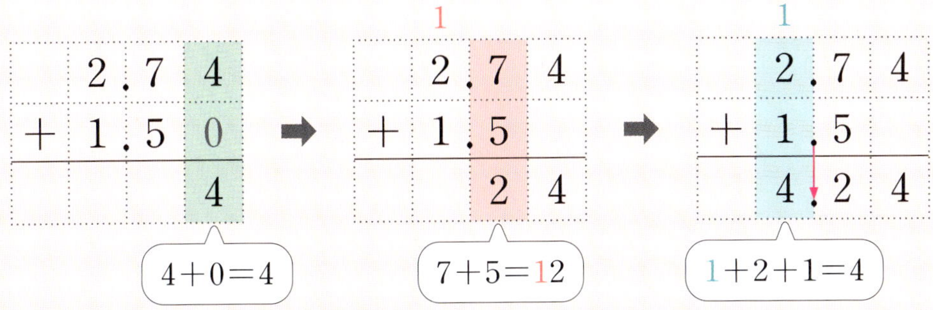

$4+0=4$ → $7+5=12$ → $1+2+1=4$

> 자릿수가 다른 소수의 덧셈을 할 때는 오른쪽 끝자리 뒤에 0이 있는 것으로 생각하여 소수점의 자리를 맞추어 계산합니다.

1~9 덧셈을 하세요.

1
```
   0 . 3 2
 + 0 . 6
```

2
```
   0 . 4 9
 + 1 . 1
```

3
```
   3 . 5 8
 + 1 . 2
```

4
```
   2 . 3
 + 0 . 5 6
```

5
```
   2 . 1
 + 3 . 7 5
```

6
```
   1 . 2
 + 5 . 0 4
```

7
```
   0 . 9 3
 + 1 . 5
```

8
```
   4 . 6 7
 + 2 . 8
```

9
```
   5 . 6
 + 2 . 4 3
```

10
$$\begin{array}{r} 0.0\,6 \\ +\ 0.2 \\ \hline \end{array}$$

11
$$\begin{array}{r} 1.3\,5 \\ +\ 2.4 \\ \hline \end{array}$$

12
$$\begin{array}{r} 2.1\,4 \\ +\ 3.7 \\ \hline \end{array}$$

13
$$\begin{array}{r} 4.7\,2 \\ +\ 1.8 \\ \hline \end{array}$$

14
$$\begin{array}{r} 3.5\,8 \\ +\ 5.6 \\ \hline \end{array}$$

15
$$\begin{array}{r} 1.6 \\ +\ 3.3\,9 \\ \hline \end{array}$$

16
$$\begin{array}{r} 2.4 \\ +\ 4.1\,7 \\ \hline \end{array}$$

17
$$\begin{array}{r} 4.6 \\ +\ 2.6\,3 \\ \hline \end{array}$$

18
$$\begin{array}{r} 5.9 \\ +\ 7.7\,1 \\ \hline \end{array}$$

19
$$\begin{array}{r} 8.4 \\ +\ 6.8\,6 \\ \hline \end{array}$$

20 $2.17+1.4$

21 $3.42+3.1$

22 $3.7+2.06$

23 $1.89+5.6$

24 $5.4+3.25$

25 $6.5+5.73$

26 $12.3+5.91$

27 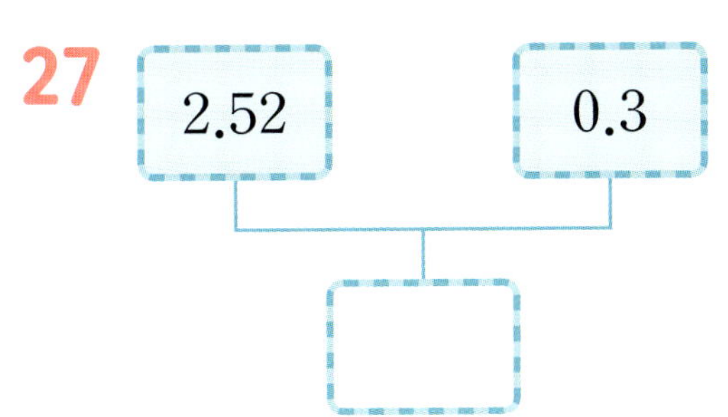

31 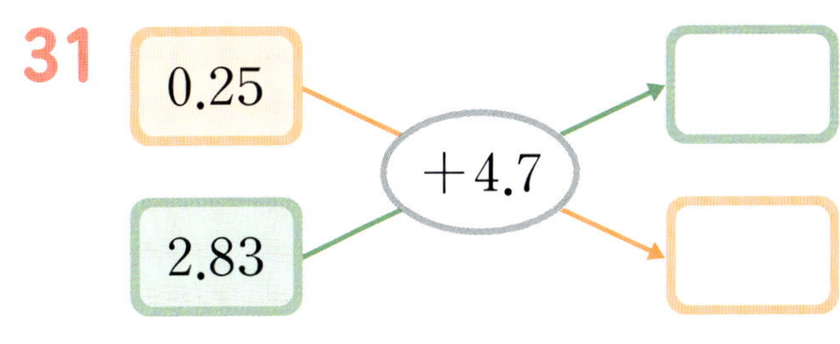

28 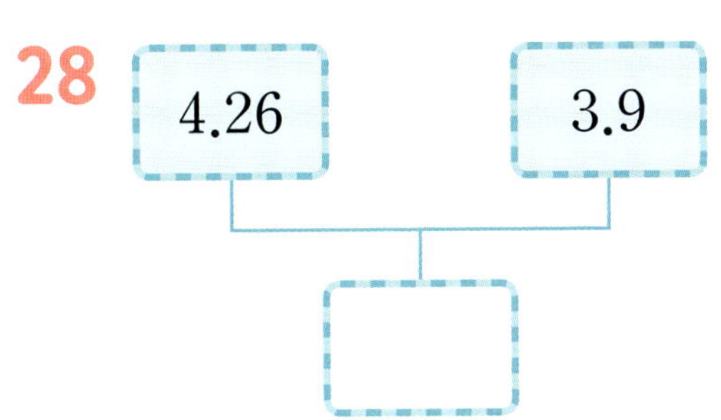

32 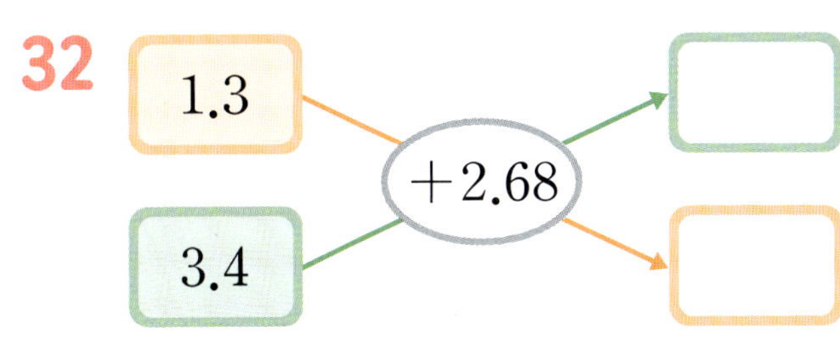

29 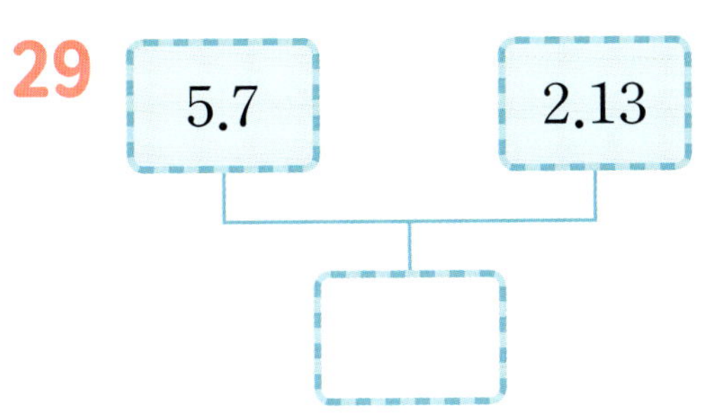

33 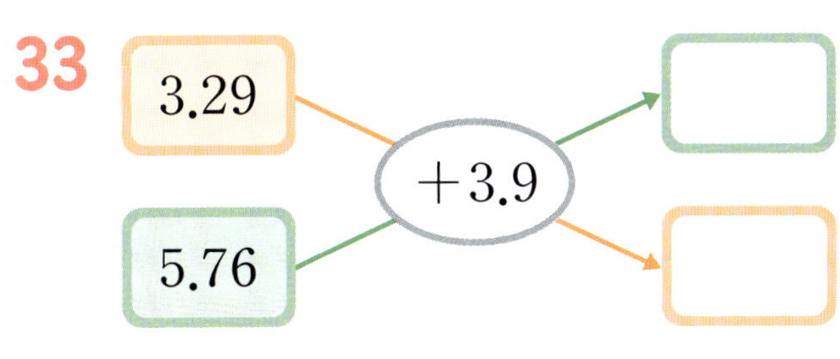

30 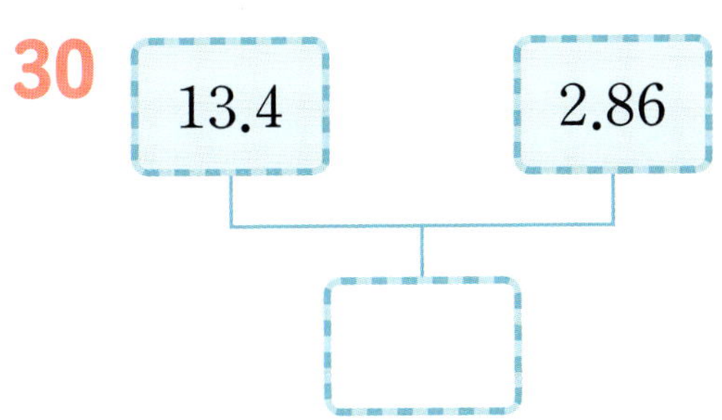

34 

우유를 창기는 1.4 L 마셨고, 성주는 창기보다 0.28 L만큼 더 많이 마셨습니다. 성주가 마신 우유의 양은 몇 L인가요?

창기가 마신 우유의 양: ☐ L, 창기보다 더 마신 우유의 양: ☐ L

(성주가 마신 우유의 양) = (창기가 마신 우유의 양) + (창기보다 더 마신 우유의 양)

= ☐ + ☐ = ☐ (L)　　　답 ☐ L

같은 바다 생물 찾기

같은 바다 생물에 적힌 두 수의 합을 구하여 같은 바다 생물의 □ 안에 써넣으세요.

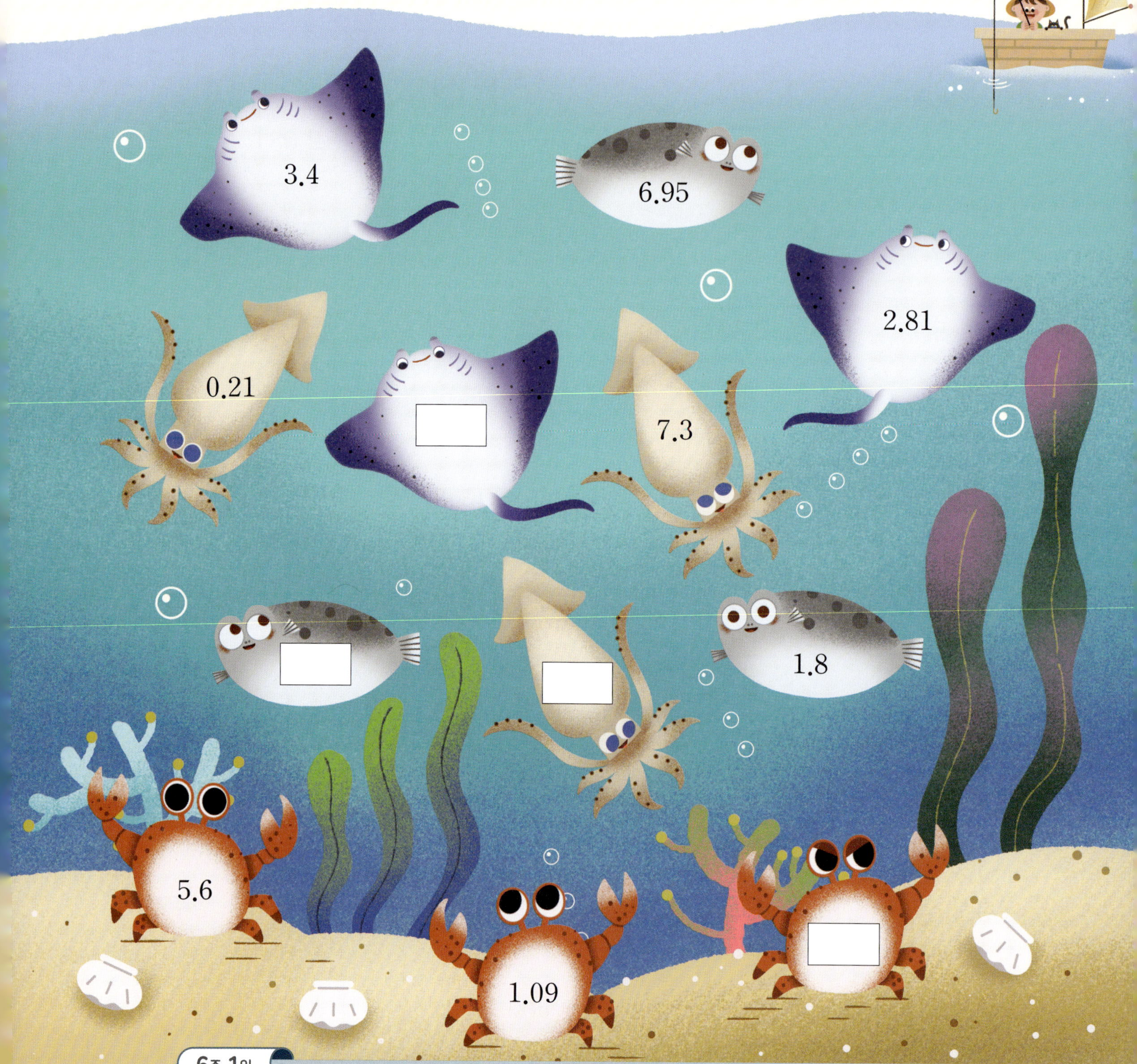

⑫ 받아내림이 없는 소수 한 자리 수의 뺄셈

● 1.6−0.4를 계산해 볼까요?

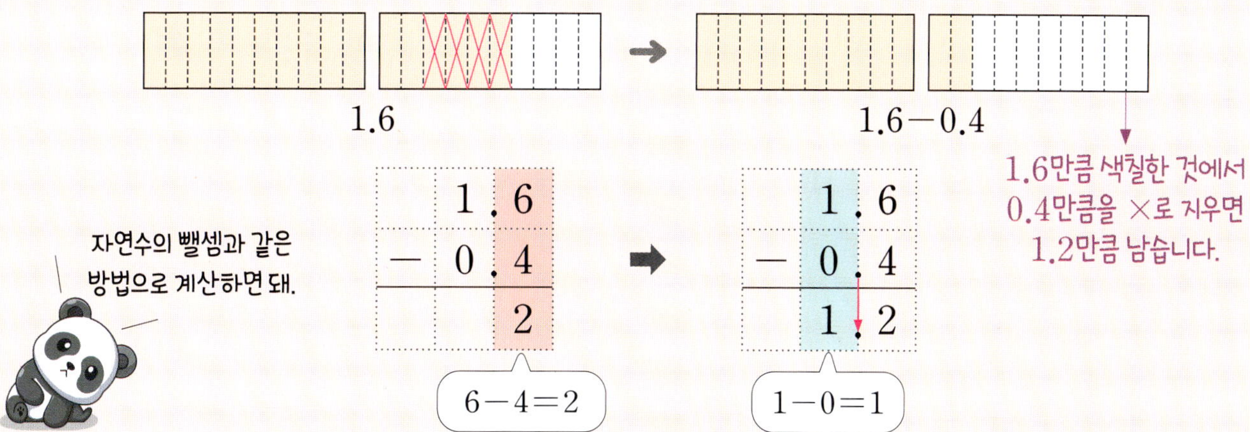

① 소수점의 자리를 맞추어 세로로 씁니다.
② 같은 자리 수끼리 뺀 다음 소수점을 내려 찍습니다.

1~9 뺄셈을 하세요.

1

$$\begin{array}{r} 0.3 \\ -\ 0.1 \\ \hline \end{array}$$

2

$$\begin{array}{r} 0.5 \\ -\ 0.2 \\ \hline \end{array}$$

3

$$\begin{array}{r} 1.7 \\ -\ 0.3 \\ \hline \end{array}$$

4

$$\begin{array}{r} 0.8 \\ -\ 0.1 \\ \hline \end{array}$$

5

$$\begin{array}{r} 3.9 \\ -\ 0.6 \\ \hline \end{array}$$

6

$$\begin{array}{r} 5.6 \\ -\ 0.4 \\ \hline \end{array}$$

7

$$\begin{array}{r} 2.5 \\ -\ 1.1 \\ \hline \end{array}$$

8

$$\begin{array}{r} 4.8 \\ -\ 2.3 \\ \hline \end{array}$$

9

$$\begin{array}{r} 6.9 \\ -\ 3.4 \\ \hline \end{array}$$

10
$$\begin{array}{r} 0.4 \\ -\,0.1 \\ \hline \end{array}$$

11
$$\begin{array}{r} 1.9 \\ -\,0.5 \\ \hline \end{array}$$

12
$$\begin{array}{r} 4.6 \\ -\,2.4 \\ \hline \end{array}$$

13
$$\begin{array}{r} 5.8 \\ -\,1.2 \\ \hline \end{array}$$

14
$$\begin{array}{r} 6.7 \\ -\,4.6 \\ \hline \end{array}$$

15
$$\begin{array}{r} 3.9 \\ -\,0.8 \\ \hline \end{array}$$

16
$$\begin{array}{r} 7.6 \\ -\,2.2 \\ \hline \end{array}$$

17
$$\begin{array}{r} 9.4 \\ -\,3.1 \\ \hline \end{array}$$

18
$$\begin{array}{r} 1\,2.6 \\ -\,1.4 \\ \hline \end{array}$$

19
$$\begin{array}{r} 1\,6.8 \\ -\,4.3 \\ \hline \end{array}$$

20 $0.8-0.4$

21 $3.5-2.3$

22 $6.7-1.6$

23 $8.3-4.1$

24 $9.6-2.5$

25 $11.9-1.2$

26 $15.4-3.4$

27

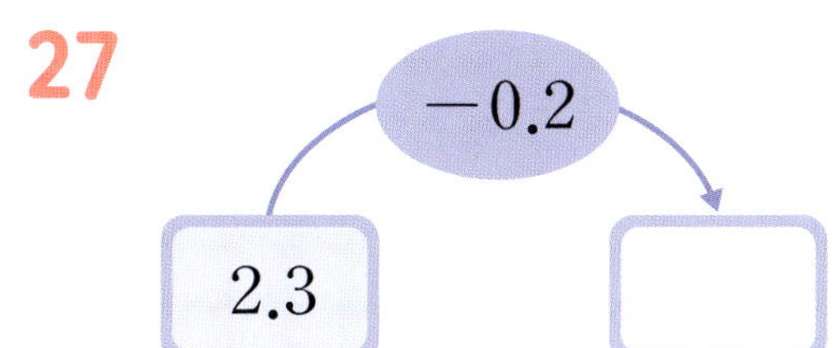

31

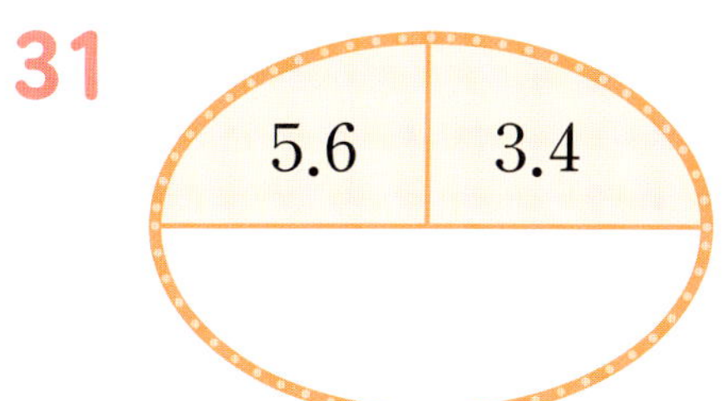

28

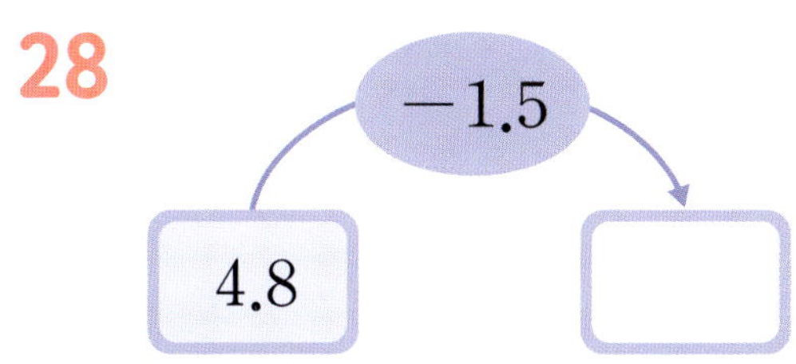

32

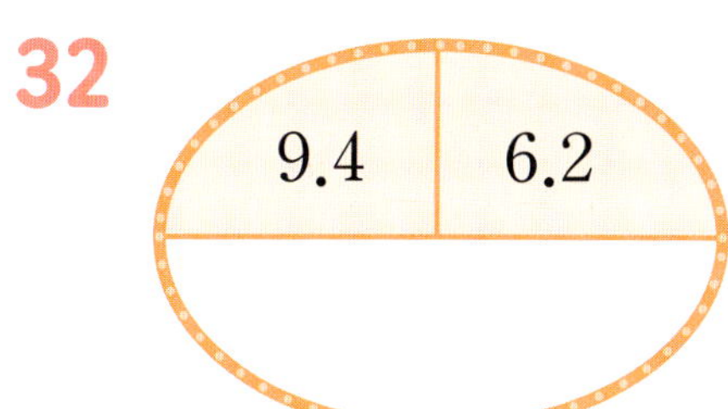

29

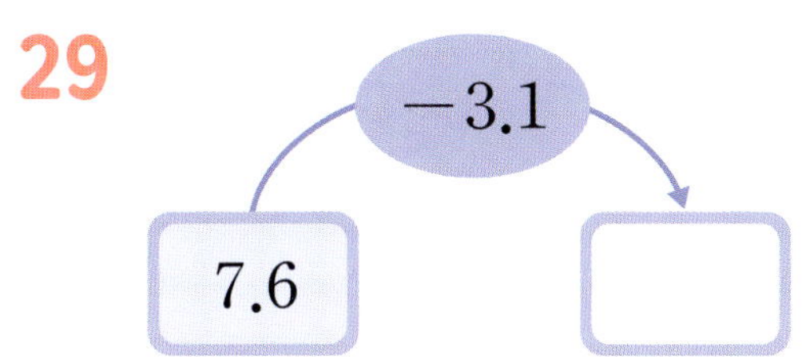

33

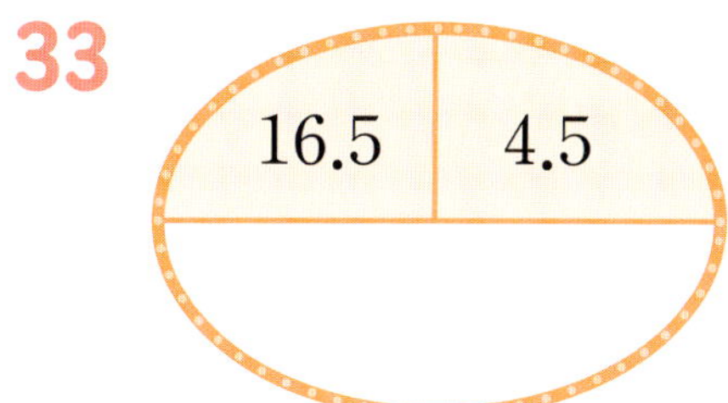

30

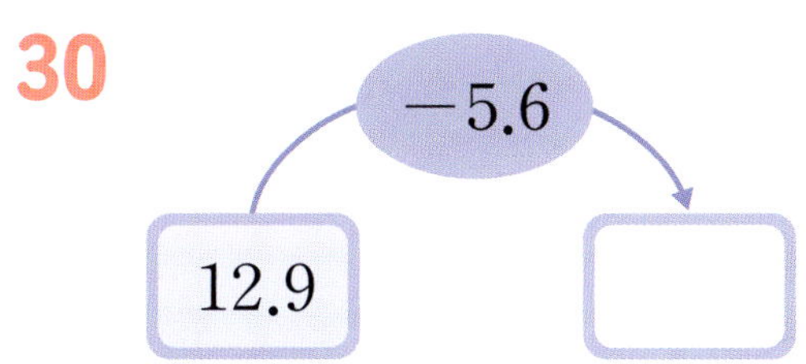

34

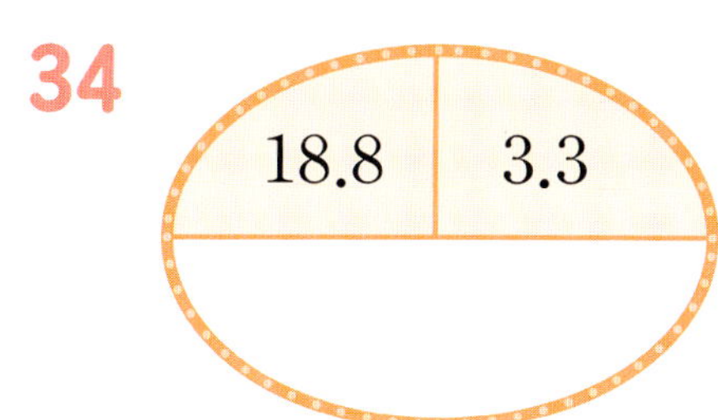

물병에 물이 1.8 L 들어 있었습니다. 병규가 마시고 남은 물이 0.3 L라면 병규가 마신 물의 양은 몇 L인가요?

처음에 있던 물의 양: ☐ L, 남은 물의 양: ☐ L

(병규가 마신 물의 양)＝(처음에 있던 물의 양)−(남은 물의 양)

＝ ☐ − ☐ ＝ ☐ (L)　　　　답 ☐ L

선 잇기

친구들이 망원경으로 행성을 보고 있습니다. 계산 결과에 알맞게 선으로 이으세요.

📖 교과서 소수의 덧셈과 뺄셈

⑬ 받아내림이 있는 소수 한 자리 수의 뺄셈(1)

● 2.3−1.4를 계산해 볼까요?

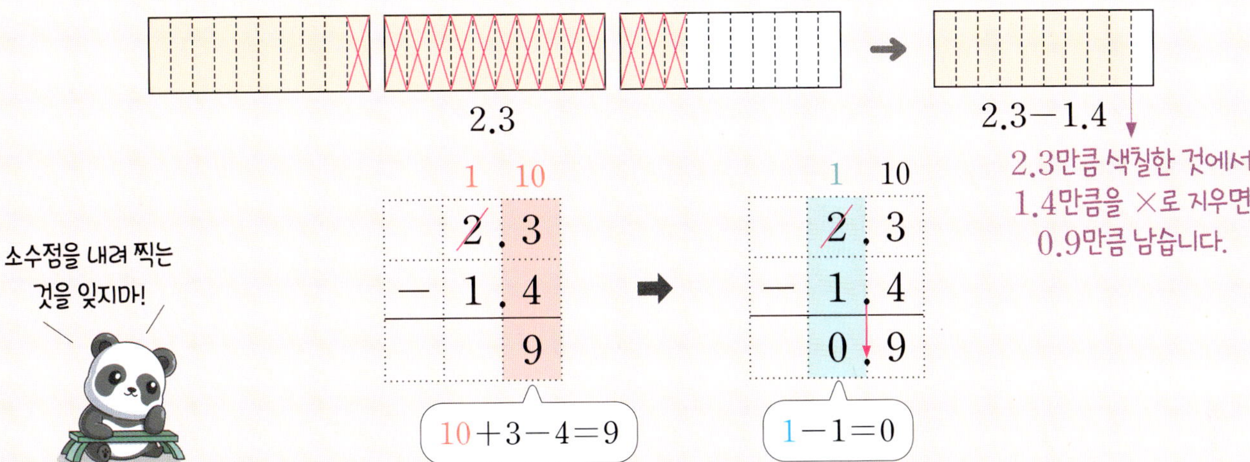

소수점을 내려 찍는
것을 잊지마!

$$10+3-4=9$$
$$1-1=0$$

① 소수점의 자리를 맞추어 세로로 쓰고, 같은 자리 수끼리 뺍니다.
② 소수 첫째 자리 수끼리 뺄 수 없으면 일의 자리에서 10을 받아내림하여 계산합니다.

1~9 뺄셈을 하세요.

1

```
  2 . 3
− 0 . 5
───────
```

2

```
  3 . 4
− 1 . 7
───────
```

3

```
  4 . 2
− 1 . 6
───────
```

4

```
  4 . 5
− 2 . 9
───────
```

5

```
  4 . 8
− 3 . 9
───────
```

6

```
  5 . 1
− 2 . 6
───────
```

7

```
  6 . 2
− 1 . 3
───────
```

8

```
  7 . 6
− 3 . 8
───────
```

9

```
  8 . 4
− 4 . 5
───────
```

10	1.1
	− 0.9

15	3.1
	− 2.5

20	1 0.7
	− 6.8

11	2.2
	− 1.7

16	4.5
	− 2.8

21	1 2.4
	− 4.6

12	3.4
	− 1.6

17	6.3
	− 3.7

22	1 3.2
	− 1.9

13	5.6
	− 2.9

18	7.2
	− 2.3

23	1 5.5
	− 4.7

14	6.5
	− 1.8

19	9.4
	− 3.6

24	1 7.1
	− 3.9

25 $1.2-0.8$

26 $4.5-1.9$

27 $6.1-4.6$

28 $8.4-2.7$

29 $10.3-6.4$

30 $14.6-3.8$

31 $16.1-0.9$

32

| 2.3 | 1.6 | |

33

| 5.4 | 0.8 | |

34

| 7.1 | 4.4 | |

35

| 9.3 | 2.5 | |

36

| 12.6 | 4.9 | |

37

| 17.2 | 6.7 | |

빙고 놀이하기

현우와 소미는 빙고 놀이를 하고 있습니다. 빙고 놀이에서 이긴 사람은 누구인가요?

<빙고 놀이 방법>

1. 가로, 세로 5칸인 놀이판에 0.1부터 2.7까지의 소수 한 자리 수를 자유롭게 적은 다음 서로 번갈아 가며 수를 말합니다.
2. 자신과 상대방이 말하는 수에 ✖표 합니다.
3. 가로, 세로, 대각선 중 한 줄에 있는 5개의 수에 모두 ✖표 한 경우 '빙고'를 외칩니다.
4. 먼저 '빙고'를 외치는 사람이 이깁니다.

현우

소미

현우의 놀이판

0.1	1.6	0.4	2.2	2.5
✖	✖	0.7	1.3	✖
1.5	1.7	1.4	✖	✖
1.1	0.8	2.6	✖	1.8
2.7	2.4	0.2	✖	2.3

소미의 놀이판

✖	2.5	0.8	1.5	0.7
1.1	✖	1.6	1.8	✖
0.2	✖	0.1	0.4	✖
1.4	✖	2.4	2.3	1.3
✖	2.7	2.6	1.7	2.2

오늘 나의 실력을 평가해 봐!       부모님 응원 한마디

⑭ 받아내림이 있는 소수 한 자리 수의 뺄셈(2)

● 3.2−1.8을 계산해 볼까요?

$$\begin{array}{r} 3.\!\!\!/\,\,2 \\ -\,1.8 \\ \hline 4 \end{array}$$

$10+2-8=4$

$$\begin{array}{r} 3.\!\!\!/\,\,2 \\ -\,1.8 \\ \hline 1.4 \end{array}$$

$2-1=1$

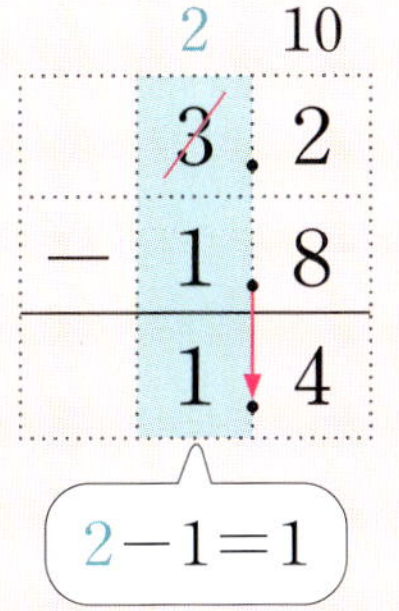

1~12 뺄셈을 하세요.

1
$$\begin{array}{r} 1.1 \\ -\,0.5 \\ \hline \end{array}$$

2
$$\begin{array}{r} 2.6 \\ -\,0.9 \\ \hline \end{array}$$

3
$$\begin{array}{r} 3.1 \\ -\,2.2 \\ \hline \end{array}$$

4
$$\begin{array}{r} 3.2 \\ -\,1.7 \\ \hline \end{array}$$

5
$$\begin{array}{r} 4.3 \\ -\,2.6 \\ \hline \end{array}$$

6
$$\begin{array}{r} 4.8 \\ -\,1.9 \\ \hline \end{array}$$

7
$$\begin{array}{r} 5.2 \\ -\,3.8 \\ \hline \end{array}$$

8
$$\begin{array}{r} 6.1 \\ -\,2.9 \\ \hline \end{array}$$

9
$$\begin{array}{r} 7.2 \\ -\,3.7 \\ \hline \end{array}$$

10
$$\begin{array}{r} 8.5 \\ -\,2.9 \\ \hline \end{array}$$

11
$$\begin{array}{r} 8.4 \\ -\,5.5 \\ \hline \end{array}$$

12
$$\begin{array}{r} 9.7 \\ -\,4.8 \\ \hline \end{array}$$

13
$$\begin{array}{r} 2.2 \\ -1.9 \\ \hline \end{array}$$

14
$$\begin{array}{r} 4.6 \\ -2.8 \\ \hline \end{array}$$

15
$$\begin{array}{r} 5.1 \\ -1.6 \\ \hline \end{array}$$

16
$$\begin{array}{r} 6.4 \\ -3.7 \\ \hline \end{array}$$

17
$$\begin{array}{r} 8.5 \\ -4.9 \\ \hline \end{array}$$

18
$$\begin{array}{r} 6.3 \\ -4.8 \\ \hline \end{array}$$

19
$$\begin{array}{r} 7.5 \\ -2.6 \\ \hline \end{array}$$

20
$$\begin{array}{r} 9.1 \\ -3.4 \\ \hline \end{array}$$

21
$$\begin{array}{r} 1\,1.2 \\ -0.8 \\ \hline \end{array}$$

22
$$\begin{array}{r} 1\,6.4 \\ -4.7 \\ \hline \end{array}$$

23 $3.3-1.6$

24 $5.4-2.5$

25 $7.2-4.7$

26 $8.5-3.8$

27 $9.1-6.8$

28 $12.6-5.7$

29 $18.3-5.9$

30

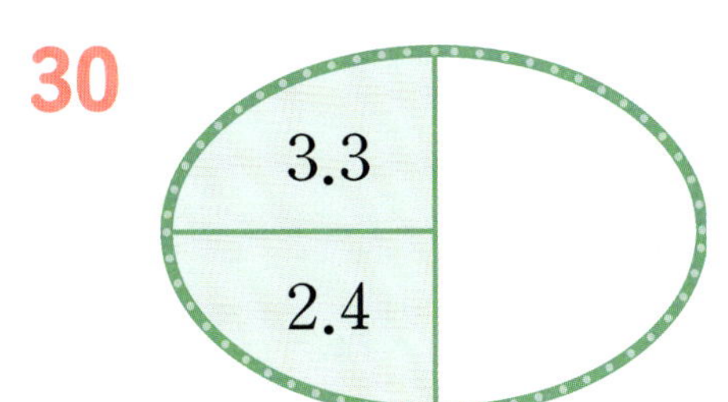

34

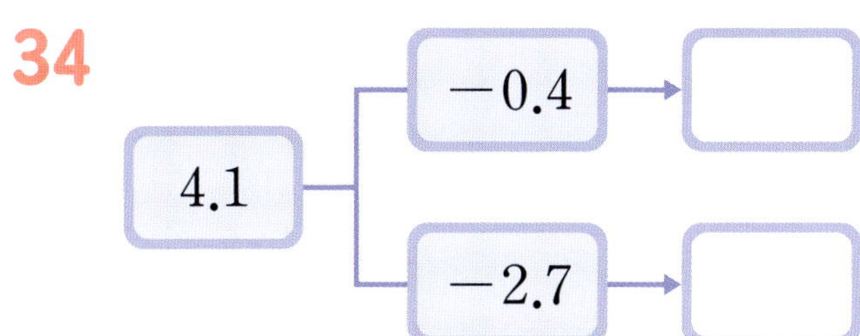

31

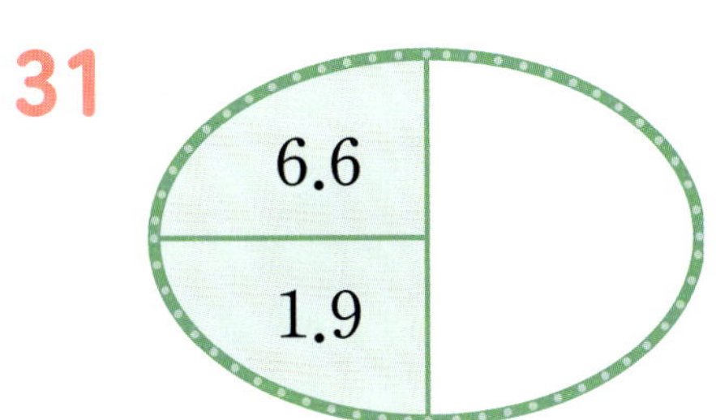

35

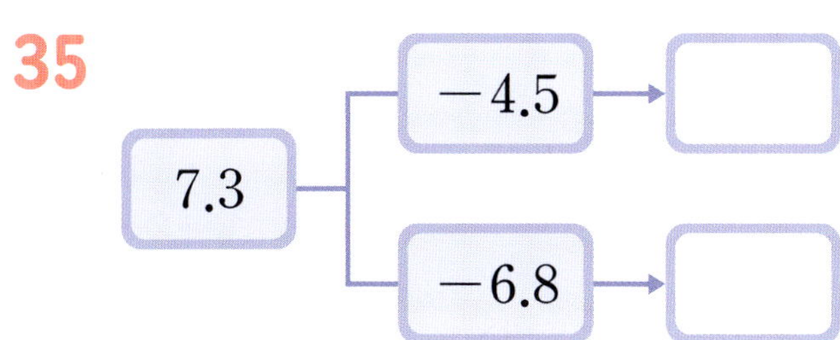

32

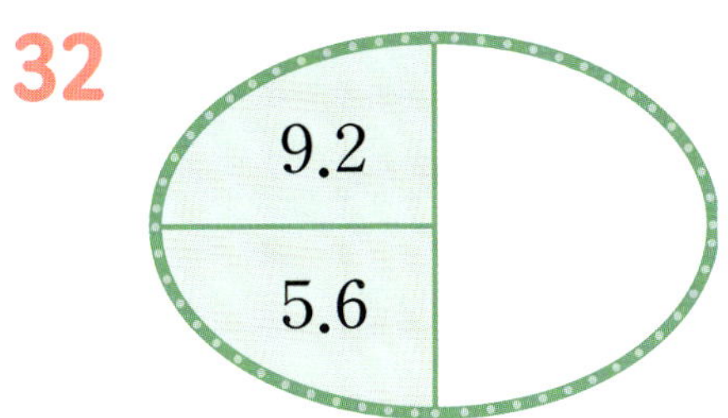

36

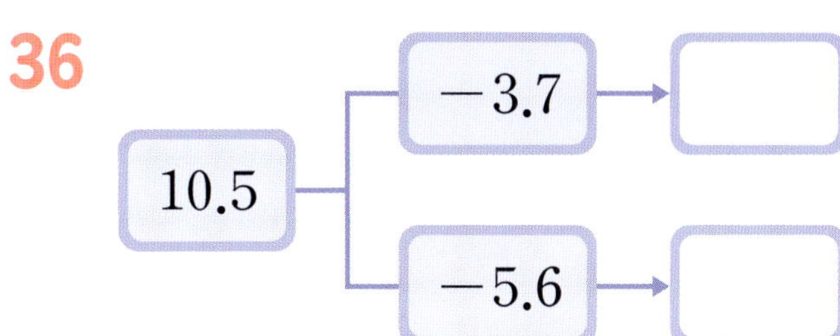

33

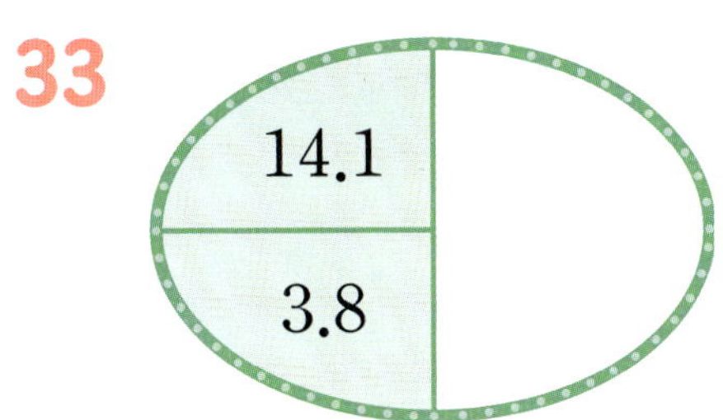

37

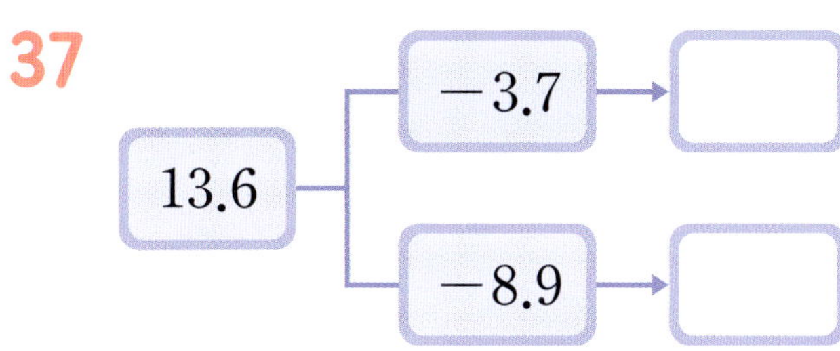

밭에서 감자를 연규는 3.5 kg 캤고, 지희는 연규보다 0.9 kg만큼 더 적게 캤습니다. 지희가 캔 감자의 무게는 몇 kg인가요?

연규가 캔 감자의 무게: ☐ kg, 연규보다 더 적게 캔 감자의 무게: ☐ kg

(지희가 캔 감자의 무게) = (연규가 캔 감자의 무게) - (연규보다 더 적게 캔 감자의 무게)

= ☐ - ☐ = ☐ (kg)　　　　답 ☐ kg

외출복 정하기

민아는 윗옷, 아래옷, 양말을 보고 각각의 뺄셈식의 계산 결과가 더 큰 것을 외출복으로 정하려고 합니다. 민아의 외출복을 찾아 □ 안에 알맞은 기호를 써넣으세요.

6주 5일

15 받아내림이 없는 소수 두 자리 수의 뺄셈

● 1.49−0.25를 계산해 볼까요?

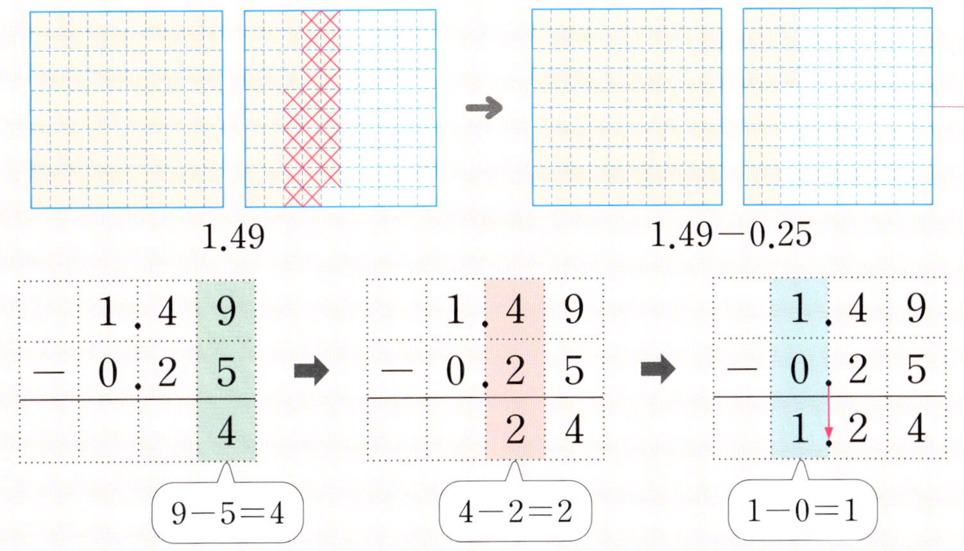

① 소수점의 자리를 맞추어 세로로 씁니다.
② 같은 자리 수끼리 뺀 다음 소수점을 내려 찍습니다.

1~6 뺄셈을 하세요.

1

	0	.	0	6
−	0	.	0	4

3

	0	.	8	5
−	0	.	3	2

5

	2	.	9	7
−	1	.	5	1

2

	0	.	3	9
−	0	.	1	2

4

	1	.	7	4
−	0	.	4	3

6

	4	.	5	8
−	2	.	0	6

7~23 뺄셈을 하세요.

7
```
   0. 0 8
 − 0. 0 3
```

8
```
   0. 7 9
 − 0. 2 5
```

9
```
   2. 9 6
 − 1. 6 4
```

10
```
   4. 8 5
 − 2. 5 4
```

11
```
   8. 2 7
 − 4. 0 7
```

12
```
   5. 9 5
 − 2. 2 1
```

13
```
   6. 8 4
 − 4. 3 2
```

14
```
   9. 7 8
 − 4. 5 3
```

15
```
   1 2. 4 9
 −    5. 4 2
```

16
```
   1 5. 5 6
 −    3. 1 4
```

17 0.14 − 0.02

18 2.48 − 0.35

19 4.76 − 1.61

20 7.29 − 2.26

21 8.53 − 2.13

22 13.97 − 4.04

23 18.68 − 10.12

24

| 3.84 | −1.52 | |

25

| 7.96 | −3.71 | |

26

| 8.27 | −5.25 | |

27

| 11.59 | −1.13 | |

28

| 3.29 | 2.15 |
| | |

29

| 5.56 | 3.34 |
| | |

30

| 8.18 | 2.02 |
| | |

31

| 16.51 | 5.41 |
| | |

은정이의 종이비행기는 3.94 m 날아갔고, 지훈이의 종이비행기는 2.53 m 날아갔습니다. 은정이의 종이비행기가 지훈이의 종이비행기보다 더 멀리 날아간 거리는 몇 m인가요?

은정이의 종이비행기가 날아간 거리: ☐ m,

지훈이의 종이비행기가 날아간 거리: ☐ m

(더 멀리 날아간 거리)
(은정이의 종이비행기가 날아간 거리)−(지훈이의 종이비행기가 날아간 거리)

= ☐ − ☐ = ☐ (m)   답 ☐ m

친구 집 찾기

은채는 친구 집에 가려고 합니다. 갈림길 문제의 계산 결과를 따라가면 친구 집에 도착할 수 있습니다. 길을 올바르게 따라가 은채가 가려고 하는 친구 집에 ○표 하세요.

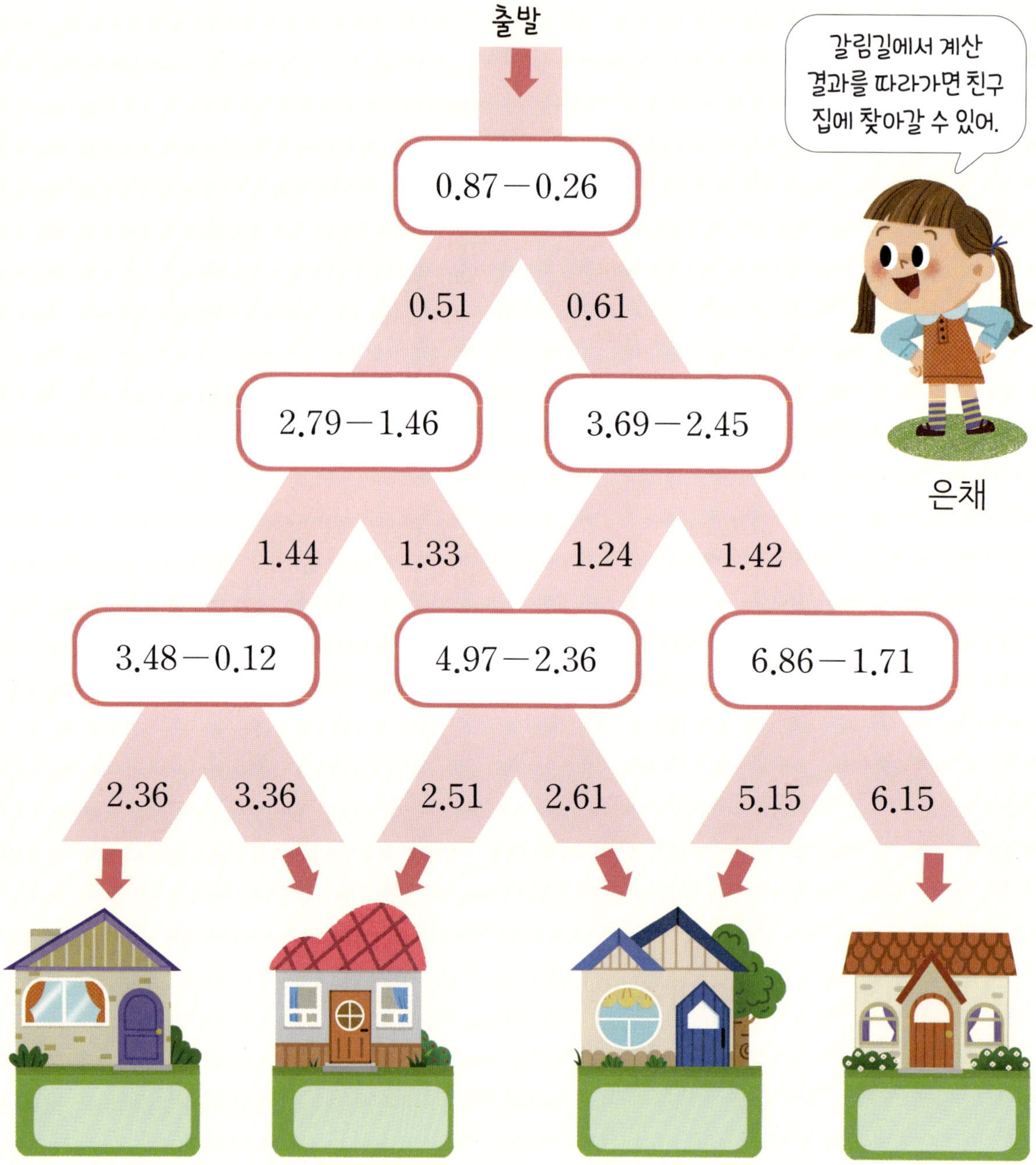

출발

$0.87-0.26$

0.51   0.61

$2.79-1.46$ $3.69-2.45$

1.44   1.33   1.24   1.42

$3.48-0.12$ $4.97-2.36$ $6.86-1.71$

2.36   3.36   2.51   2.61   5.15   6.15

은채

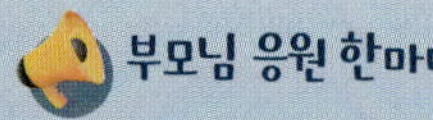

7주 1일

16 받아내림이 있는 소수 두 자리 수의 뺄셈(1)

● 1.34−0.86을 계산해 볼까요?

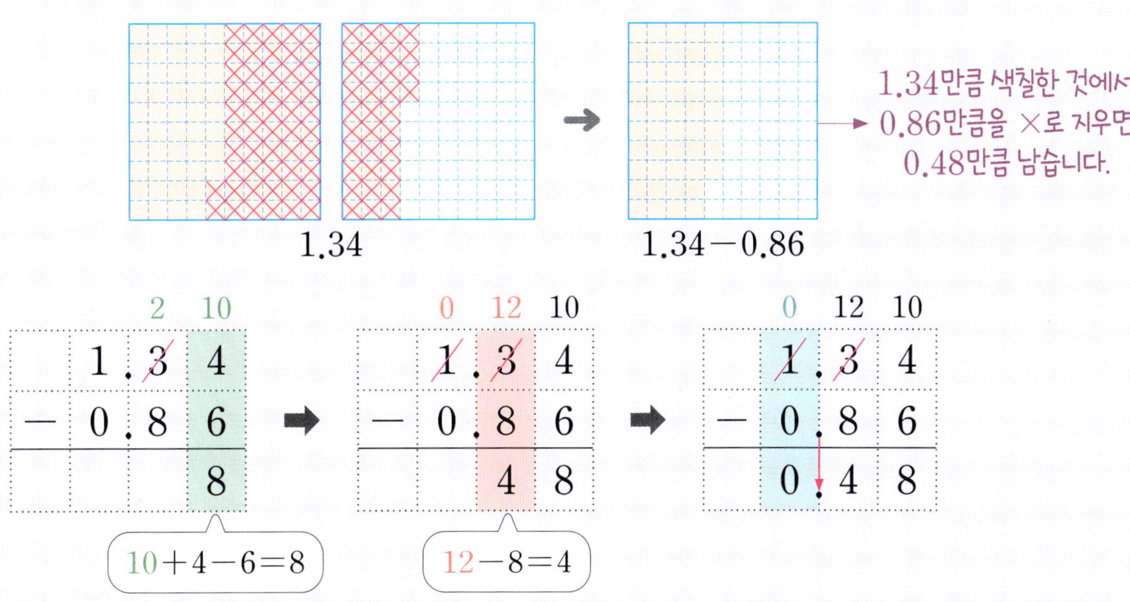

1.34 → 1.34−0.86

1.34만큼 색칠한 것에서 0.86만큼을 ×로 지우면 0.48만큼 남습니다.

$$10+4-6=8$$

$$12-8=4$$

① 소수점의 자리를 맞추어 세로로 쓰고, 같은 자리 수끼리 뺍니다.
② 같은 자리 수끼리 뺄 수 없으면 바로 윗자리에서 10을 받아내림하여 계산합니다.

1~6 뺄셈을 하세요.

1
$$\begin{array}{r} 1.83 \\ -\ 0.47 \\ \hline \end{array}$$

2
$$\begin{array}{r} 3.62 \\ -\ 1.09 \\ \hline \end{array}$$

3
$$\begin{array}{r} 2.57 \\ -\ 1.93 \\ \hline \end{array}$$

4
$$\begin{array}{r} 4.19 \\ -\ 2.38 \\ \hline \end{array}$$

5
$$\begin{array}{r} 5.42 \\ -\ 2.86 \\ \hline \end{array}$$

6
$$\begin{array}{r} 6.35 \\ -\ 3.97 \\ \hline \end{array}$$

7
$$\begin{array}{r} 1.9\,4 \\ -\ 0.2\,8 \\ \hline \end{array}$$

12
$$\begin{array}{r} 2.5\,3 \\ -\ 1.7\,3 \\ \hline \end{array}$$

17
$$\begin{array}{r} 3.6\,2 \\ -\ 1.8\,6 \\ \hline \end{array}$$

8
$$\begin{array}{r} 3.7\,2 \\ -\ 2.4\,7 \\ \hline \end{array}$$

13
$$\begin{array}{r} 4.1\,6 \\ -\ 2.8\,5 \\ \hline \end{array}$$

18
$$\begin{array}{r} 5.5\,3 \\ -\ 2.9\,6 \\ \hline \end{array}$$

9
$$\begin{array}{r} 4.5\,1 \\ -\ 1.3\,9 \\ \hline \end{array}$$

14
$$\begin{array}{r} 5.3\,8 \\ -\ 1.6\,2 \\ \hline \end{array}$$

19
$$\begin{array}{r} 7.4\,9 \\ -\ 3.5\,6 \\ \hline \end{array}$$

10
$$\begin{array}{r} 6.8\,3 \\ -\ 2.0\,4 \\ \hline \end{array}$$

15
$$\begin{array}{r} 7.4\,1 \\ -\ 5.7\,8 \\ \hline \end{array}$$

20
$$\begin{array}{r} 1\,1.2\,5 \\ -\ \ \ 4.6\,7 \\ \hline \end{array}$$

11
$$\begin{array}{r} 8.6\,2 \\ -\ 3.1\,5 \\ \hline \end{array}$$

16
$$\begin{array}{r} 9.6\,5 \\ -\ 4.9\,1 \\ \hline \end{array}$$

21
$$\begin{array}{r} 1\,3.1\,4 \\ -\ \ \ 2.3\,9 \\ \hline \end{array}$$

22 $0.42-0.28$

23 $3.84-1.67$

24 $5.53-3.85$

25 $7.17-4.71$

26 $9.26-5.93$

27 $12.35-3.56$

28 $15.02-4.19$

 빈칸에 알맞은 수를 써넣으세요.

29 1.73 → -0.05 →

30 4.61 → -2.27 →

31 6.29 → -1.46 →

32 8.74 → -2.81 →

33 10.26 → -6.49 →

34 17.12 → -3.65 →

강 건너기

훈이와 지영이는 뺄셈식의 계산 결과가 바르게 적힌 통나무만 밟고 강을 건너려고
합니다. 훈이와 지영이가 밟아야 하는 통나무를 모두 찾아 ○표 하세요.

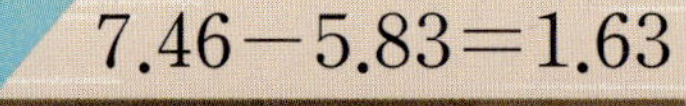

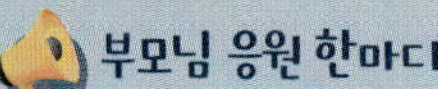

⑰ 받아내림이 있는 소수 두 자리 수의 뺄셈(2)

● 3.47 — 1.68을 계산해 볼까요?

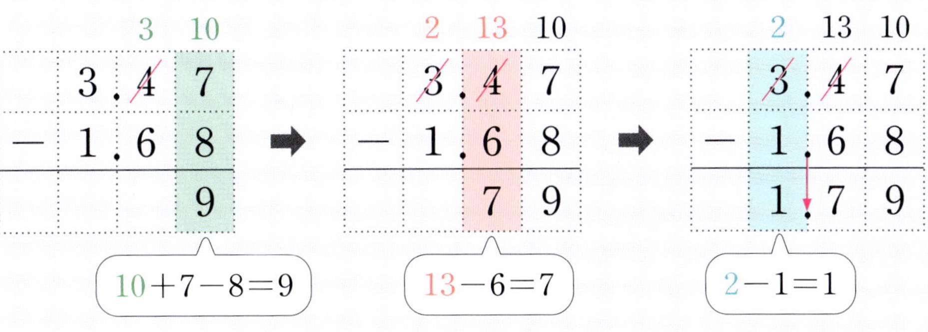

1~12 뺄셈을 하세요.

1

$$\begin{array}{r} 1.35 \\ -\ 0.08 \\ \hline \end{array}$$

5

$$\begin{array}{r} 2.47 \\ -\ 1.95 \\ \hline \end{array}$$

9

$$\begin{array}{r} 5.21 \\ -\ 2.43 \\ \hline \end{array}$$

2

$$\begin{array}{r} 2.96 \\ -\ 1.37 \\ \hline \end{array}$$

6

$$\begin{array}{r} 4.36 \\ -\ 2.51 \\ \hline \end{array}$$

10

$$\begin{array}{r} 7.47 \\ -\ 5.98 \\ \hline \end{array}$$

3

$$\begin{array}{r} 3.62 \\ -\ 1.19 \\ \hline \end{array}$$

7

$$\begin{array}{r} 5.74 \\ -\ 1.26 \\ \hline \end{array}$$

11

$$\begin{array}{r} 8.13 \\ -\ 3.49 \\ \hline \end{array}$$

4

$$\begin{array}{r} 4.81 \\ -\ 1.36 \\ \hline \end{array}$$

8

$$\begin{array}{r} 6.69 \\ -\ 3.82 \\ \hline \end{array}$$

12

$$\begin{array}{r} 9.54 \\ -\ 4.67 \\ \hline \end{array}$$

13
$$\begin{array}{r} 2.5\ 4 \\ -\ 1.3\ 9 \\ \hline \end{array}$$

18
$$\begin{array}{r} 6.5\ 7 \\ -\ 1.8\ 3 \\ \hline \end{array}$$

23 $3.42-1.18$

24 $6.51-2.34$

14
$$\begin{array}{r} 4.8\ 2 \\ -\ 2.2\ 7 \\ \hline \end{array}$$

19
$$\begin{array}{r} 3.2\ 5 \\ -\ 0.4\ 6 \\ \hline \end{array}$$

25 $4.37-1.92$

15
$$\begin{array}{r} 7.6\ 5 \\ -\ 3.0\ 8 \\ \hline \end{array}$$

20
$$\begin{array}{r} 5.1\ 3 \\ -\ 2.5\ 8 \\ \hline \end{array}$$

26 $7.09-2.67$

27 $9.42-5.52$

16
$$\begin{array}{r} 3.2\ 8 \\ -\ 2.9\ 6 \\ \hline \end{array}$$

21
$$\begin{array}{r} 7.4\ 2 \\ -\ 3.7\ 5 \\ \hline \end{array}$$

28 $13.24-4.69$

17
$$\begin{array}{r} 5.3\ 4 \\ -\ 1.5\ 1 \\ \hline \end{array}$$

22
$$\begin{array}{r} 9.6\ 1 \\ -\ 2.9\ 7 \\ \hline \end{array}$$

29 $18.16-6.37$

30

| 3.86 | |
| 0.19 | |

31

| 7.31 | |
| 2.27 | |

32

| 4.49 | |
| 3.85 | |

33

| 8.23 | |
| 5.71 | |

34

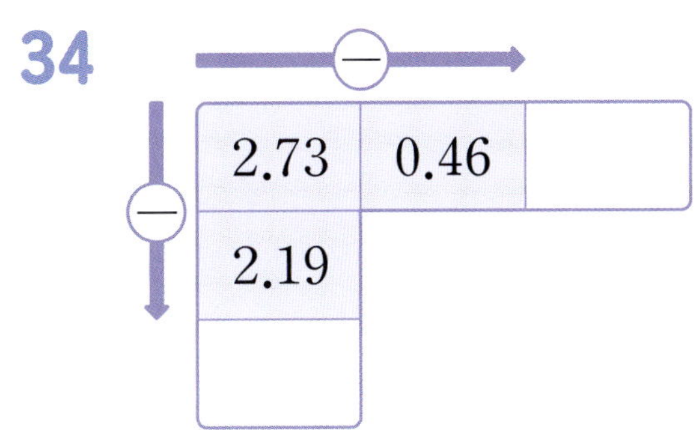

35

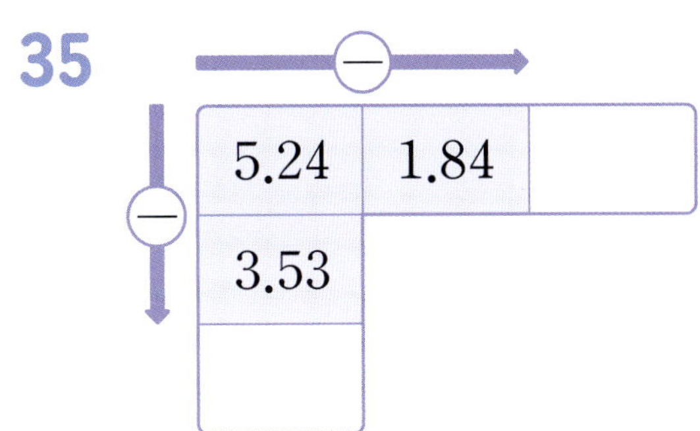

36

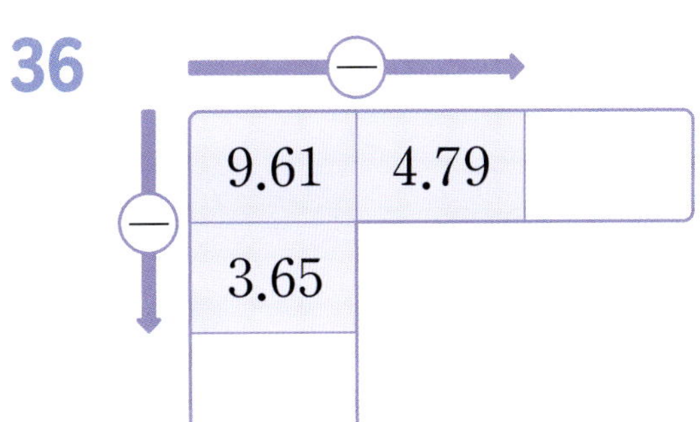

연산⁺

민재는 길이가 13.28 m인 색 테이프 중 1.48 m를 잘라 선물을 포장하는 데 사용했습니다. 남은 색 테이프의 길이는 몇 m인가요?

처음 색 테이프의 길이: ☐ m, 사용한 색 테이프의 길이: ☐ m

(남은 색 테이프의 길이)＝(처음 색 테이프의 길이)−(사용한 색 테이프의 길이)

＝ ☐ − ☐ ＝ ☐ (m)　　　답 ☐ m

보물 찾기

광현이와 채정이는 비밀번호를 맞히면 보물을 찾을 수 있습니다. 종이에 적힌 뺄셈 식에서 ㉠, ㉡, ㉢, ㉣에 알맞은 수를 순서대로 쓰면 비밀번호를 알 수 있습니다. 광현이와 채정이가 보물을 찾을 수 있도록 비밀번호를 알아보세요.

비밀번호는 ⬜⬜⬜⬜ 입니다.
(㉠ ㉡ ㉢ ㉣)

📖 교과서 **소수의 덧셈과 뺄셈**

⑱ 자릿수가 다른 소수의 뺄셈

● 3.59−1.7을 계산해 볼까요?

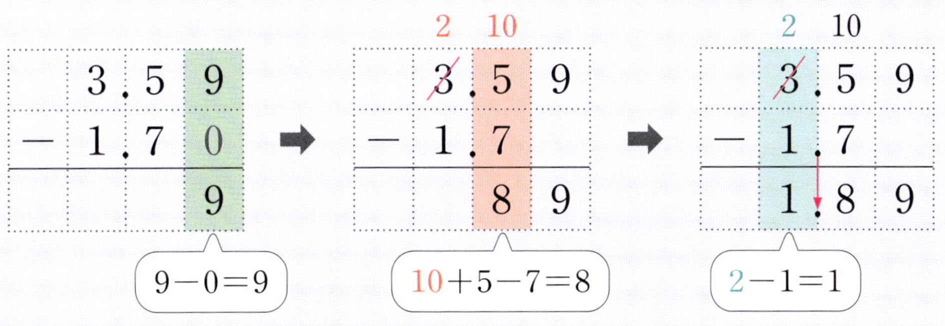

> 자릿수가 다른 소수의 뺄셈을 할 때는 오른쪽 끝자리 뒤에 0이 있는 것으로 생각하여 소수점의 자리를 맞추어 계산합니다.

1~9 뺄셈을 하세요.

1

	1	.	6	3
−	0	.	2	

2

	2	.	8	4
−	0	.	7	

3

	4	.	8	7
−	2	.	4	

4

	6	.	5	9
−	1	.	3	

5

	9	.	4	1
−	5	.	2	

6

	1	.	3	
−	0	.	1	8

7

	4	.	9	
−	3	.	5	6

8

	5	.	3	
−	1	.	1	5

9

	4	.	7	
−	2	.	6	4

10
$$\begin{array}{r} 1.4\ 7 \\ -\ 0.2 \\ \hline \end{array}$$

11
$$\begin{array}{r} 3.9\ 5 \\ -\ 1.6 \\ \hline \end{array}$$

12
$$\begin{array}{r} 5.7\ 9 \\ -\ 2.1 \\ \hline \end{array}$$

13
$$\begin{array}{r} 7.2\ 4 \\ -\ 4.8 \\ \hline \end{array}$$

14
$$\begin{array}{r} 8.0\ 2 \\ -\ 3.5 \\ \hline \end{array}$$

15
$$\begin{array}{r} 2.6 \\ -\ 1.0\ 3 \\ \hline \end{array}$$

16
$$\begin{array}{r} 4.8 \\ -\ 2.1\ 7 \\ \hline \end{array}$$

17
$$\begin{array}{r} 6.5 \\ -\ 1.2\ 6 \\ \hline \end{array}$$

18
$$\begin{array}{r} 8.5 \\ -\ 0.9\ 4 \\ \hline \end{array}$$

19
$$\begin{array}{r} 9.2 \\ -\ 5.7\ 1 \\ \hline \end{array}$$

20 $2.91 - 0.4$

21 $5.38 - 4.6$

22 $4.8 - 3.62$

23 $7.53 - 3.9$

24 $10.16 - 2.8$

25 $8.5 - 1.55$

26 $15.1 - 4.38$

 빈칸에 두 수의 차를 써넣으세요.　　 빈칸에 알맞은 수를 써넣으세요.

27
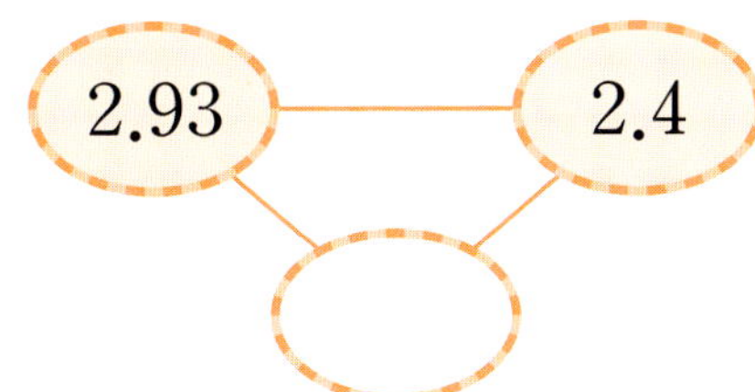

31
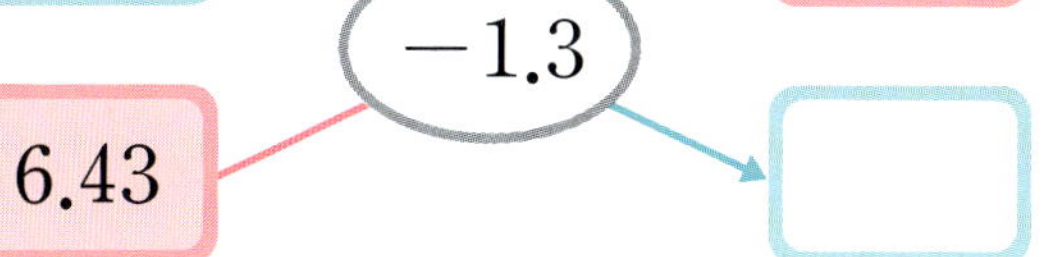

28
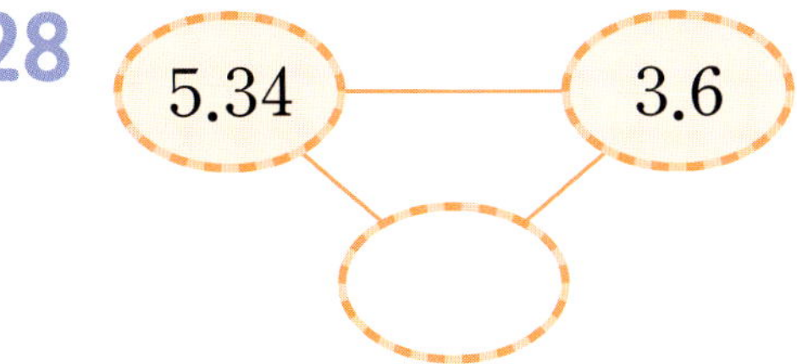

32
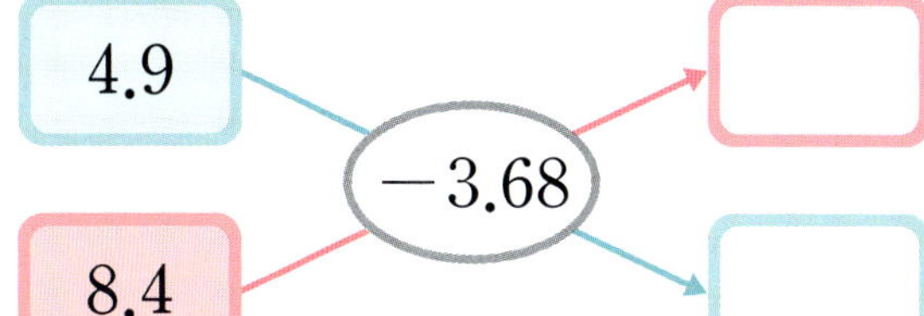

29
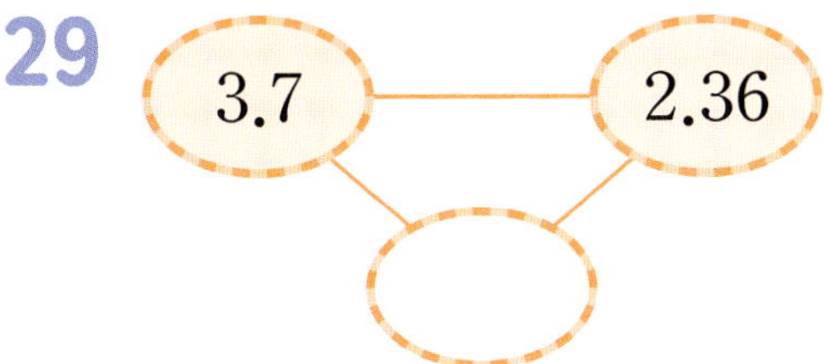

30
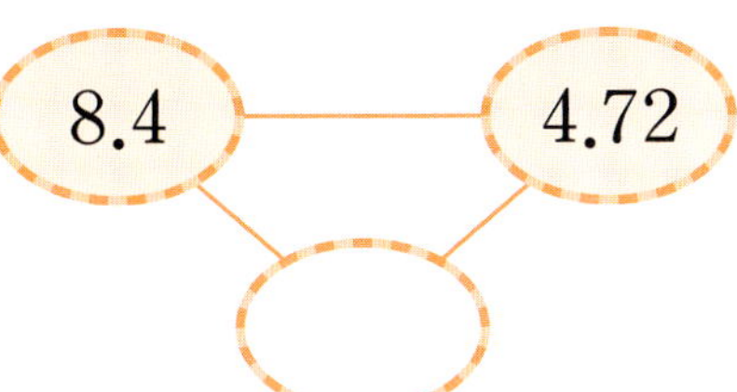

33
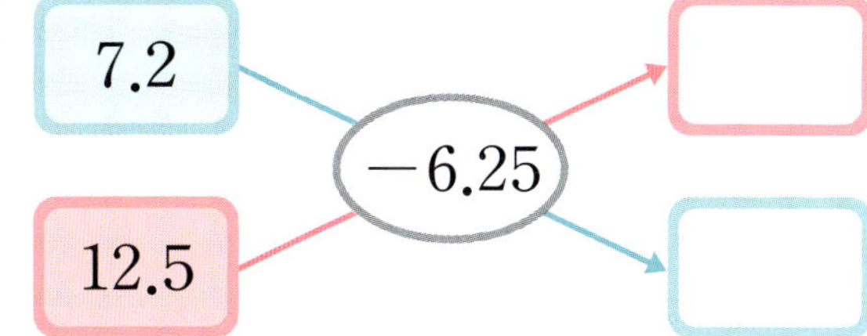

공 던지기를 하여 지민이는 4.9 m를 던졌고, 수연이는 3.28 m를 던졌습니다. 지민이가 수연이보다 더 멀리 던진 거리는 몇 m인가요?

지민이가 공을 던진 거리: ☐ m, 수연이가 공을 던진 거리: ☐ m

(더 멀리 던진 거리)＝(지민이가 공을 던진 거리)−(수연이가 공을 던진 거리)

　　＝ ☐ − ☐ ＝ ☐ (m)　　　　　답 ☐ m

달리기하기

세 명의 친구들이 운동장에서 0.5 km 달리기를 하고 있습니다. 응원하고 있는 친구들의 대화를 읽고 □ 안에 알맞은 수를 써넣으세요.

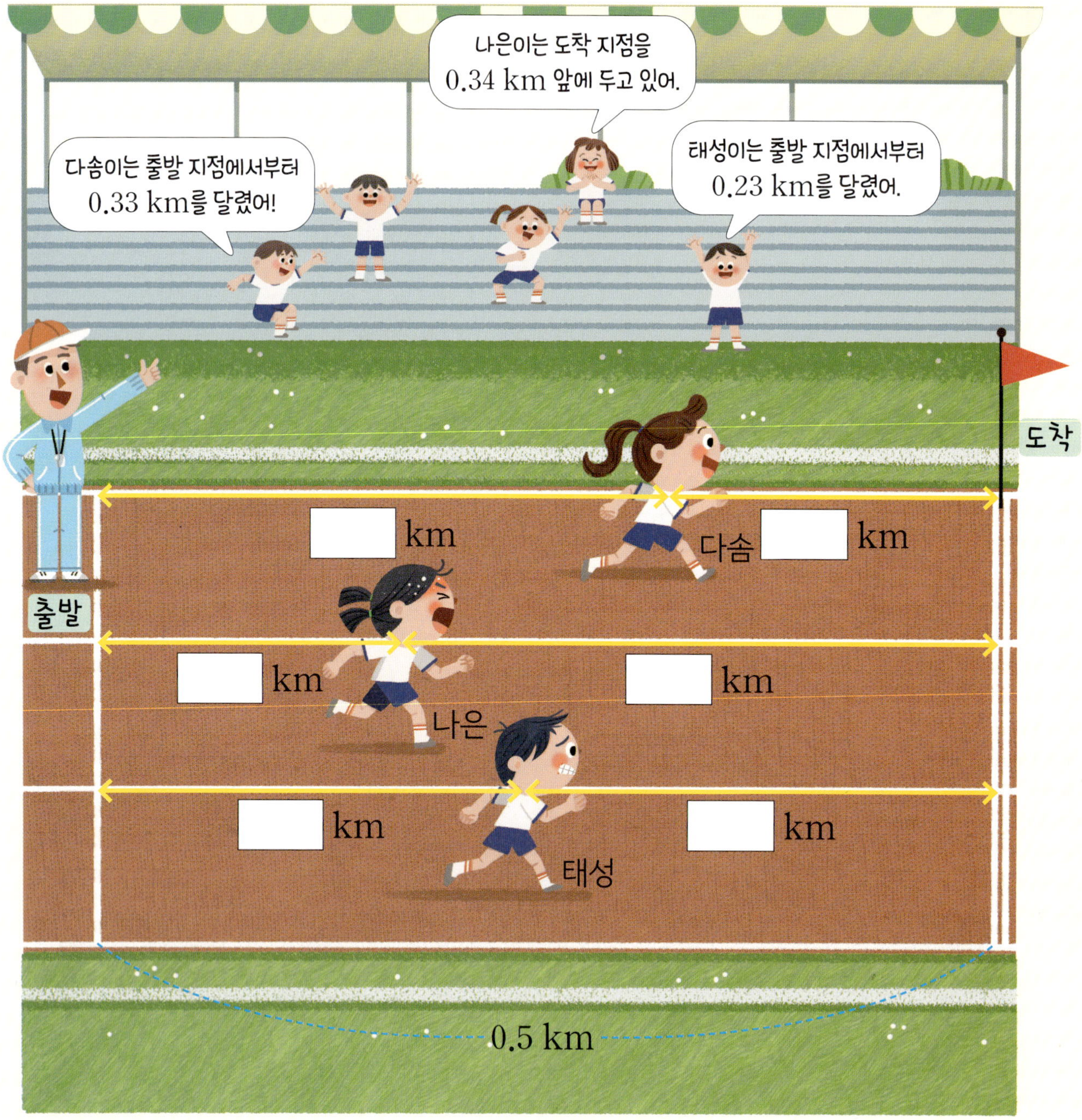

오늘 나의 실력을 평가해 봐!

📣 부모님 응원 한마디

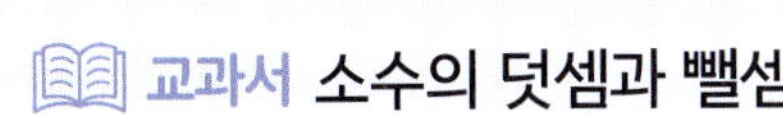

마무리 연산

1~4 소수를 읽거나 쓰세요.

1
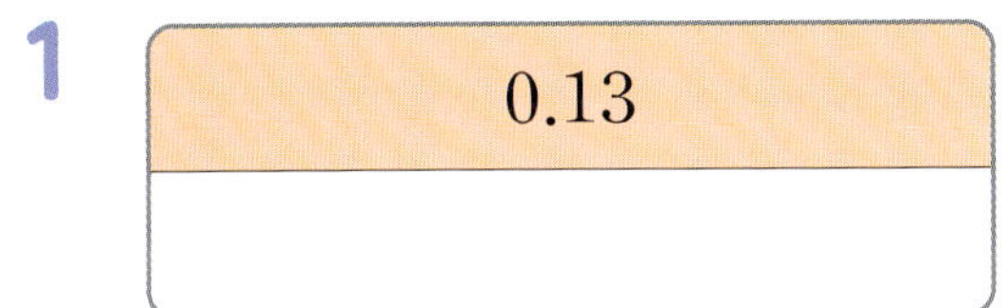

3
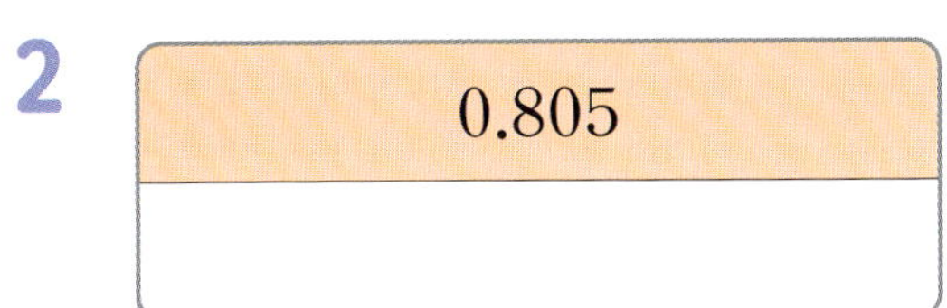

2
0.805

4
영 점 육이구

5~8 빈칸에 알맞은 수를 써넣으세요.

5
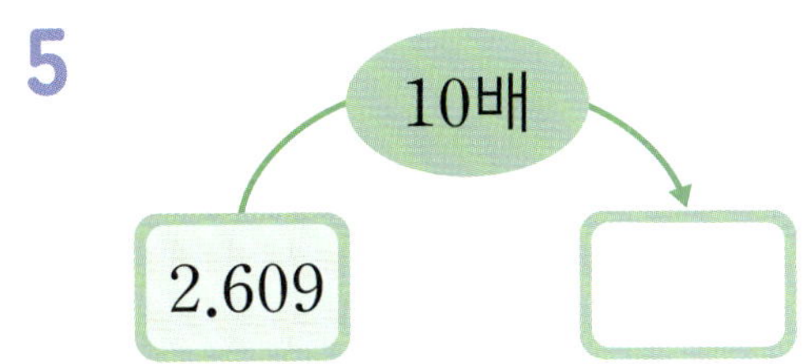

7
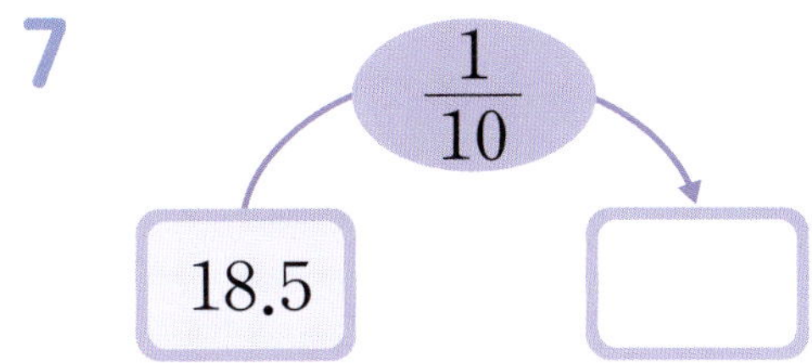

6
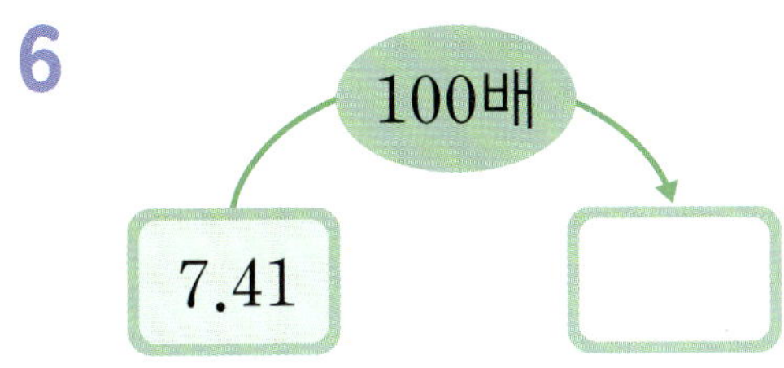

8
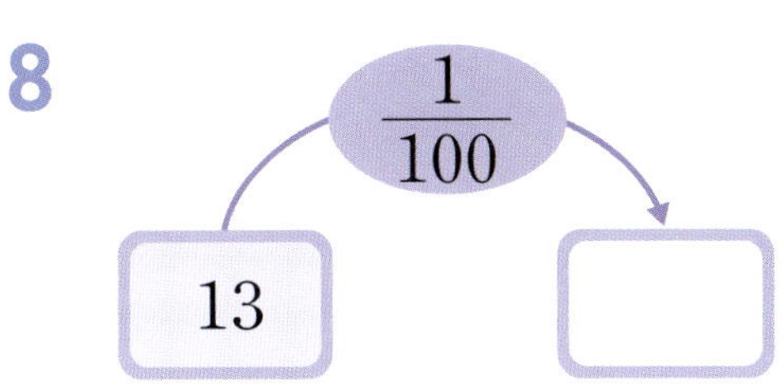

9~12 두 소수의 크기를 비교하여 ◯ 안에 >, =, <를 알맞게 써넣으세요.

9 1.2 ◯ 0.8

11 3.29 ◯ 3.27

10 0.49 ◯ 0.61

12 19.05 ◯ 19.5

13
$$\begin{array}{r} 1.3 \\ +\ 0.6 \\ \hline \end{array}$$

15
$$\begin{array}{r} 4.8 \\ +\ 2.5\,2 \\ \hline \end{array}$$

17
$$\begin{array}{r} 4.2\,5 \\ -\ 2.7\,4 \\ \hline \end{array}$$

14
$$\begin{array}{r} 3.2\,9 \\ +\ 1.5\,4 \\ \hline \end{array}$$

16
$$\begin{array}{r} 2.8 \\ -\ 1.5 \\ \hline \end{array}$$

18
$$\begin{array}{r} 7.0\,4 \\ -\ 4.2 \\ \hline \end{array}$$

19~22 계산을 하세요.

19 $2.5+3.7$

21 $3.1-2.6$

20 $5.13+2.92$

22 $6.51-4.28$

23~26 빈칸에 알맞은 수를 써넣으세요.

23 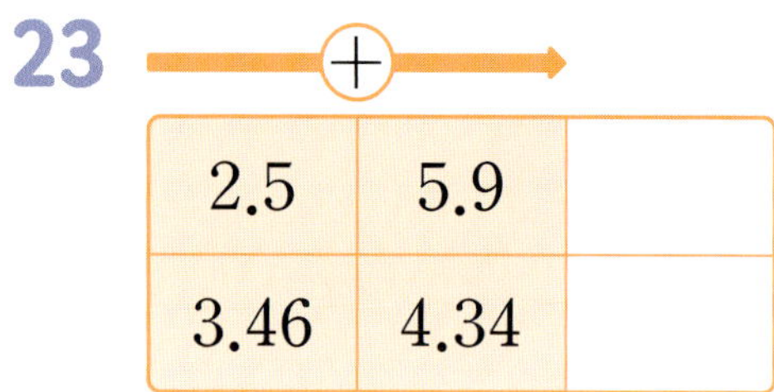

2.5	5.9	
3.46	4.34	

25 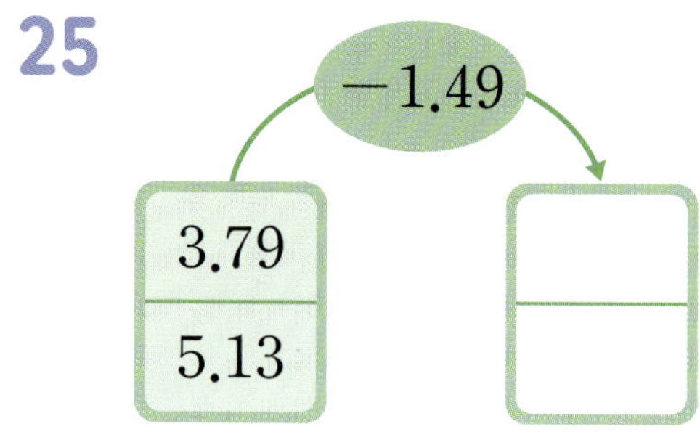

24

4.38	6.53	
5.09	2.7	

26 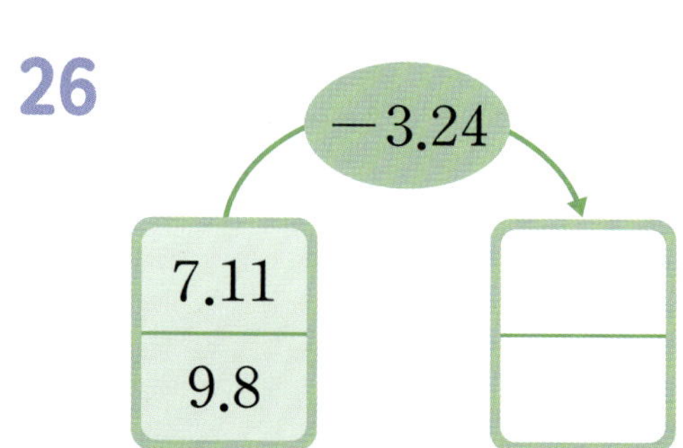

27 ㉠이 나타내는 수는 ㉡이 나타내는 수의 몇 배인가요?

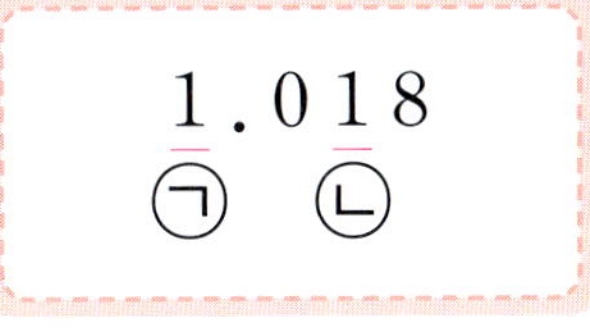

(   )

28 계산 결과가 큰 것부터 차례로 ◯ 안에 1, 2, 3을 써넣으세요.

◯ 4.13+3.62   ◯ 2.71+5.84   ◯ 6.04+1.56

29 가장 큰 수와 가장 작은 수의 차를 구하세요.

| 7.6 | 10.5 | 6.4 | 3.9 |

(   )

30 계산 결과가 5.4보다 작은 식을 말한 친구를 찾아 이름을 쓰세요.

(   )

31 지희가 이틀 전에 콩나물의 길이를 재었더니 5.6 cm였습니다. 오늘 다시 재어 보니 이틀 전보다 2.3 cm만큼 더 자랐습니다. 지희가 오늘 잰 콩나물의 길이는 몇 cm인가요?

식 ....

답 ....

32 세정이의 50 m 달리기 기록은 9.76초이고, 우빈이의 기록은 세정이의 기록보다 1.53초만큼 더 빠릅니다. 우빈이의 50 m 달리기 기록은 몇 초인가요?

식 ....

답 ....

33 주영이네 집에 밀가루가 0.8 kg 있었습니다. 주영이는 밀가루를 1.5 kg 더 사서 빵을 만드는 데 0.9 kg 사용했습니다. 남은 밀가루는 몇 kg인가요?

식 ....

답 ....

오늘 나의 실력을 평가해 봐!　　부모님 응원 한마디

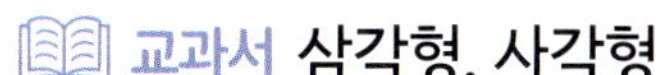

① 이등변삼각형

● 이등변삼각형을 알아볼까요?

> 두 변의 길이가 같은 삼각형을 **이등변삼각형**이라고 합니다.

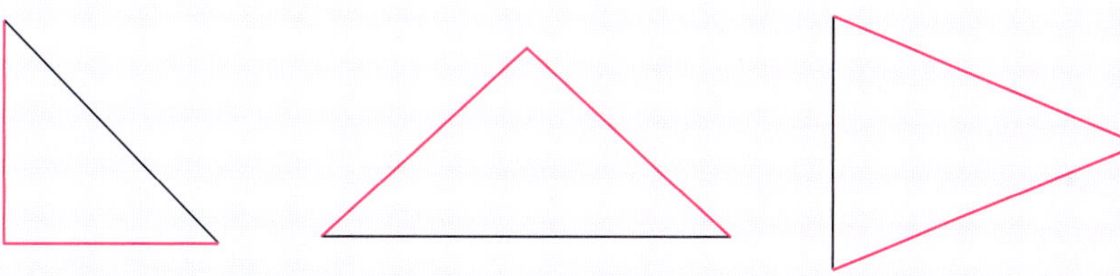

● 이등변삼각형의 성질을 알아볼까요?

이등변삼각형은 두 각의 크기가 같습니다.

➡ ■ = ■

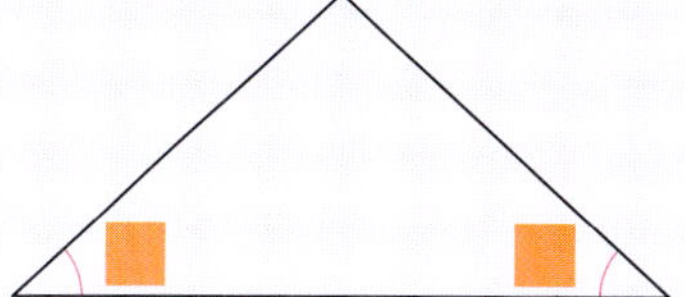

1~4 다음 도형은 이등변삼각형입니다. □ 안에 알맞은 수를 써넣으세요.

1

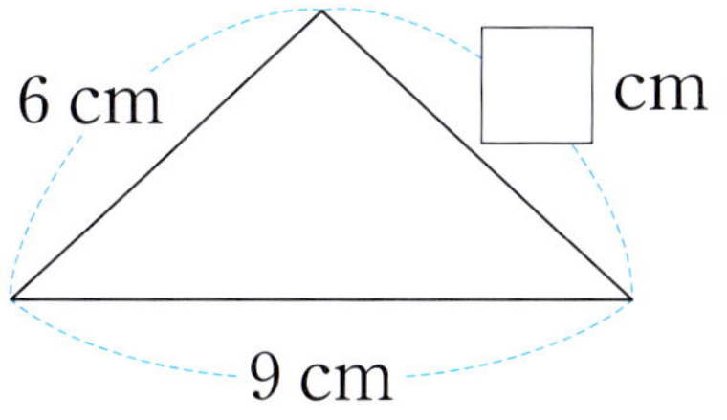

6 cm   □ cm
9 cm

3

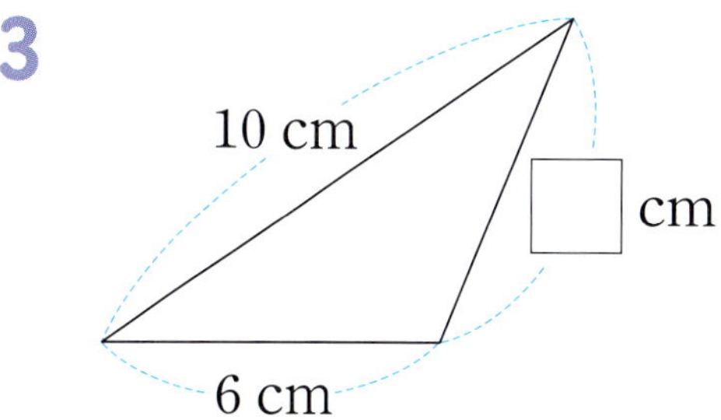

10 cm   □ cm
6 cm

2

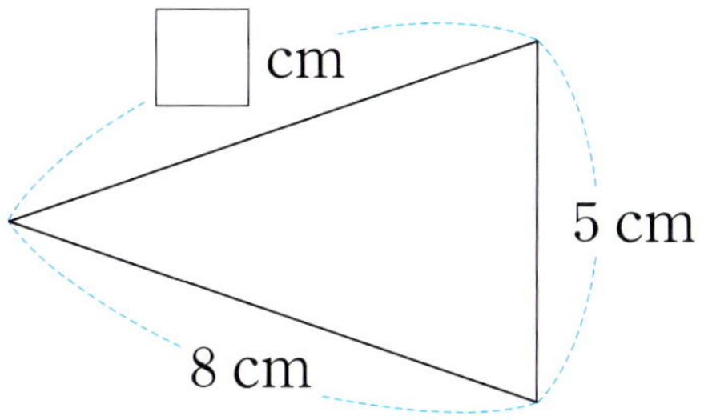

□ cm
8 cm   5 cm

4

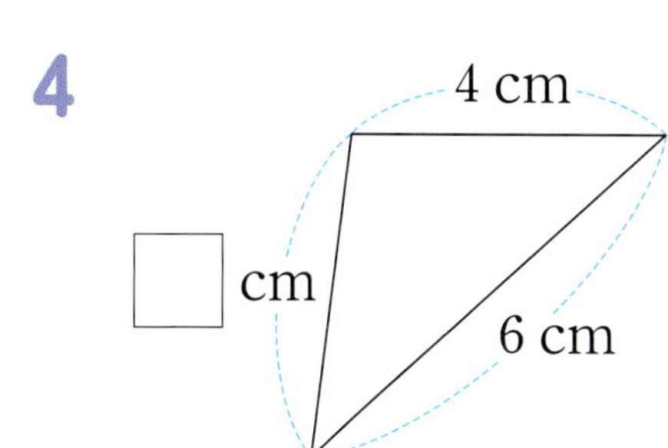

4 cm
□ cm   6 cm

5~14 다음 도형은 이등변삼각형입니다. □ 안에 알맞은 수를 써넣으세요.

5

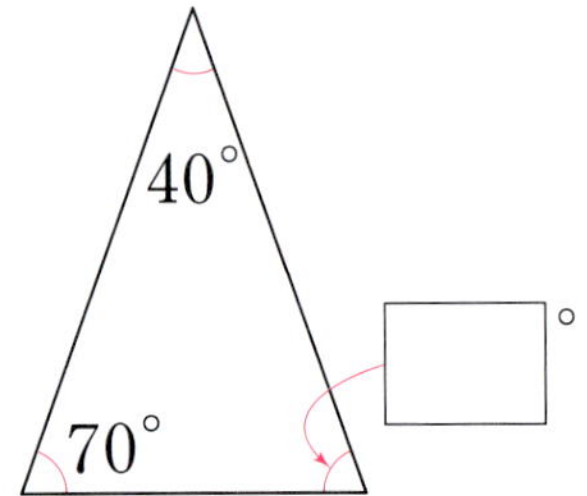

10

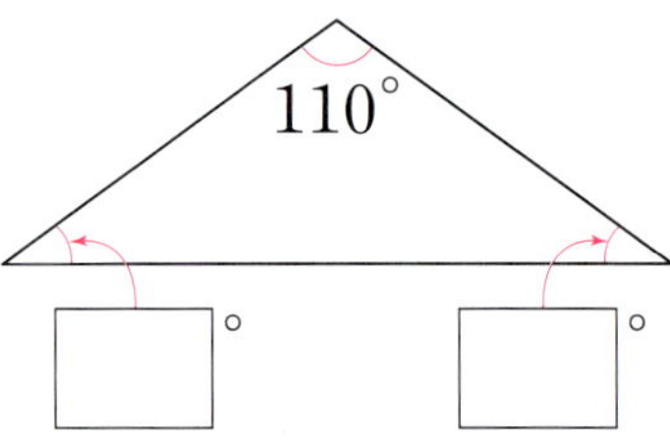

6

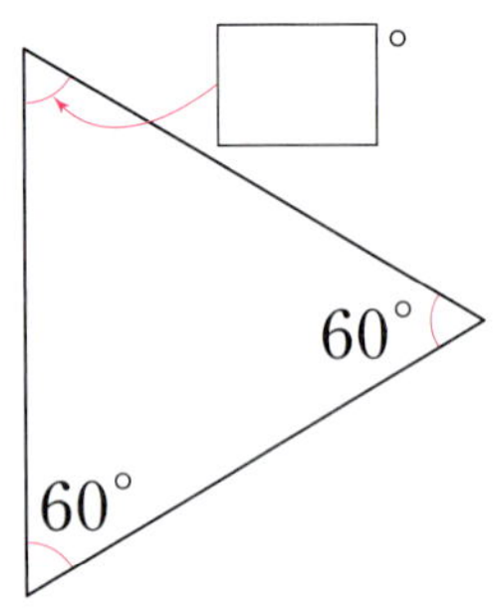

11

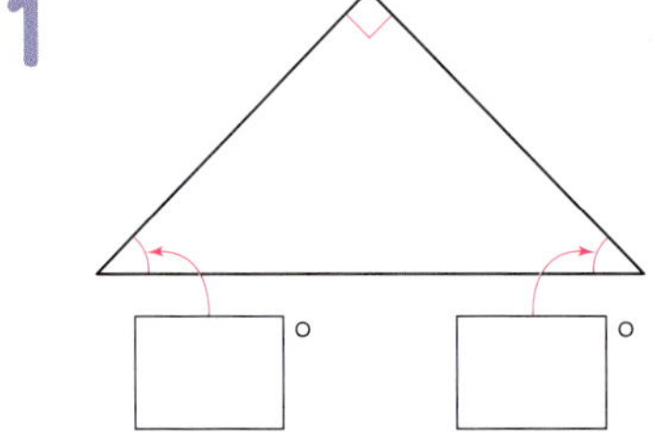

7

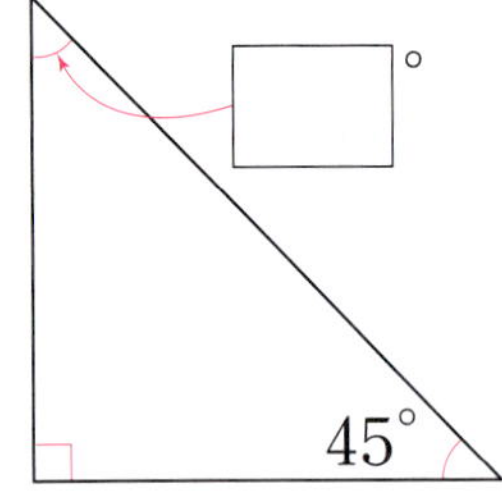

12

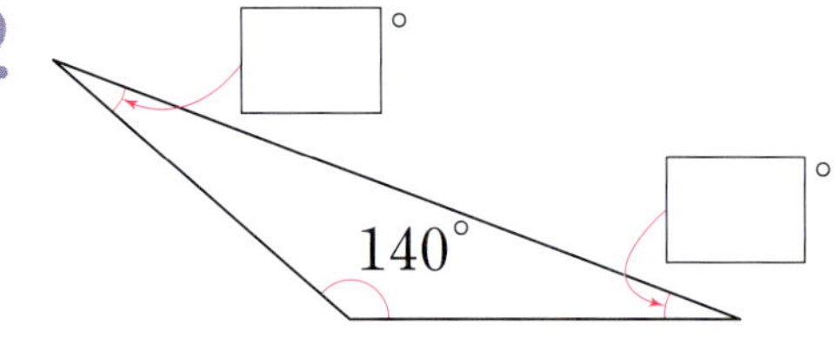

8

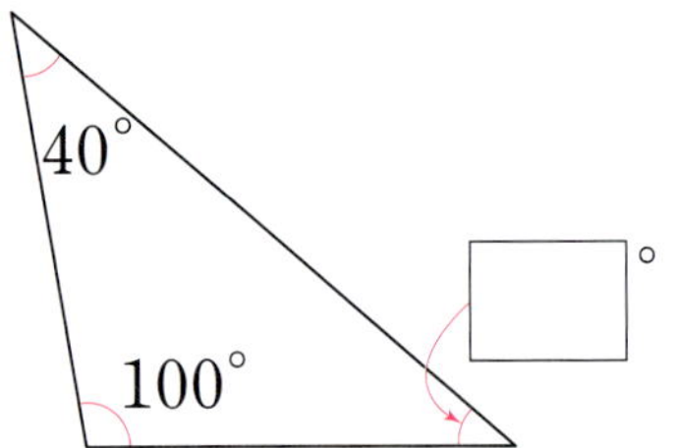

13

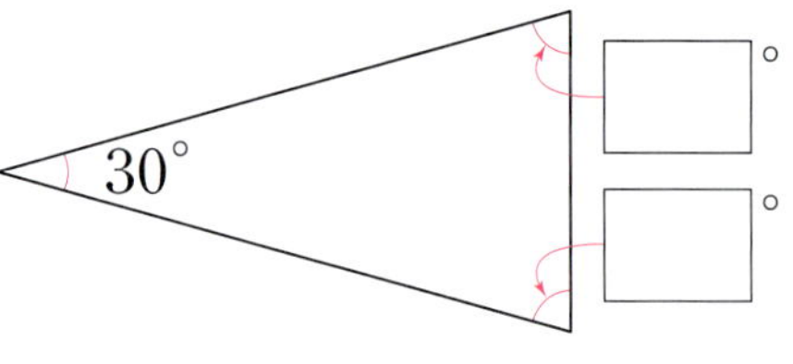

9

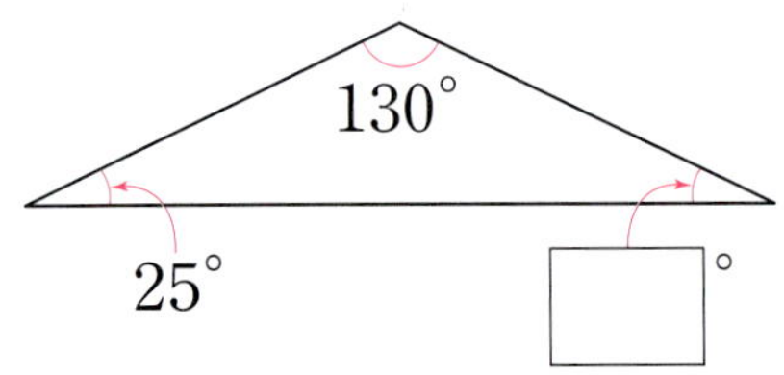

14

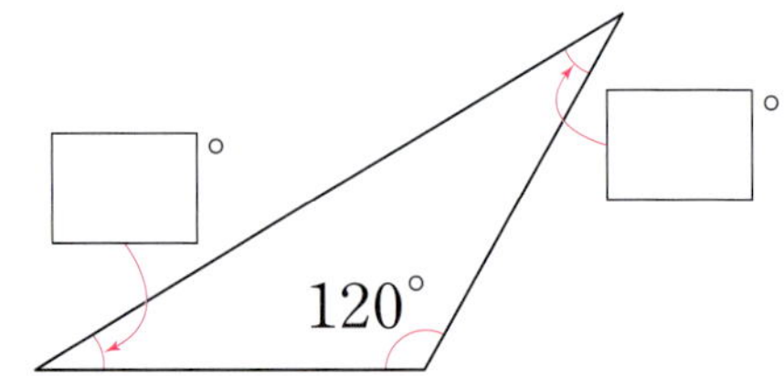

15

8 cm
4 cm

(   )

18

12 cm
6 cm

(   )

16

5 cm
6 cm

(   )

19

9 cm
12 cm

(   )

17

8 cm
6 cm

(   )

20

12 cm
8 cm

(   )

다음 삼각형을 보고 □ 안에 알맞은 수를 구하세요.

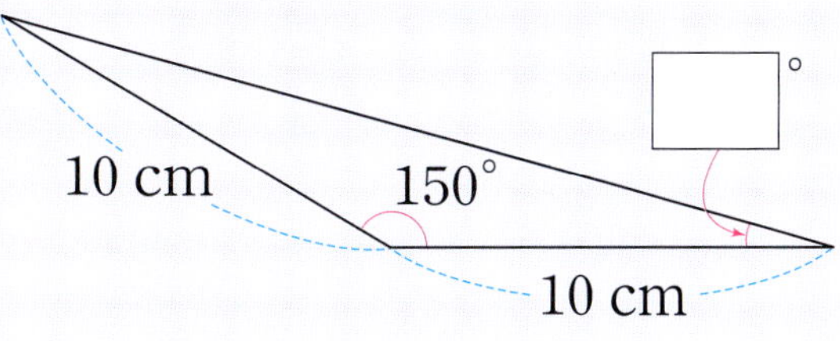

삼각형에서 두 변의 길이가 같으므로 주어진 삼각형은 [   ]삼각형입니다.

(나머지 두 각의 크기의 합)$=180°-150°=$[   ]$°$이고 나머지 두 각의 크기가 같으므로

□$=$[   ]$°÷2=$[   ]$°$입니다.   답 [   ]$°$

이등변삼각형 찾기

그림에서 이등변삼각형을 찾아 ◯표 하세요.

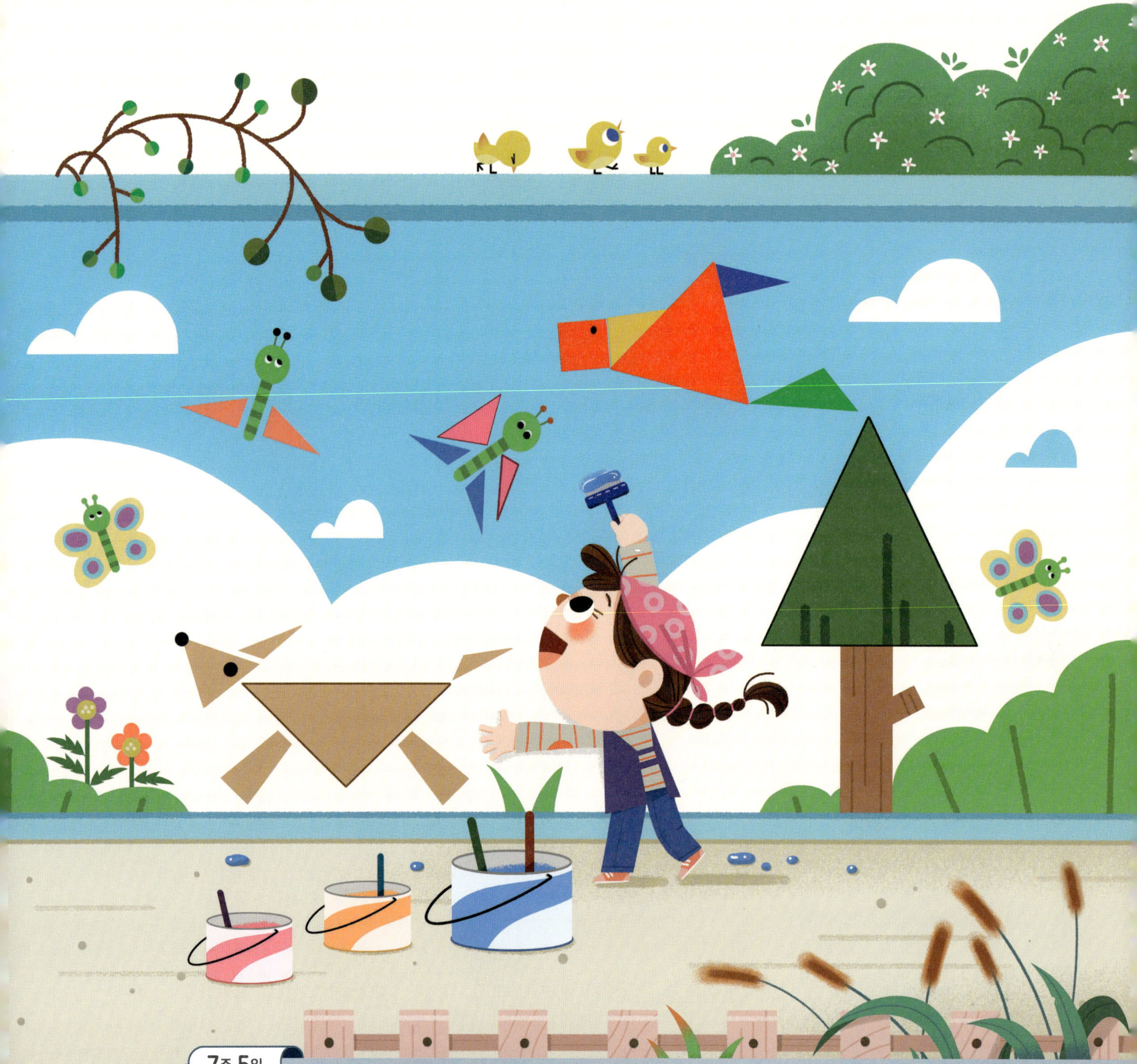

📖 교과서 삼각형, 사각형

② 정삼각형

● 정삼각형을 알아볼까요?

> 세 변의 길이가 모두 같은 삼각형을 정삼각형이라고 합니다.

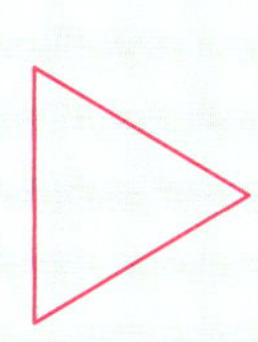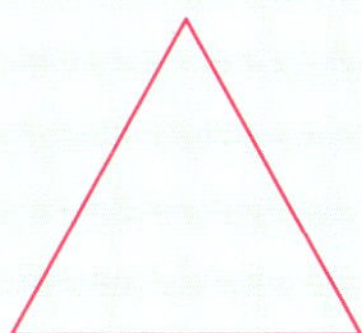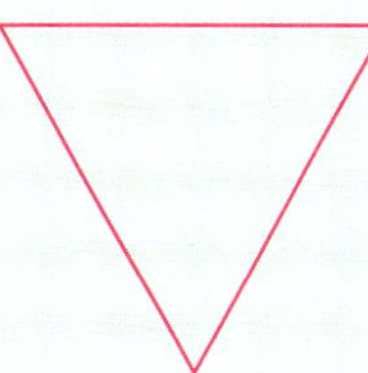

● 정삼각형의 성질을 알아볼까요?

정삼각형은 세 각의 크기가 모두 같습니다.

➡ ■ $= 180° \div 3 = 60°$

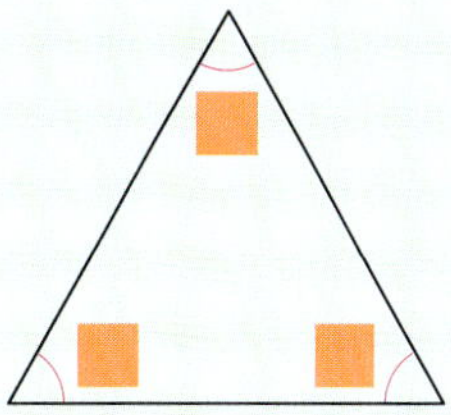

1~4 다음 도형은 정삼각형입니다. □ 안에 알맞은 수를 써넣으세요.

1
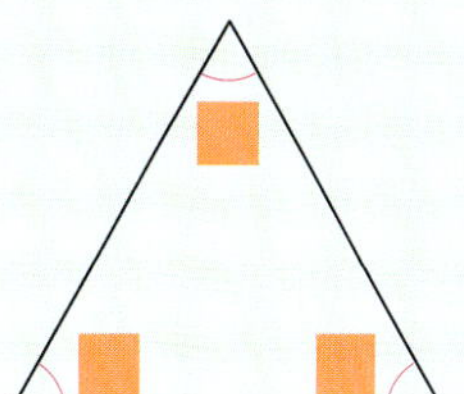

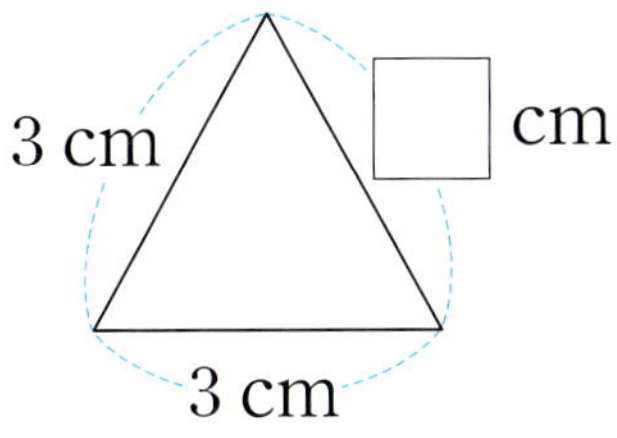

3

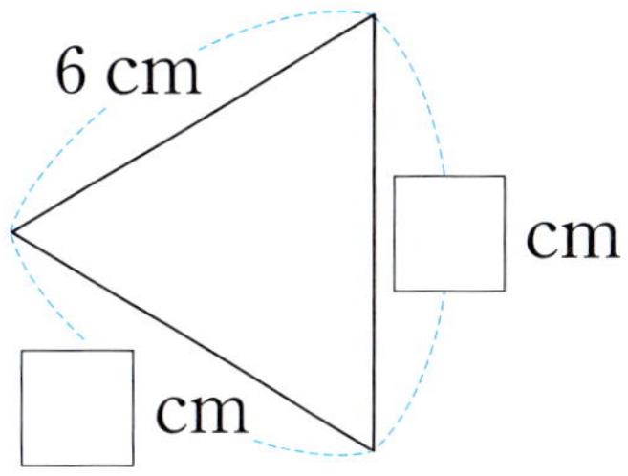

2
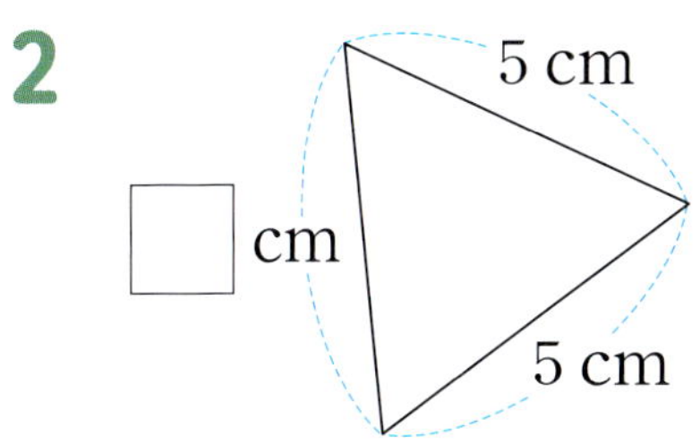

4
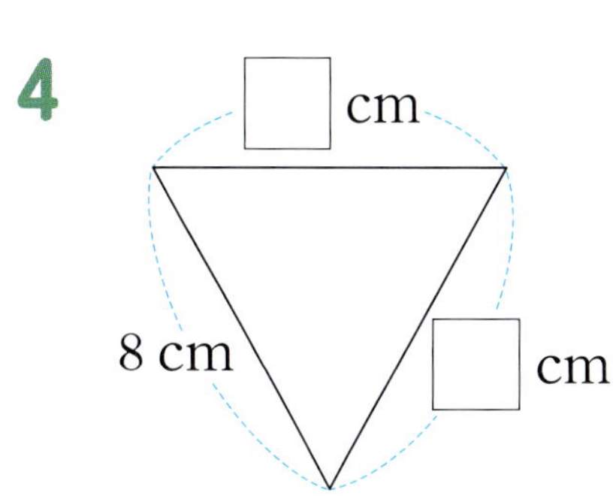

5

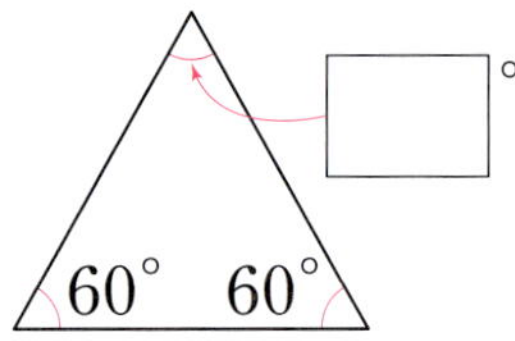

10

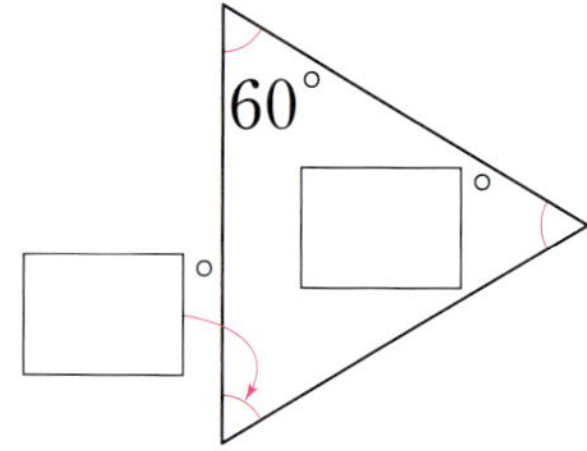

6

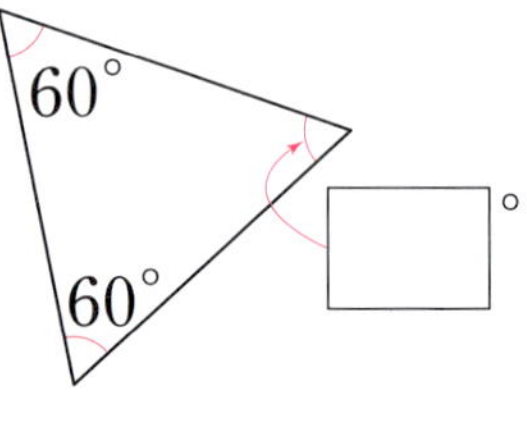

11

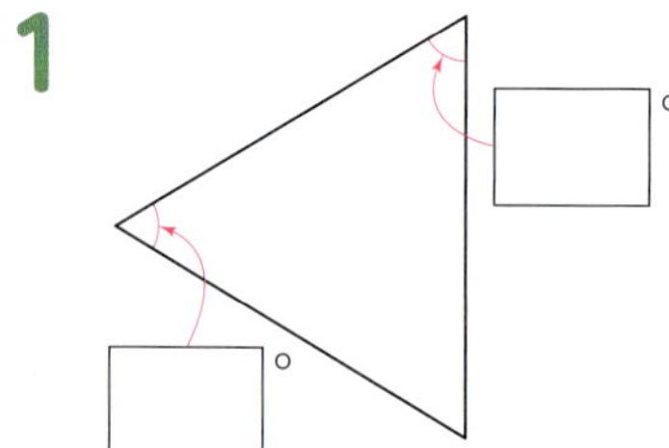

7

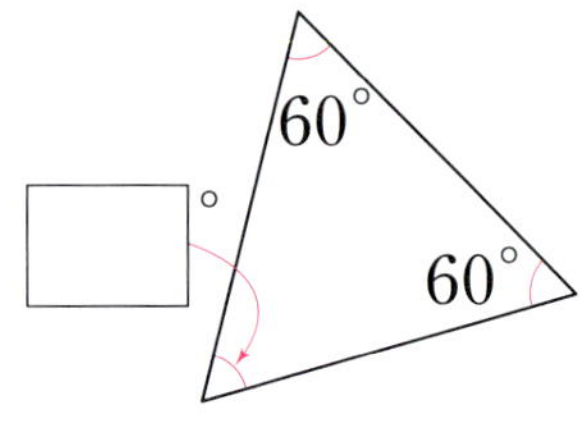

12

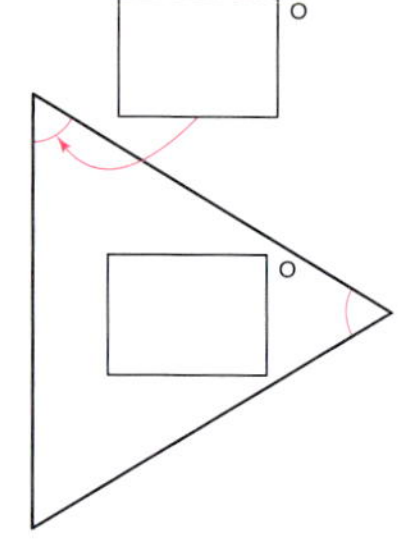

8

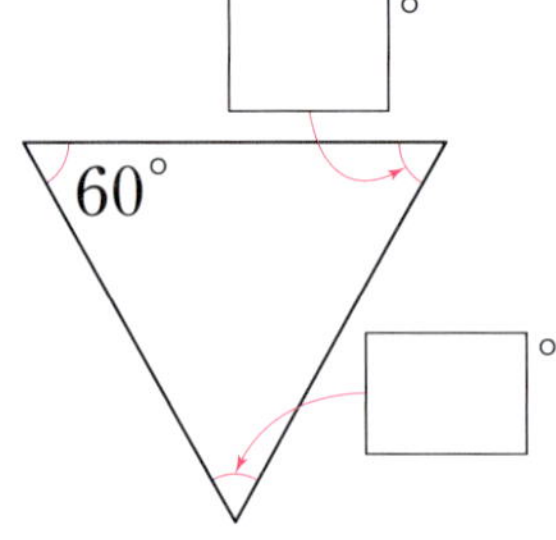

13

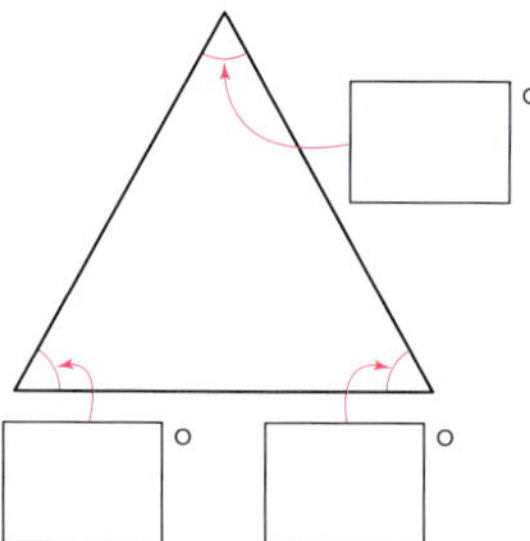

9

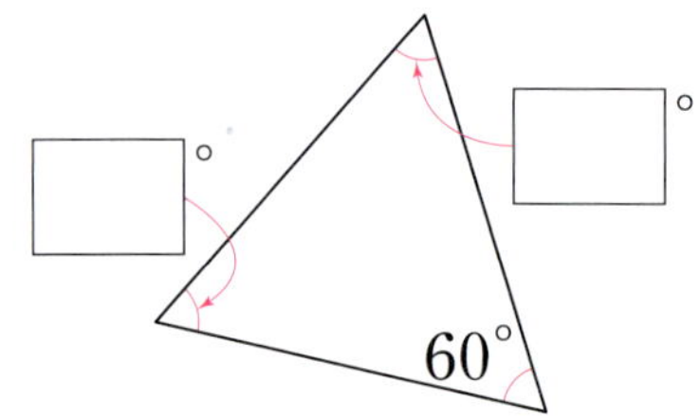

14

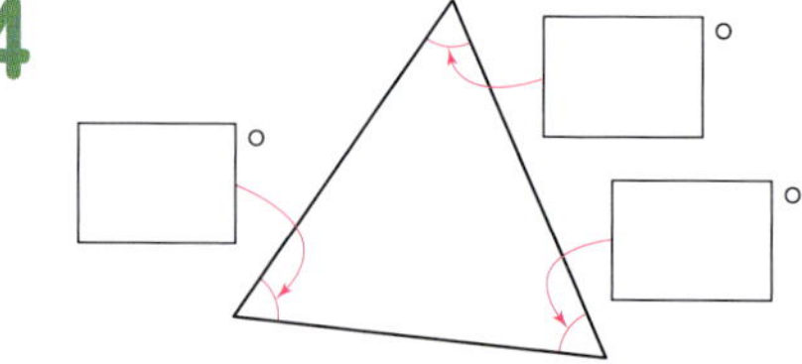

 다음 도형은 정삼각형입니다. 세 변의 길이의 합은 몇 cm인지 구하세요.

15

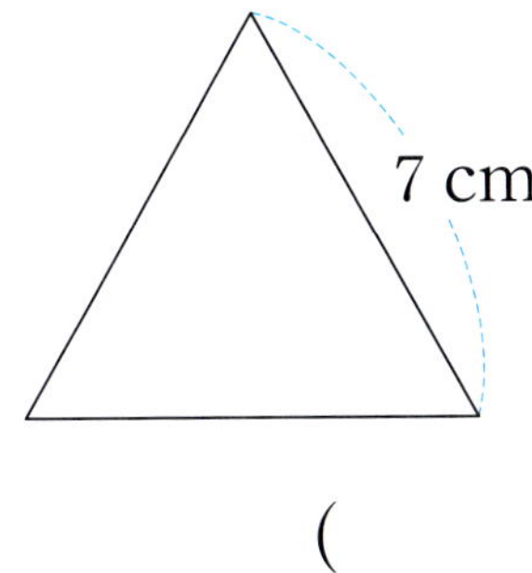

(   )

18

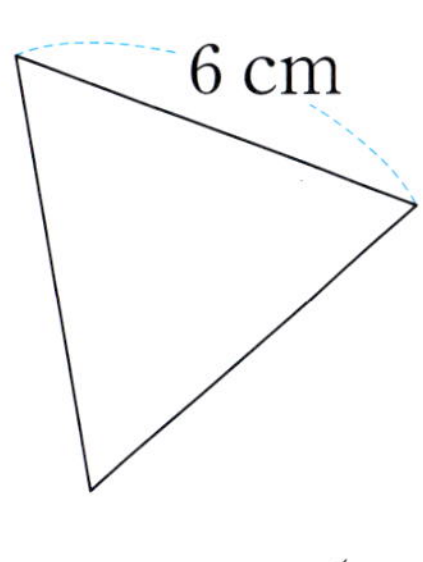

(   )

16

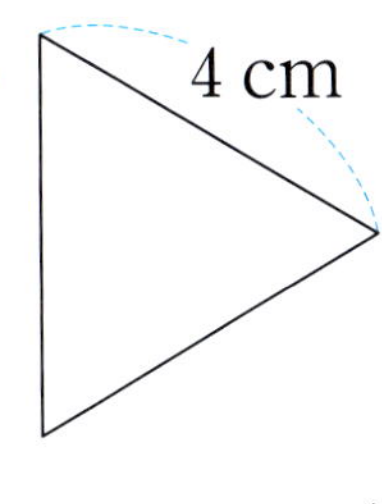

(   )

19

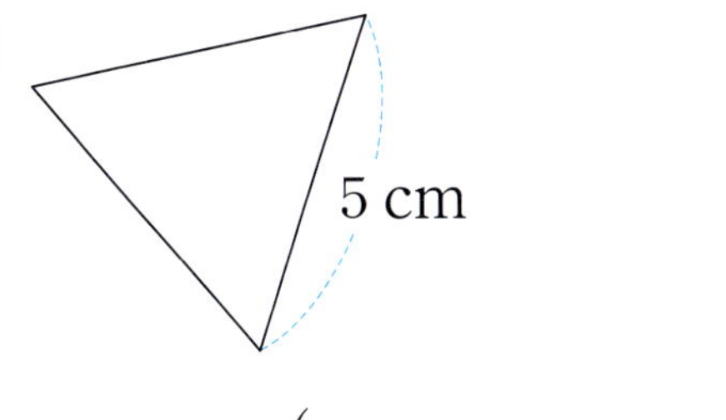

(   )

17

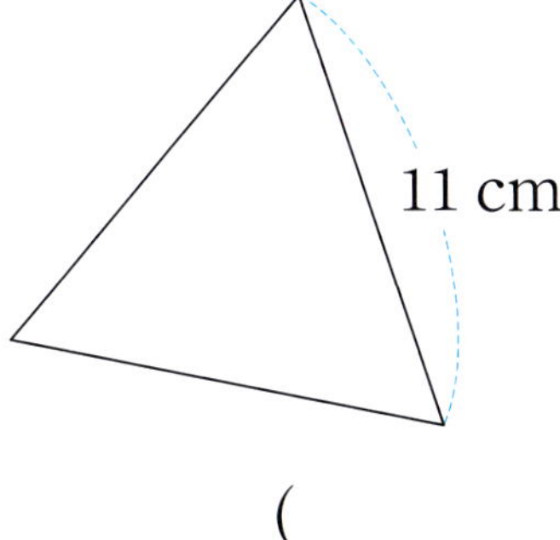

(   )

20

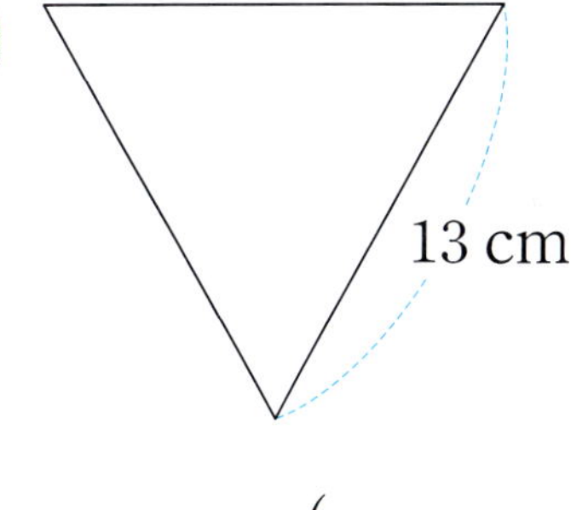

(   )

연산⁺

삼각형 ㄱㄴㄷ은 정삼각형입니다. ㉠의 각도를 구하세요.

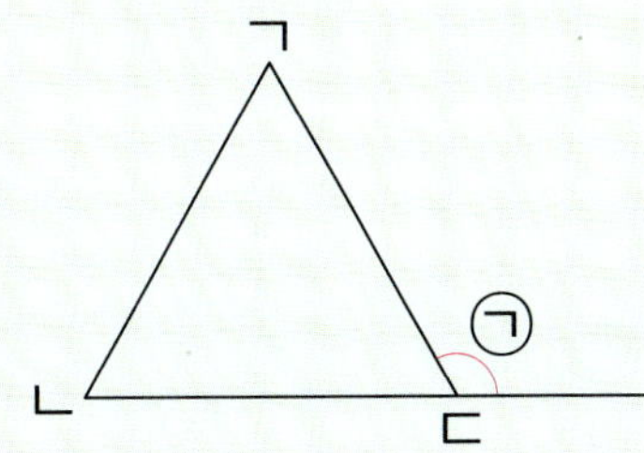

정삼각형은 한 각의 크기가 ☐°이고, 한 직선이 이루는 각의 크기는 ☐°이므로

㉠ = ☐° − ☐° = ☐° 입니다.

한 직선이 이루는 ← 각의 크기

→ 정삼각형의 한 각의 크기

답 ☐°

색칠하기

그림에서 정삼각형 모양의 지붕을 모두 찾아 색칠하세요.

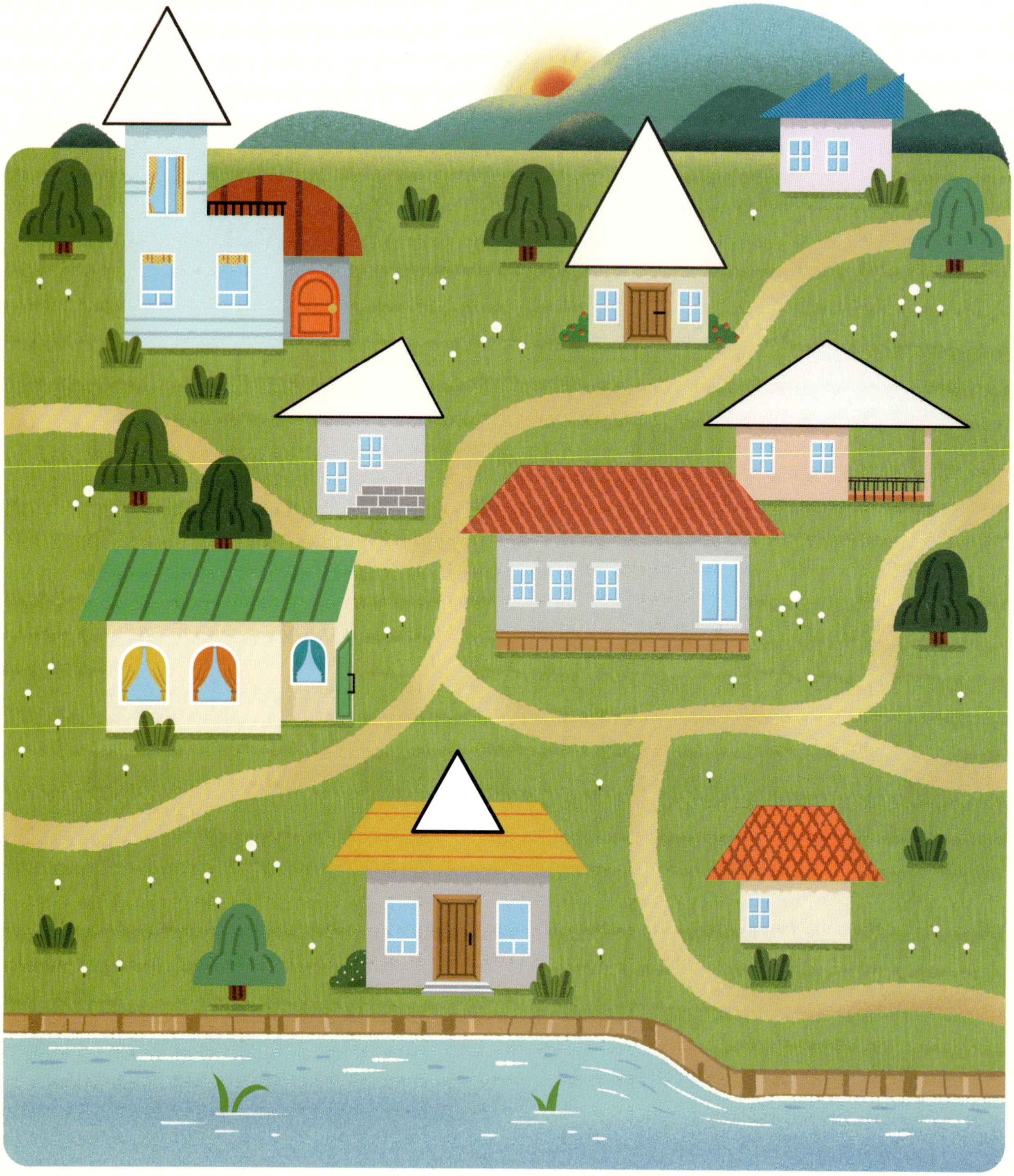

교과서 삼각형, 사각형

③ 수직과 수선

● 수직과 수선을 알아볼까요?

> 두 직선이 만나서 이루는 각이 직각일 때, 두 직선은 서로 **수직**이라고 합니다.

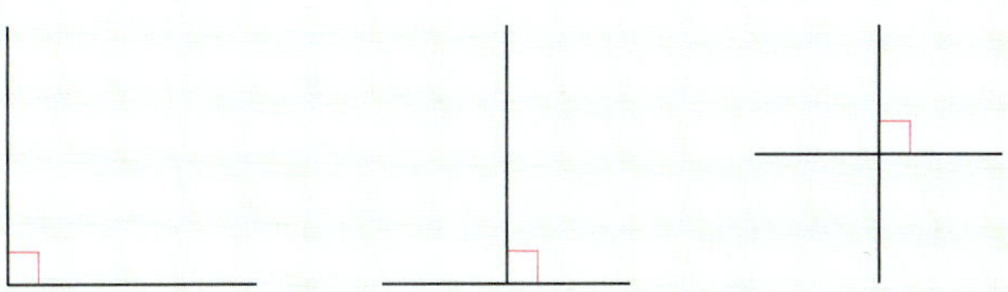

> 두 직선이 서로 수직일 때 한 직선을 다른 직선에 대한 **수선**이라고 합니다.

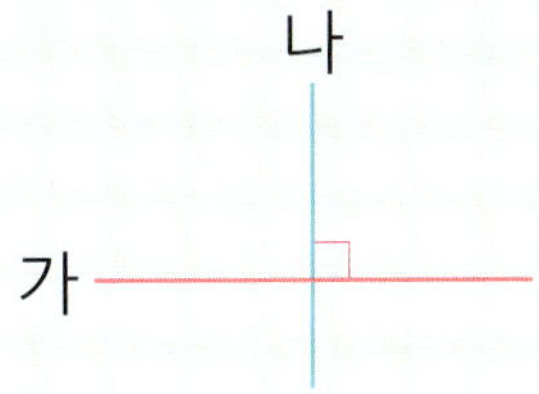

- 직선 가는 직선 나에 대한 수선입니다.
- 직선 나는 직선 가에 대한 수선입니다.

1~4 두 직선이 서로 수직인 것에 ◯표 하세요.

1
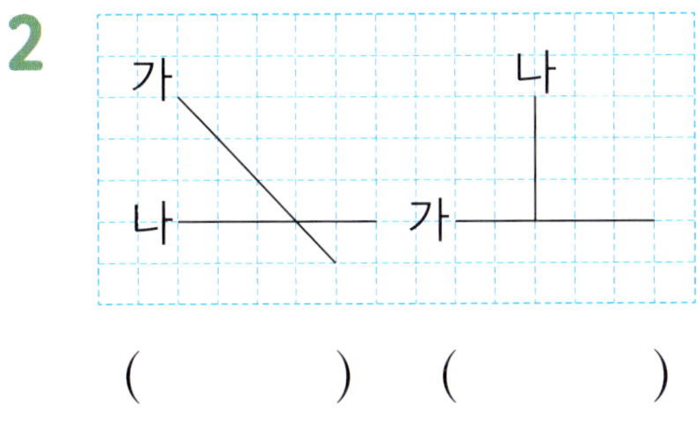

(　　　)　　(　　　　)

3
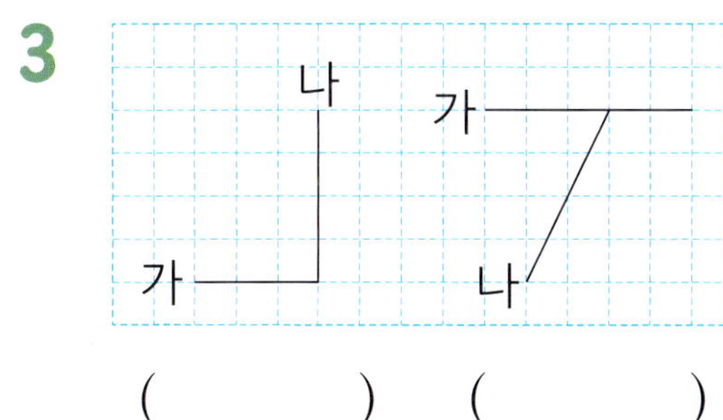

(　　　)　　(　　　　)

2

(　　　)　　(　　　　)

4
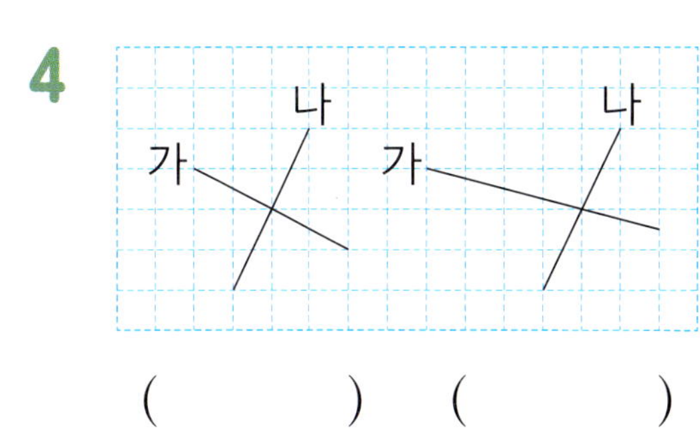

(　　　)　　(　　　　)

5~14 직선 가와 직선 나는 서로 수직입니다. □ 안에 알맞은 수를 써넣으세요.

5

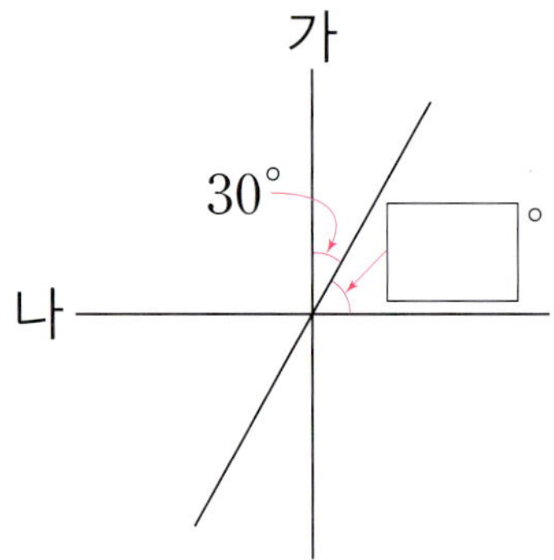

10

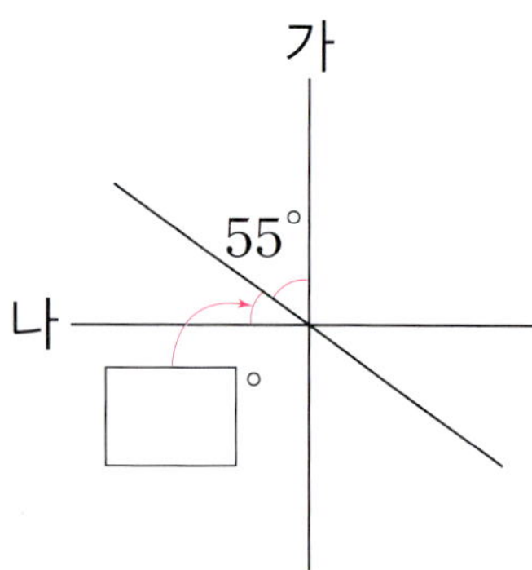

6

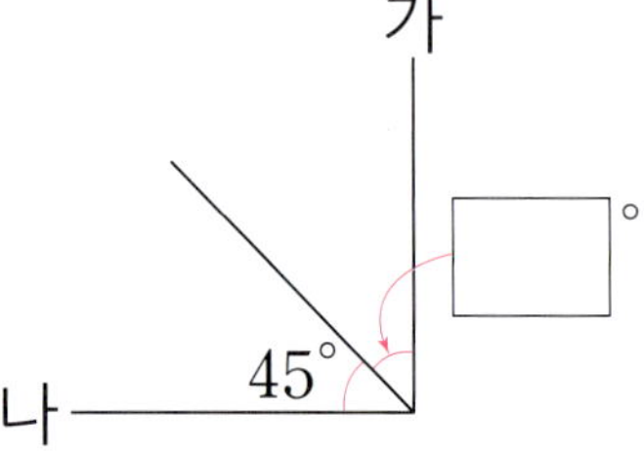

11

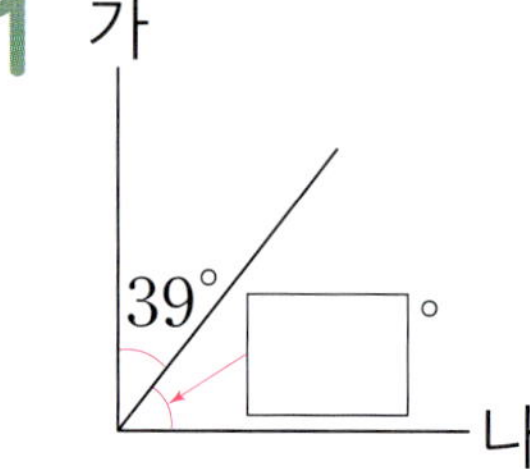

7

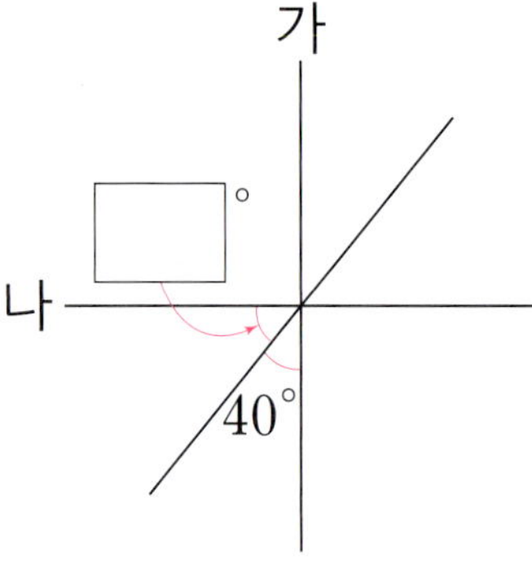

12

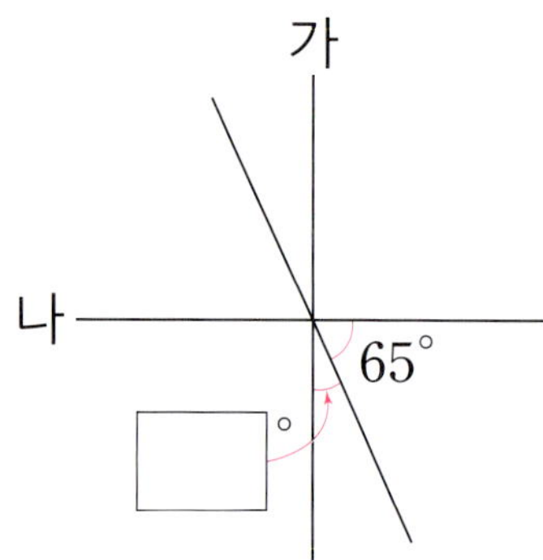

8

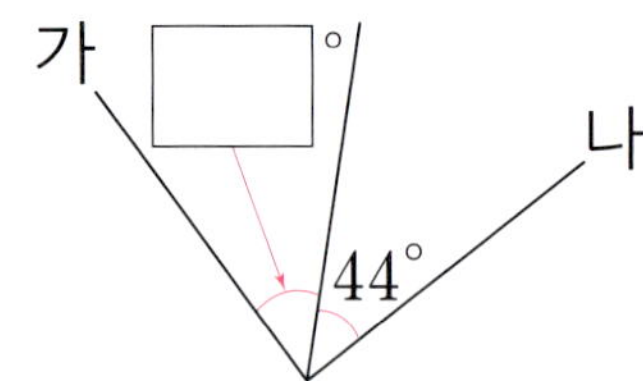

13

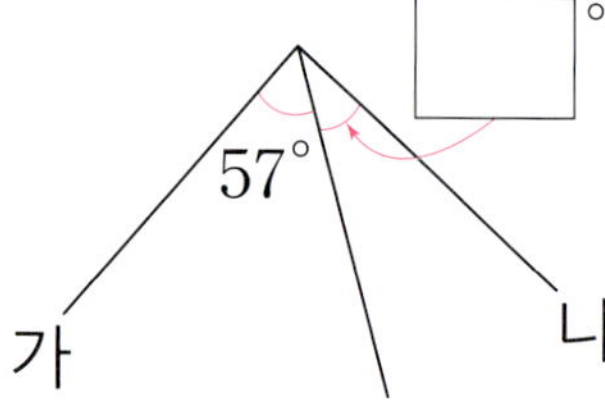

9

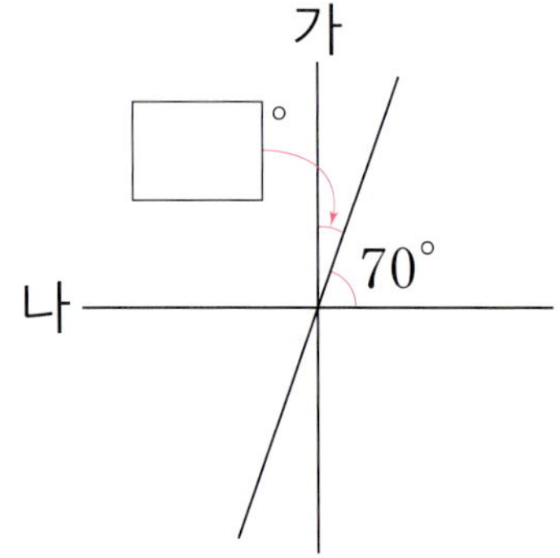

14

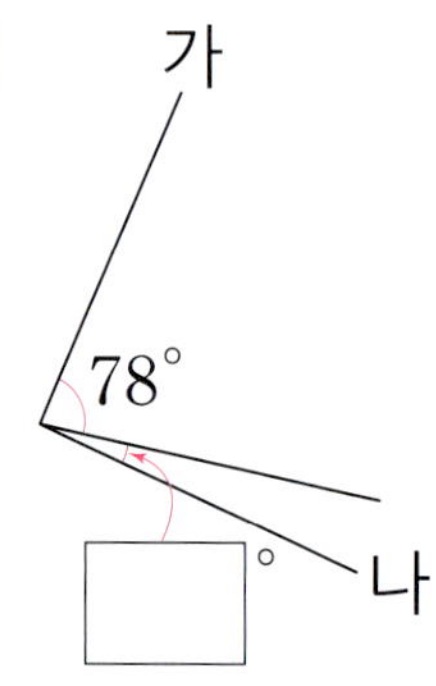

15

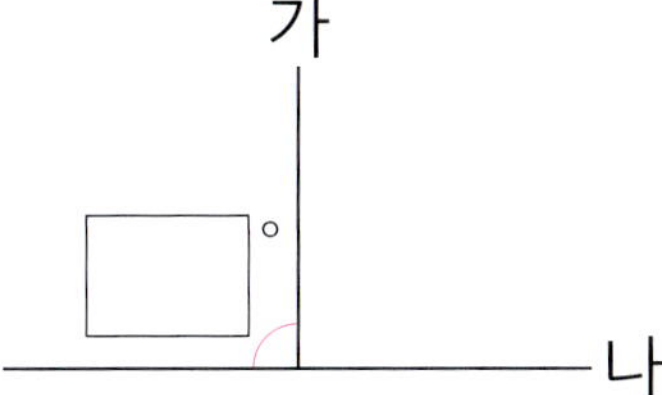

18

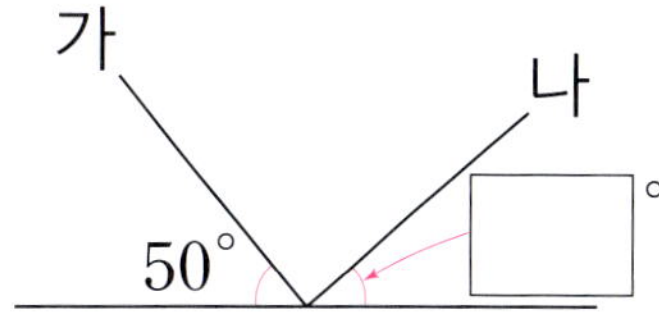

16

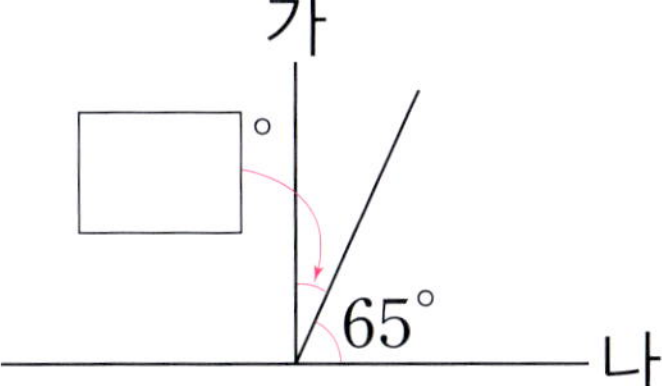

19

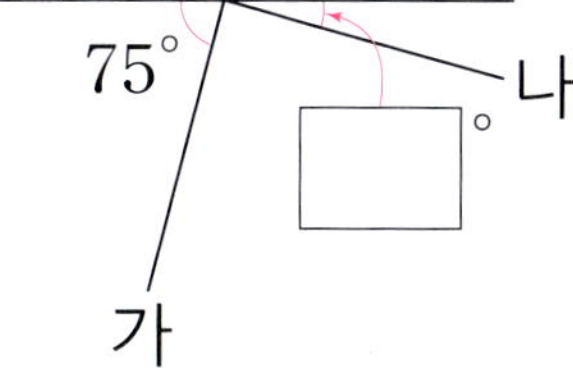

17

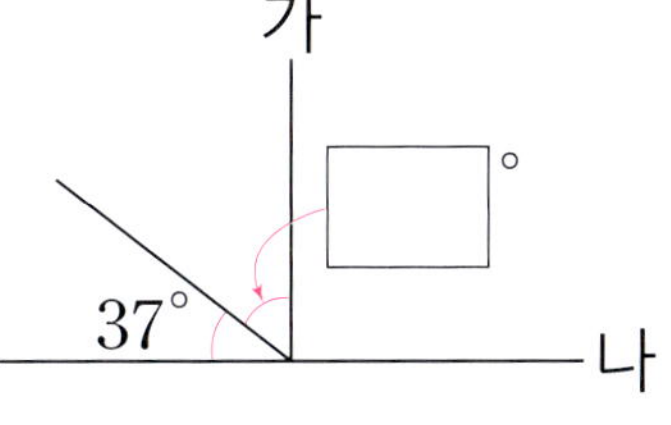

20

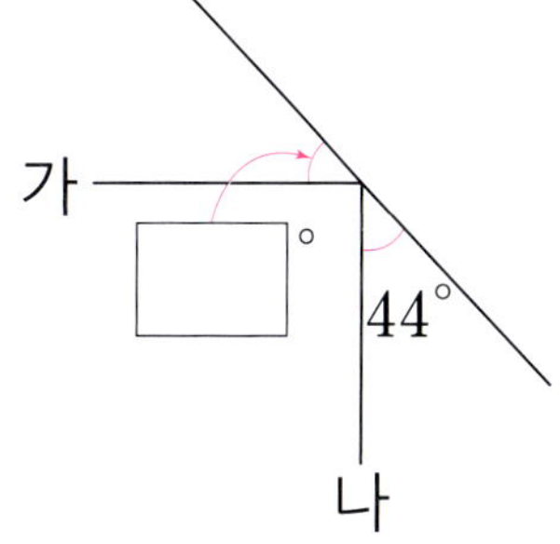

직선 가와 직선 나는 서로 수직입니다. ㉠과 ㉡의 각도의 합을 구하세요.

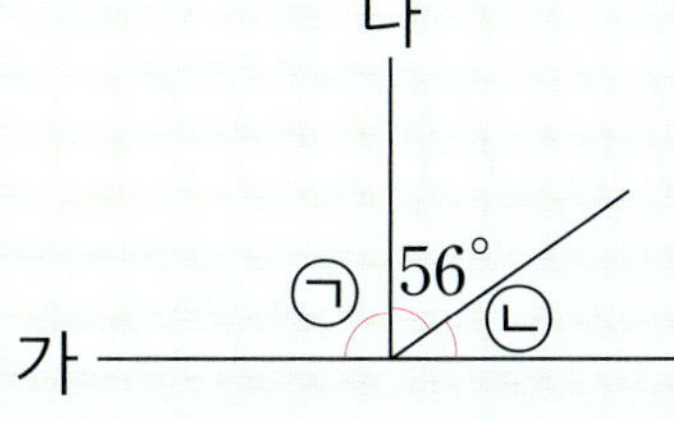

직선 가와 직선 나는 서로 수직이므로 ㉠=□°이고, ㉡=90°−□°=□°입니다.

➡ ㉠+㉡=□°+□°=□°　　　　　　　답 □°

도둑 찾기

어느 날 한 보석 가게에 도둑이 들어 보석을 훔쳐 갔습니다. 사건 단서 ①, ②, ③
에 그려진 직선 가와 직선 나가 서로 수직일 때 ㉠의 크기를 사건 단서 해독표 에서 찾
아 차례로 쓰면 도둑의 이름을 알 수 있습니다. 주어진 사건 단서를 가지고 도둑의
이름을 알아보세요.

사건 단서 해독표

25°	미	35°	영	55°	김
60°	이	40°	수	65°	아
75°	박	45°	래	80°	진

① ② ③

도둑의 이름은 ☐☐☐ 입니다.

📖 교과서 **삼각형, 사각형**

④ 평행사변형

● **평행사변형을 알아볼까요?**

> 마주 보는 두 쌍의 변이 서로 평행한 사각형을 평행사변형이라고 합니다.

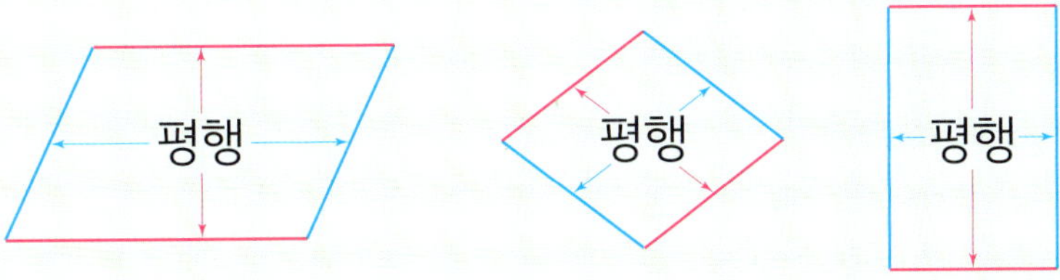

● **평행사변형의 성질을 알아볼까요?**

① 마주 보는 두 변의 길이가 같습니다.
② 마주 보는 두 각의 크기가 같습니다.
③ 이웃한 두 각의 크기의 합이 180°입니다.

1~4 다음 도형은 평행사변형입니다. □ 안에 알맞은 수를 써넣으세요.

1
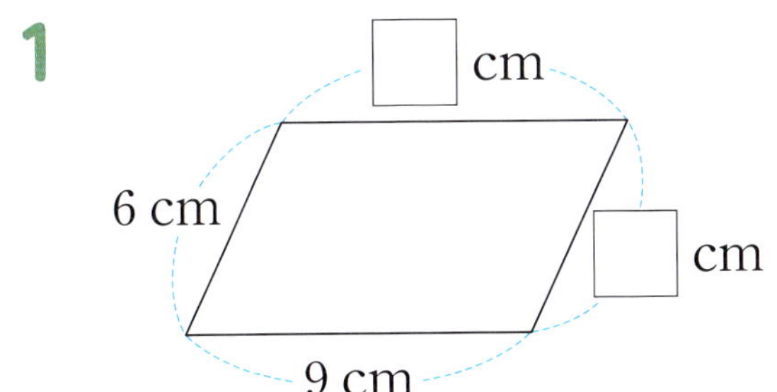

3
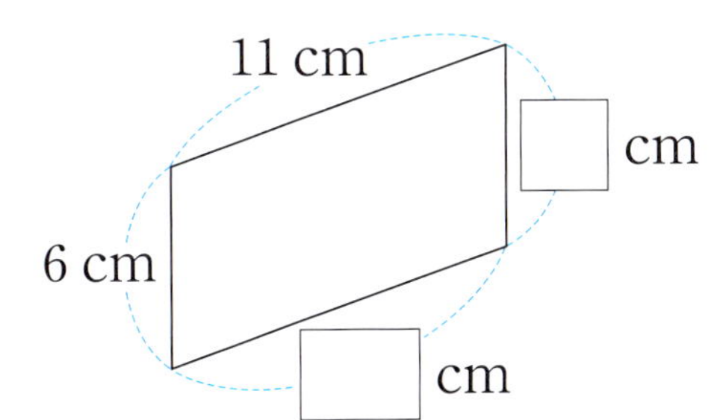

2
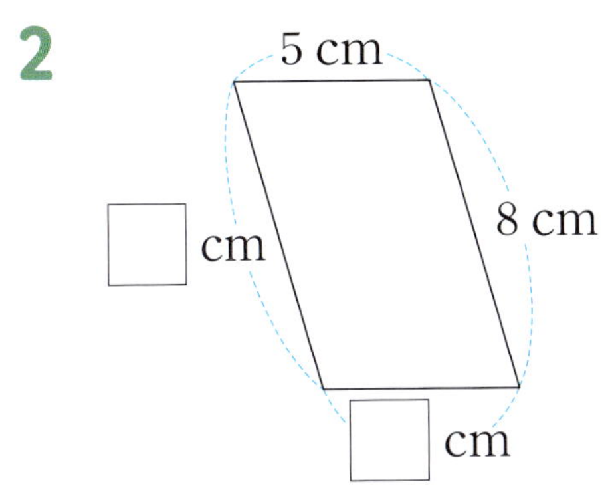

4
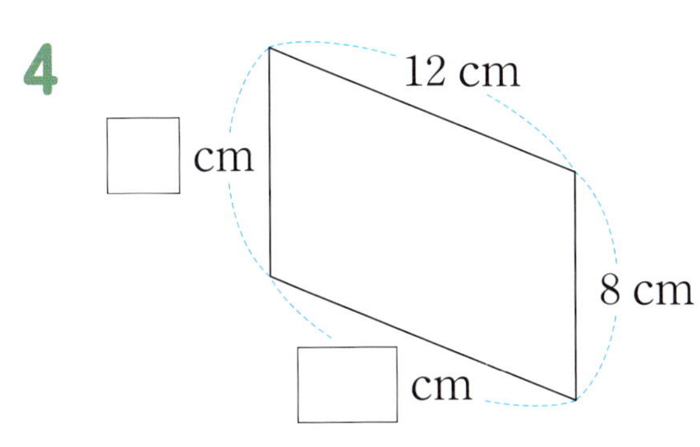

5 ☐° ☐°
70° 110°

10 120° ☐°

6 ☐° 115° 65° ☐°

11 100° ☐°

7 140° 40° ☐° ☐°

12 ☐° 130°

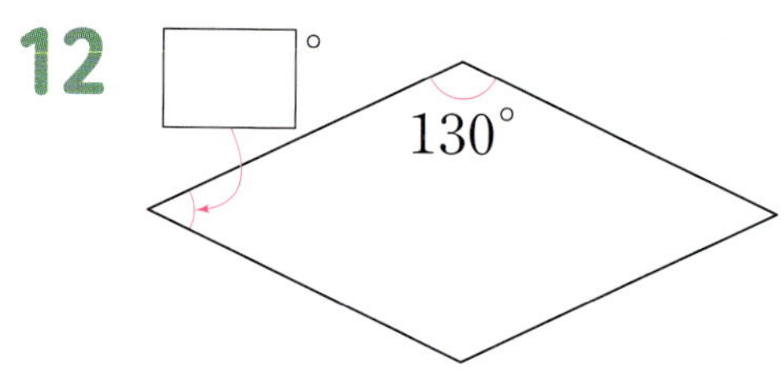

8 ☐° 105° 75° ☐°

13 ☐°

9 125° 55° ☐° ☐°

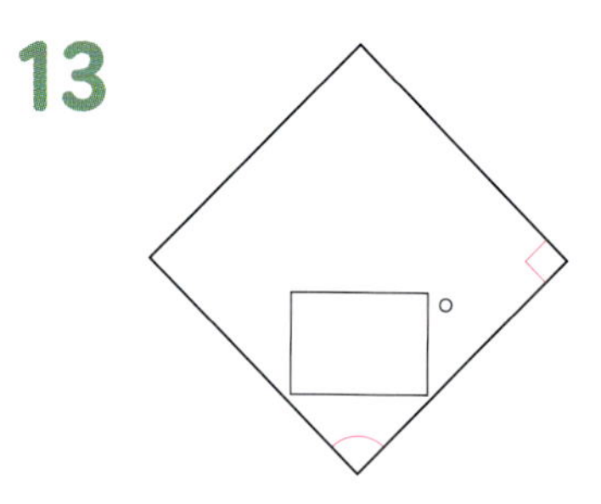

14 135° ☐°

15

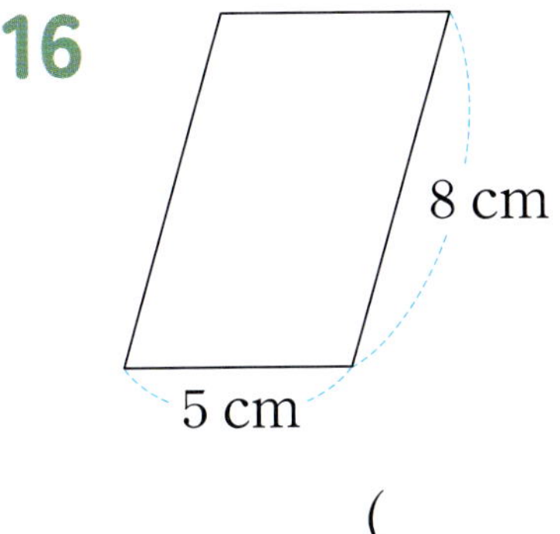

(   )

18

(   )

16

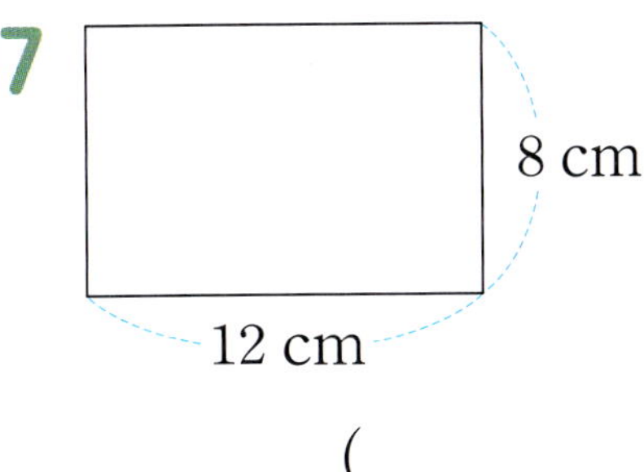

(   )

19

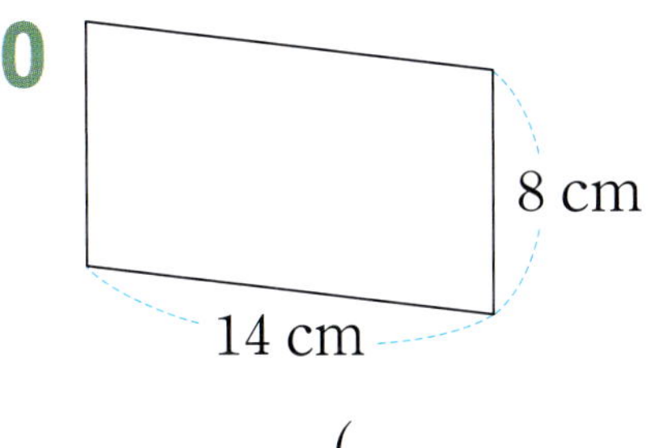

(   )

17

(   )

20

(   )

연산+

평행사변형 ㄱㄴㄷㄹ의 네 변의 길이의 합은 30 cm입니다. 변 ㄴㄷ의 길이는 몇 cm인지 구하세요.

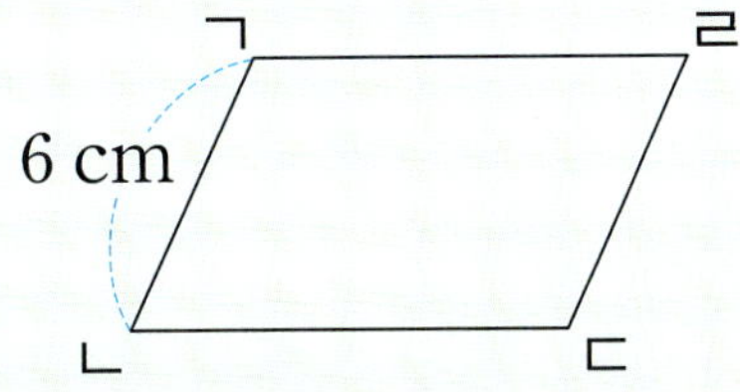

평행사변형은 마주 보는 두 변의 길이가 같으므로

(변 ㄱㄴ의 길이)+(변 ㄴㄷ의 길이)=30÷ ☐ = ☐ (cm)입니다.

따라서 (변 ㄴㄷ의 길이)= ☐ − ☐ = ☐ (cm)입니다.   답 ☐ cm

울타리 그리기

토끼, 돼지, 염소에게 평행사변형 모양의 울타리를 각각 만들어 주려고 합니다. 표지판에 적힌 평행사변형의 네 변의 길이를 보고 각 동물에 맞는 울타리를 그리세요.

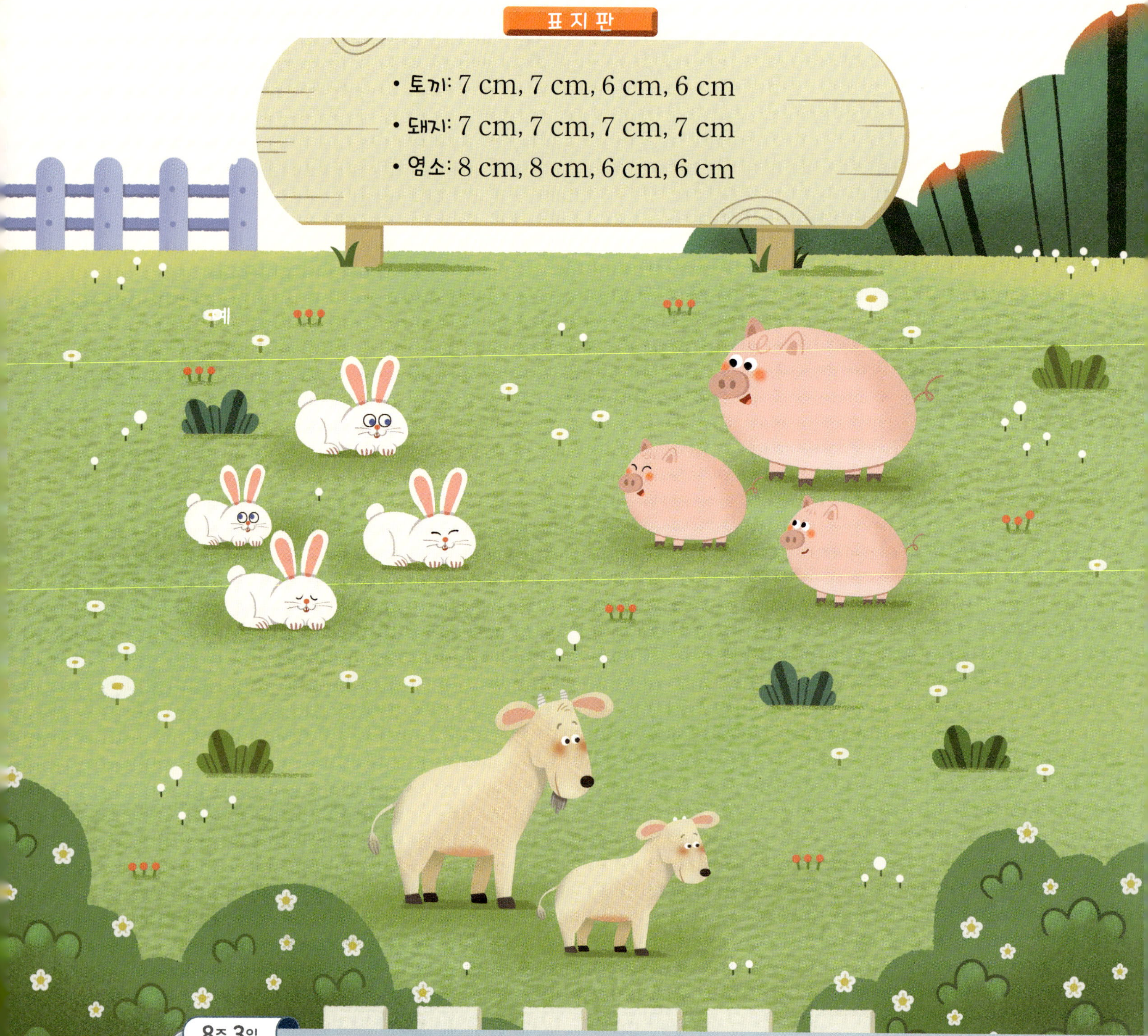

📖 교과서 **삼각형, 사각형**

⑤ 마름모

● **마름모를 알아볼까요?**

> 네 변의 길이가 모두 같은 사각형을 마름모라고 합니다.

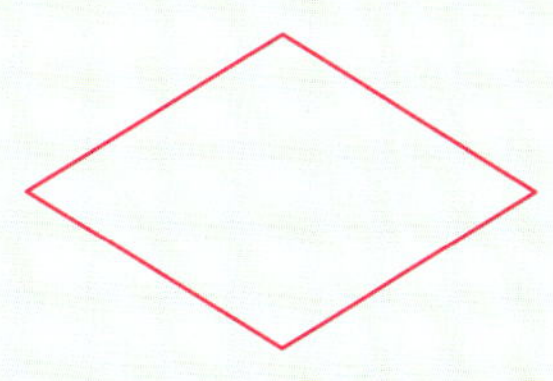 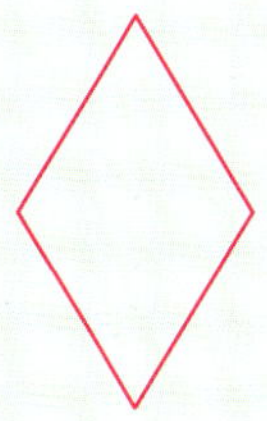 

● **마름모의 성질을 알아볼까요?**

① 마주 보는 두 쌍의 변이 서로 평행합니다.
② 마주 보는 두 각의 크기가 같습니다.
③ 마주 보는 꼭짓점끼리 이은 두 선분이 서로 수직으로
　 만나고 이등분합니다.
④ 이웃한 두 각의 크기의 합이 180°입니다.

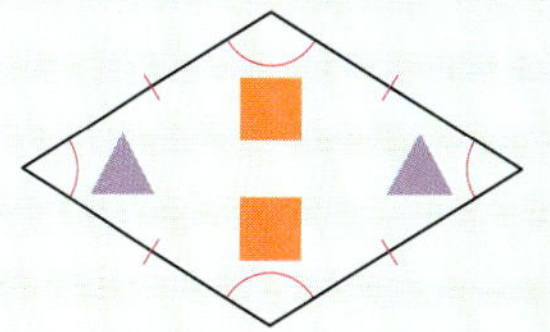 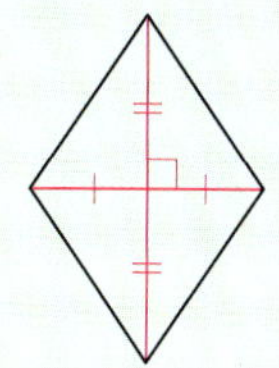

1~4 다음 도형은 마름모입니다. ☐ 안에 알맞은 수를 써넣으세요.

1

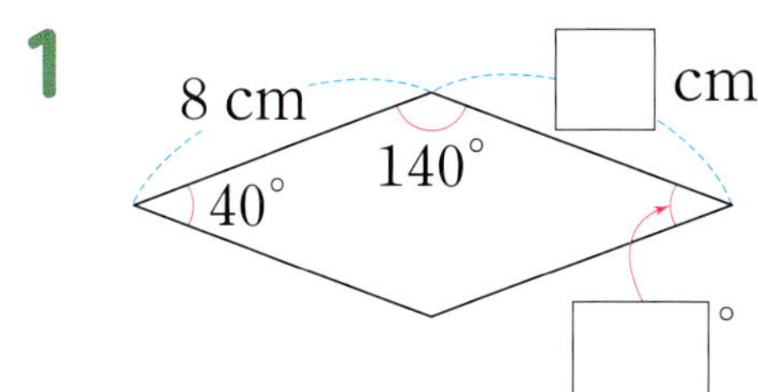

3

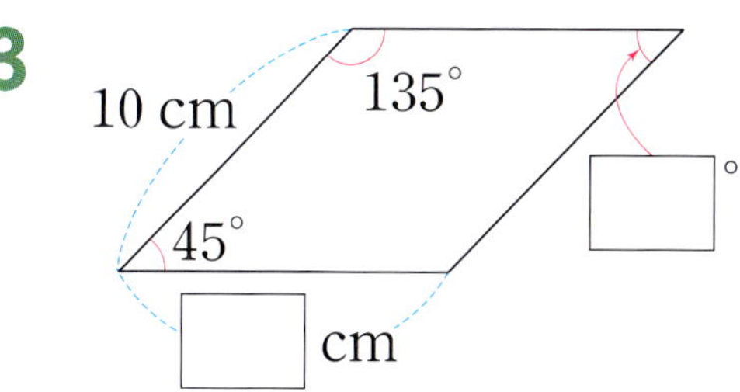

2

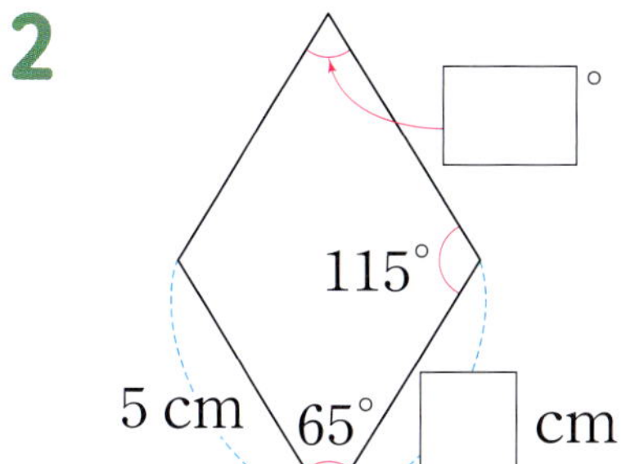

4

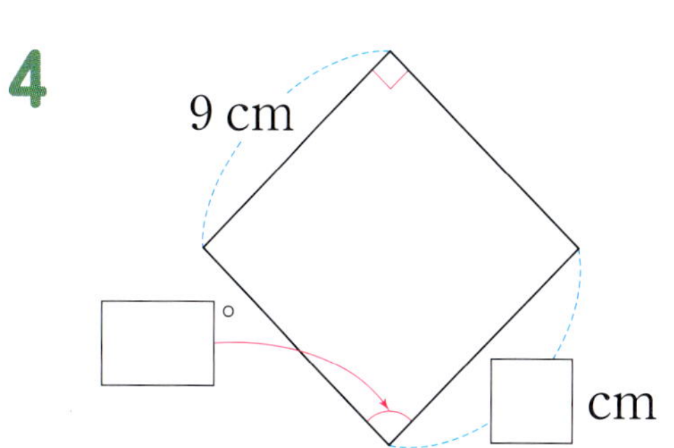

5

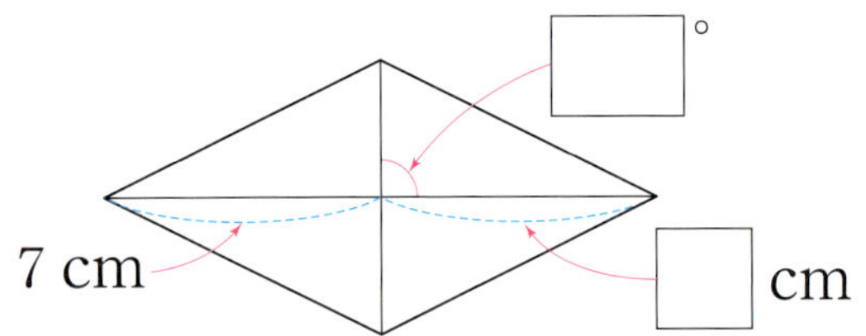

6

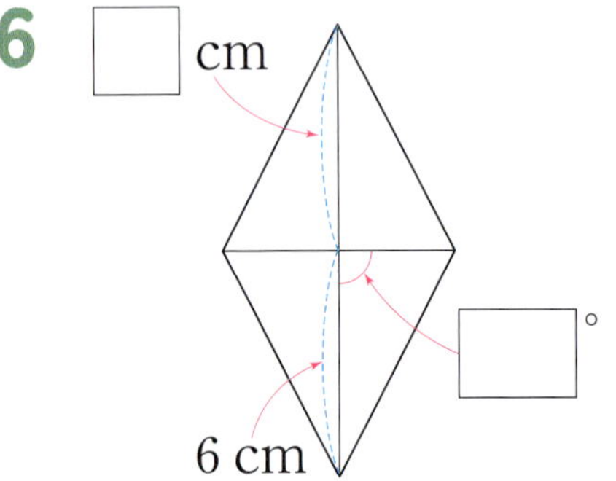

7

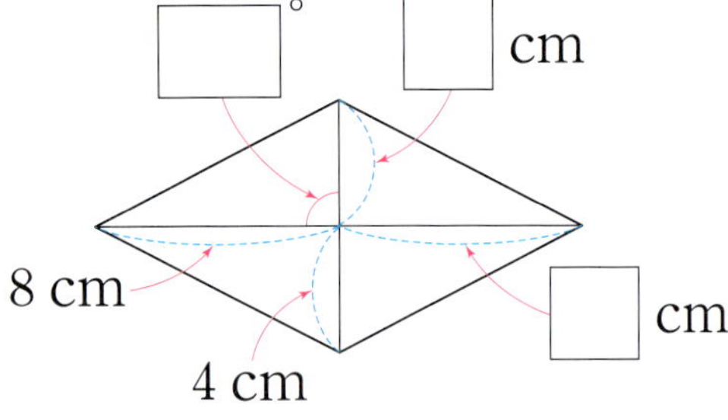

8

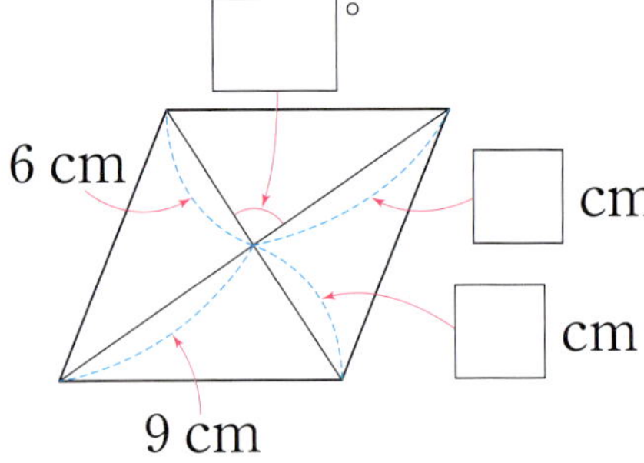

9

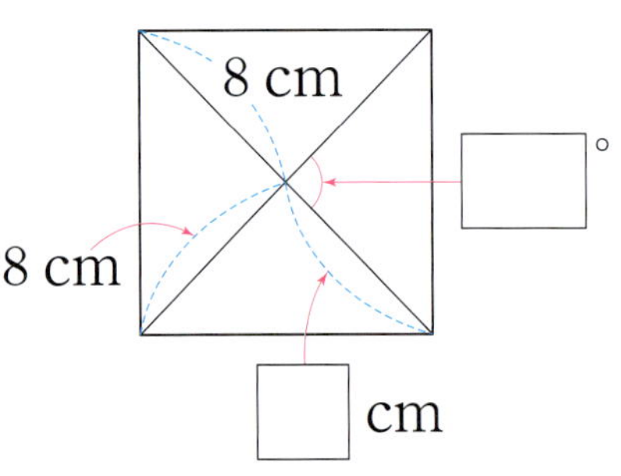

10

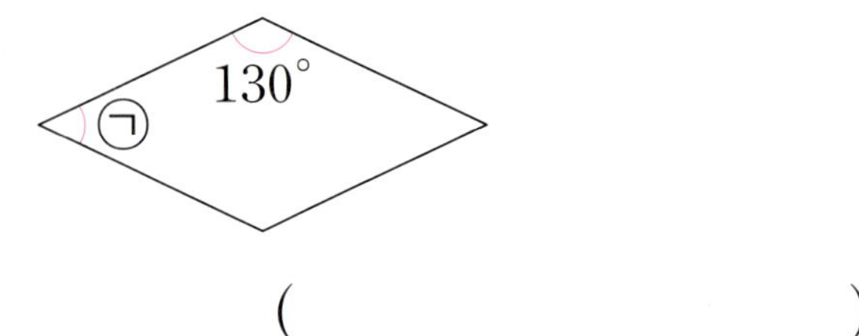

(   )

11

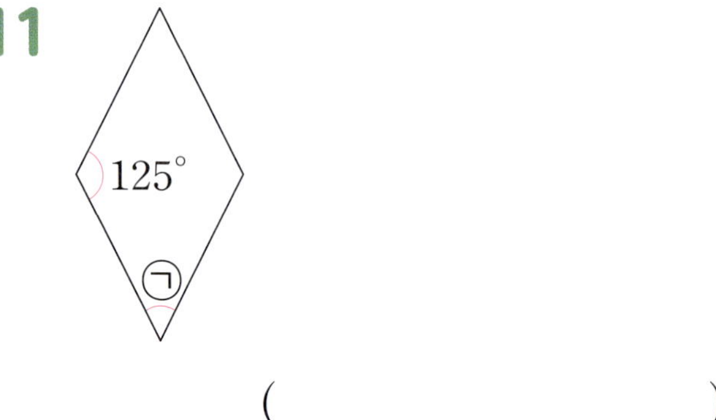

(   )

12

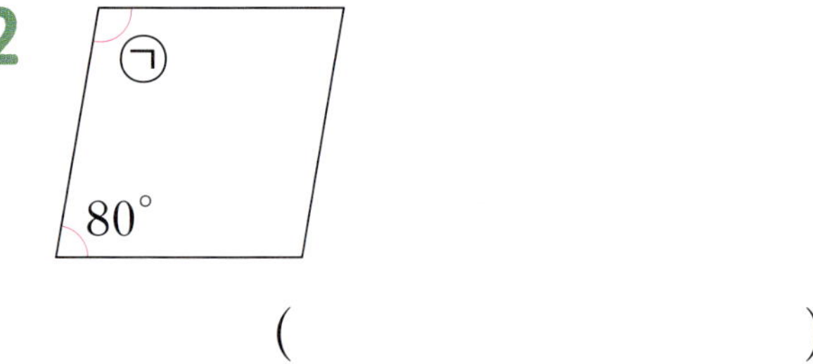

(   )

13

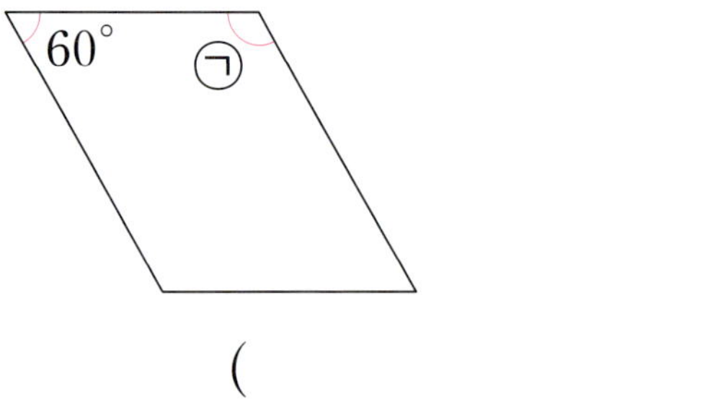

(   )

14

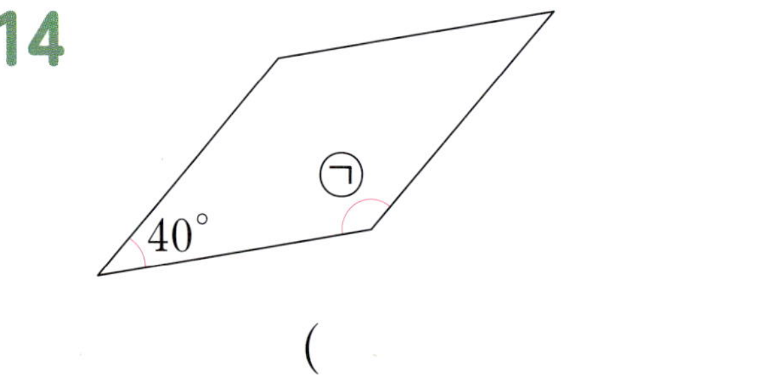

(   )

15 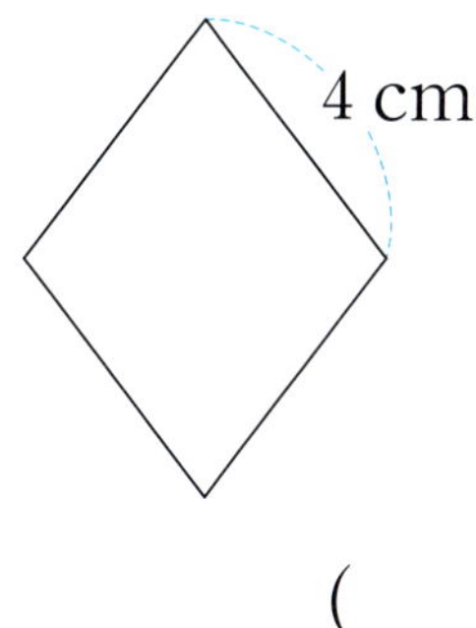
4 cm

( )

18 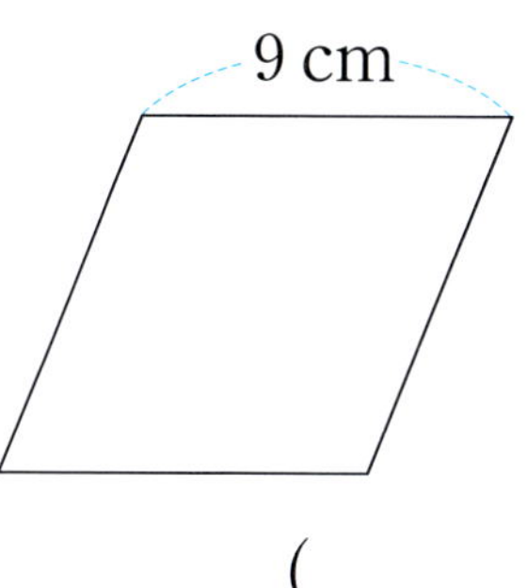
9 cm

( )

16 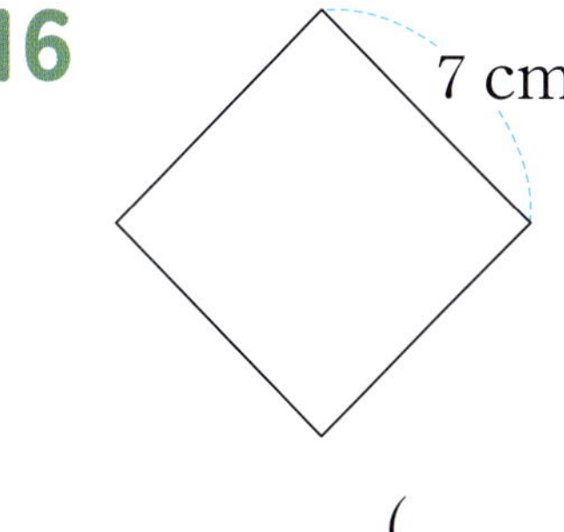
7 cm

( )

19 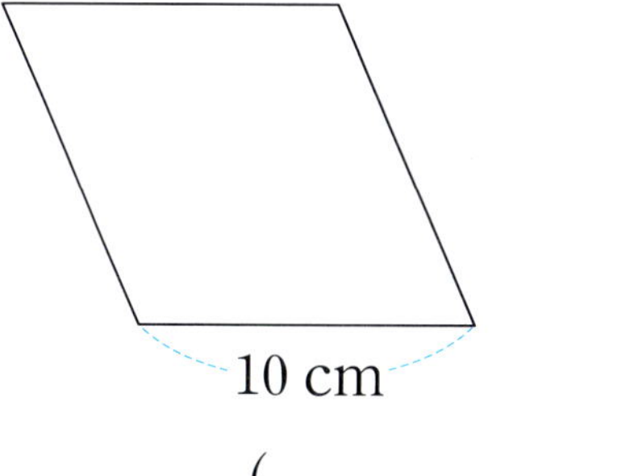
10 cm

( )

17 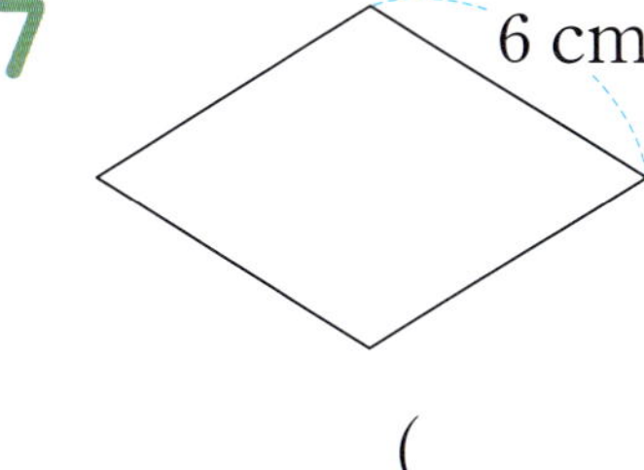
6 cm

( )

20 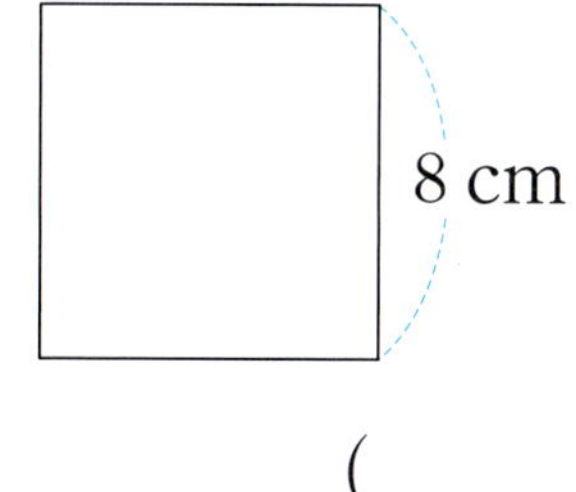
8 cm

( )

연산⁺

사각형 ㄱㄴㄷㄹ은 마름모입니다. ㉠의 각도를 구하세요.

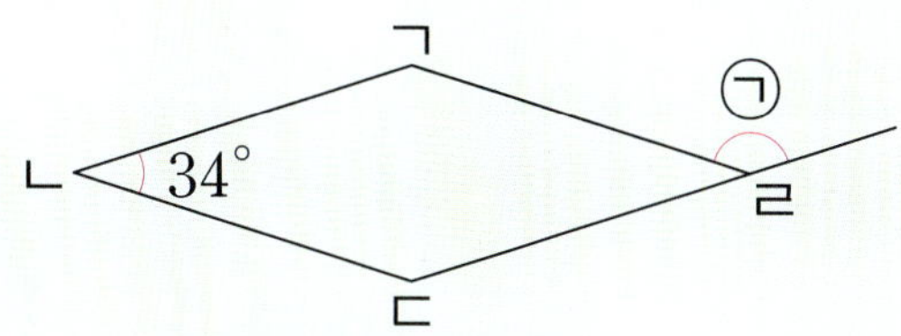

마름모는 마주 보는 두 각의 크기가 같으므로

(각 ㄱㄹㄷ)=(각 ㄱㄴㄷ)= ◻° 입니다.

◻° + ㉠ = 180°이므로 ㉠ = 180° − ◻° = ◻° 입니다.

↳ 각 ㄱㄹㄷ

답  ◻°

길 찾기

개미는 집에 가려고 합니다. 마름모를 따라가면 집에 도착할 수 있습니다. 올바른 길을 따라가며 선으로 이으세요.

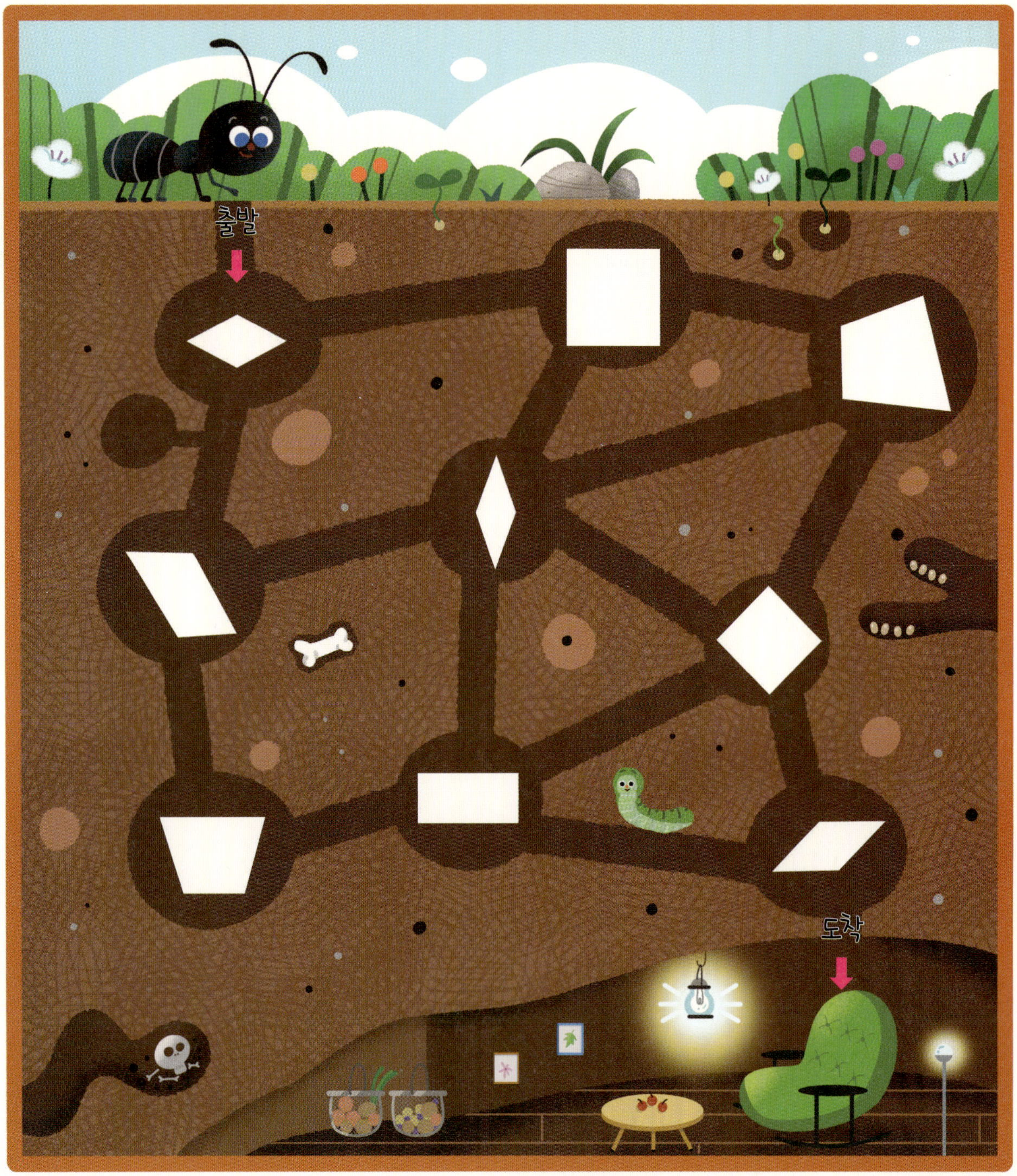

오늘 나의 실력을 평가해 봐!

부모님 응원 한마디

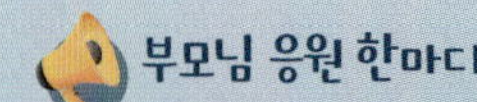

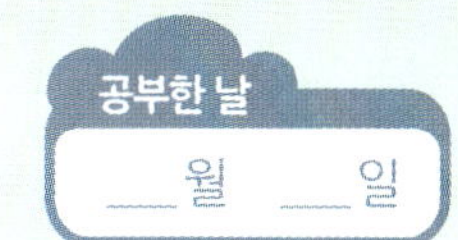

📖 교과서 삼각형, 사각형

8주 5일 마무리 연산

1~4 다음 도형은 이등변삼각형입니다. □ 안에 알맞은 수를 써넣으세요.

1
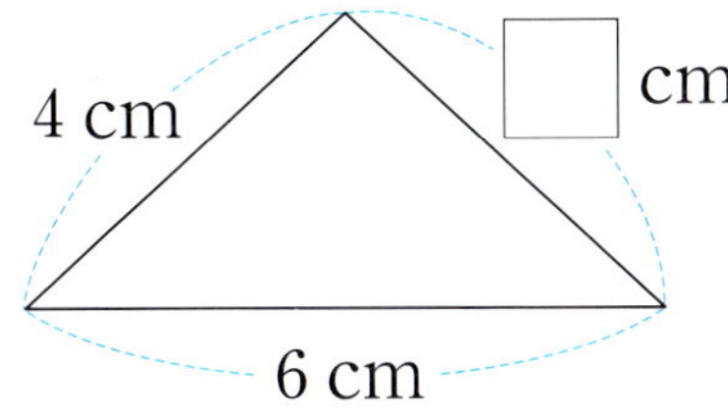

3
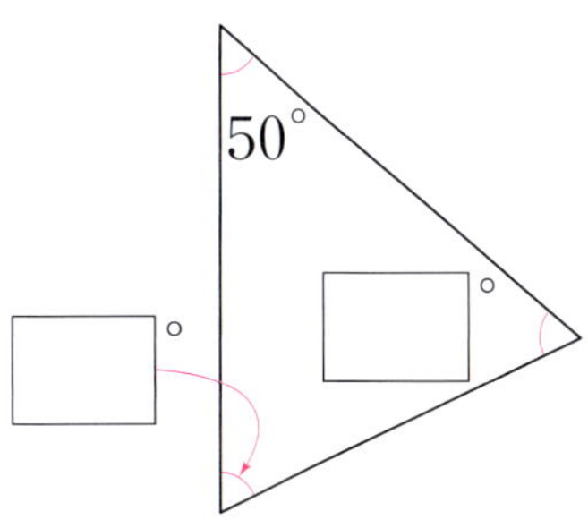

2
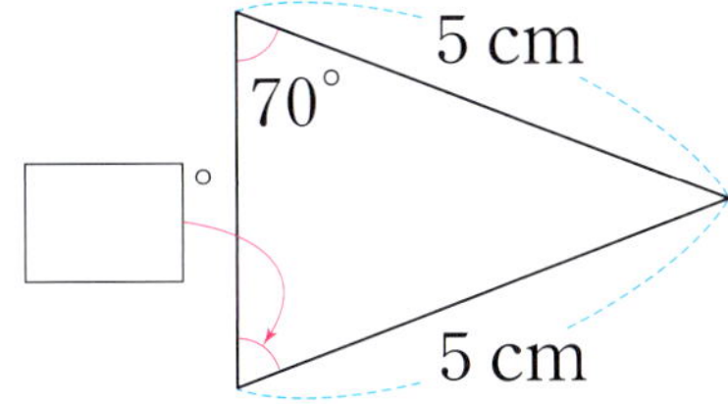

4
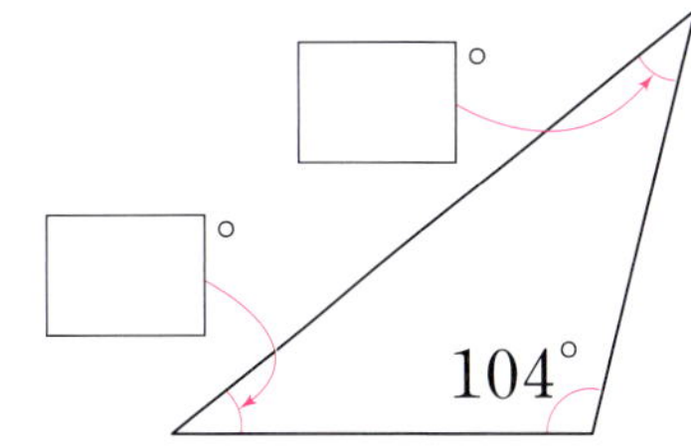

5~6 다음 도형은 정삼각형입니다. □ 안에 알맞은 수를 써넣으세요.

5
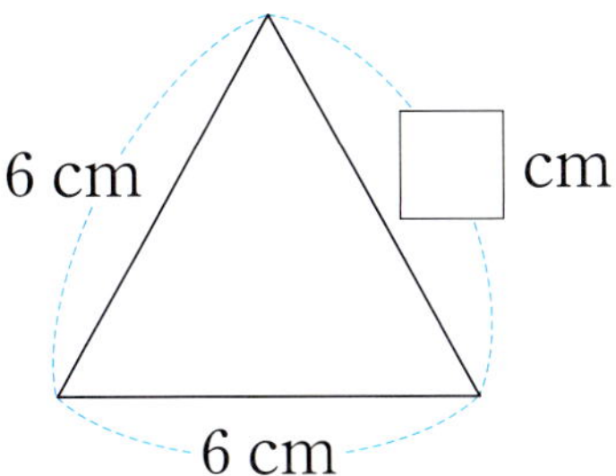

6
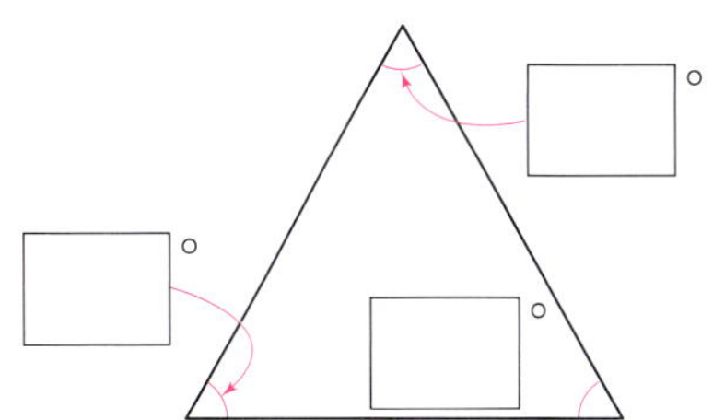

7~8 직선 가와 직선 나는 서로 수직입니다. □ 안에 알맞은 수를 써넣으세요.

7
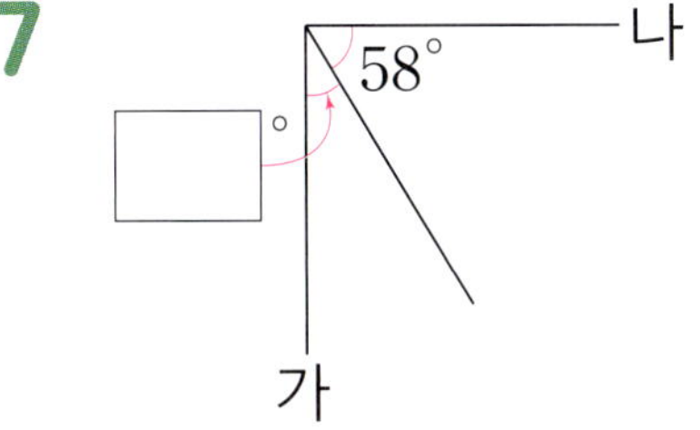

8
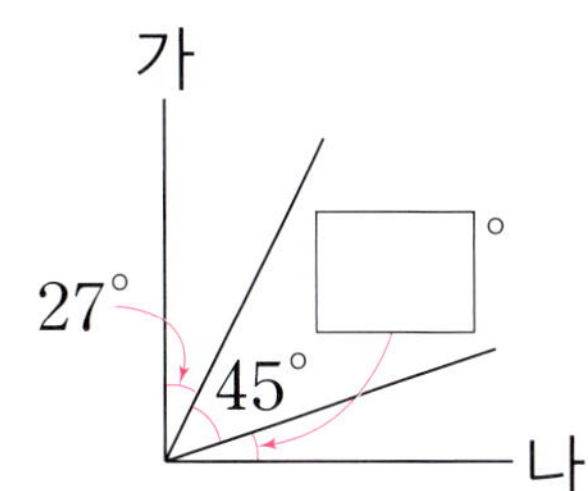

 다음 도형은 평행사변형입니다. □ 안에 알맞은 수를 써넣으세요.

9

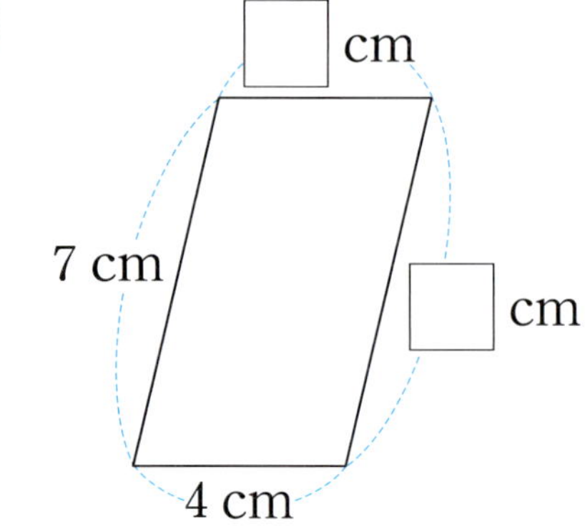

11

10

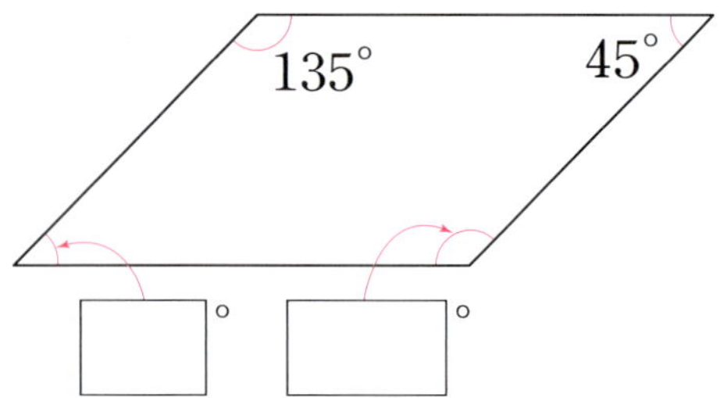

12

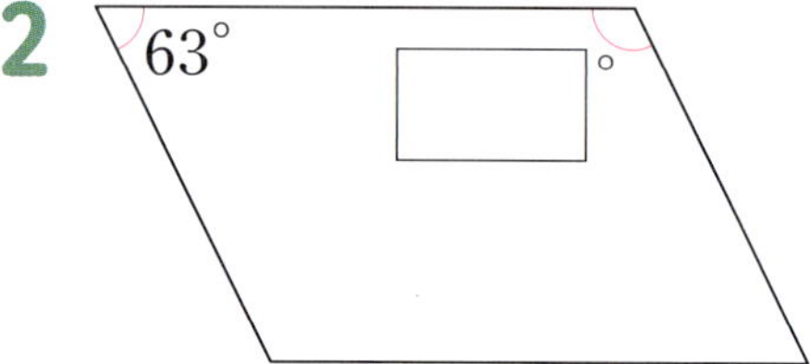

 다음 도형은 마름모입니다. □ 안에 알맞은 수를 써넣으세요.

13

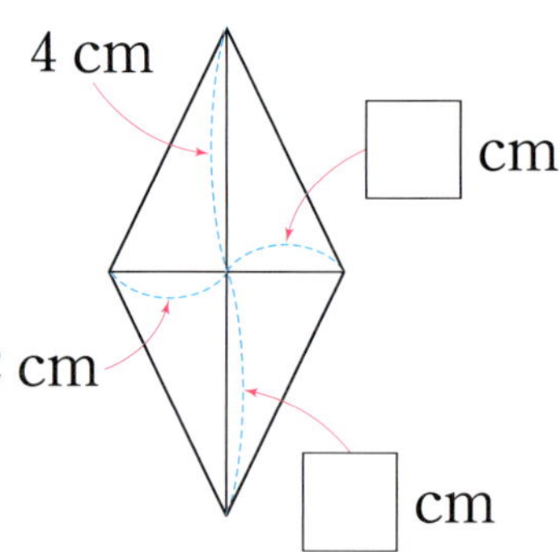

15

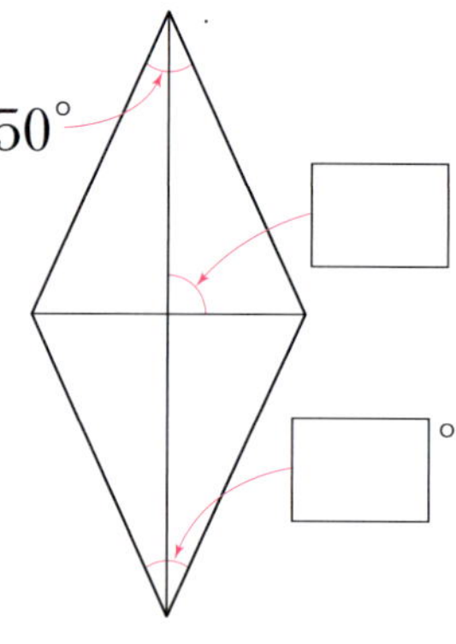

14

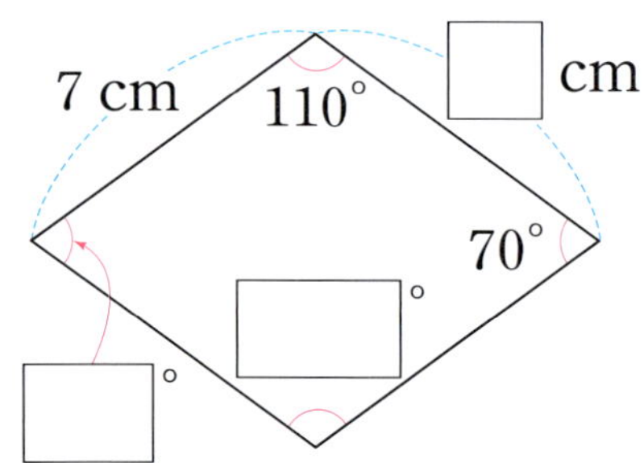

16

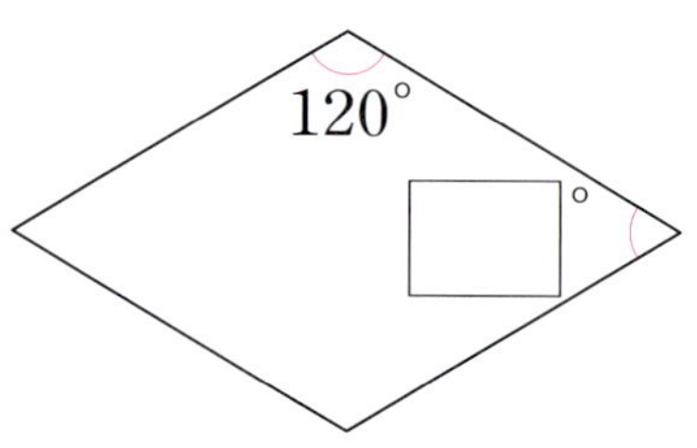

17 다음 정삼각형의 세 변의 길이의 합은 몇 cm인지 구하세요.

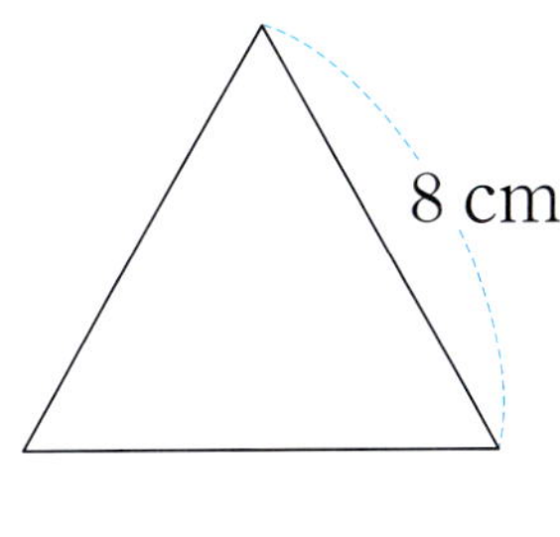

(   )

18 직선 가는 직선 나에 대한 수선입니다. ㉠의 각도를 구하세요.

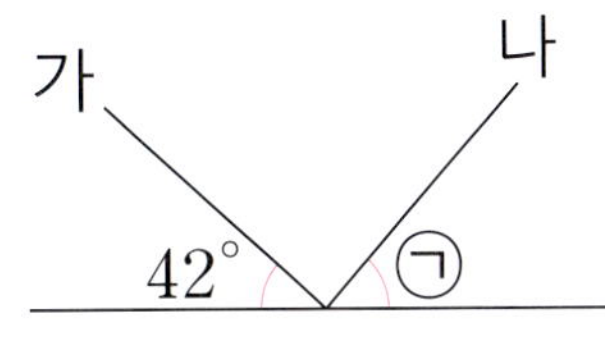

(   )

19 사각형 ㄱㄴㄷㄹ은 평행사변형입니다. ㉠과 ㉡의 각도의 합을 구하세요.

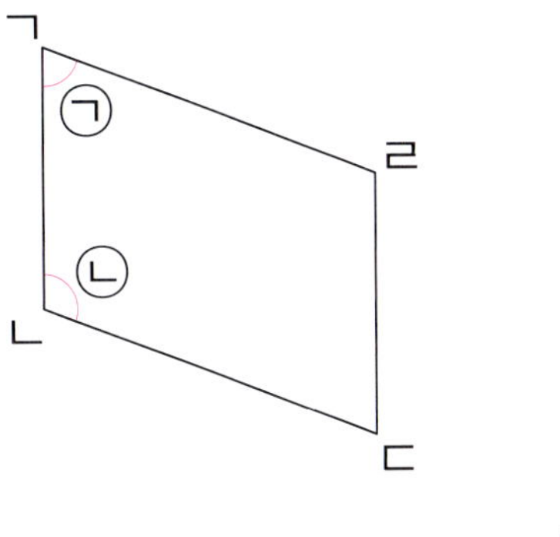

(   )

20 마름모 ㄱㄴㄷㄹ의 네 변의 길이의 합은 36 cm입니다. 변 ㄱㄴ의 길이는 몇 cm인지 구하세요.

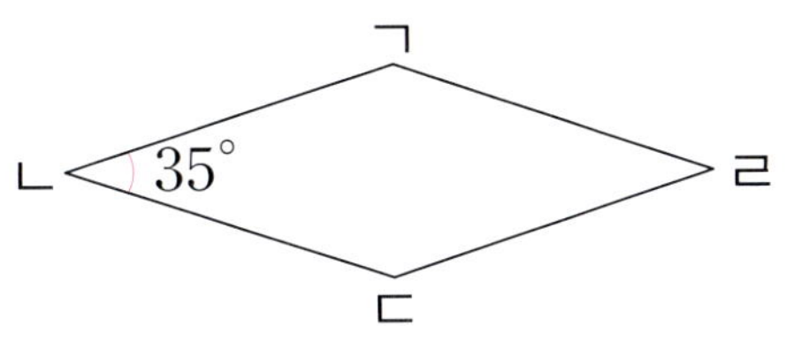

(   )

21~23 문제를 읽고, 답을 구하세요.

21 이등변삼각형 ㄱㄴㄷ의 세 변의 길이의 합은 23 cm입니다. 변 ㄱㄷ의 길이는 몇 cm인지 구하세요.

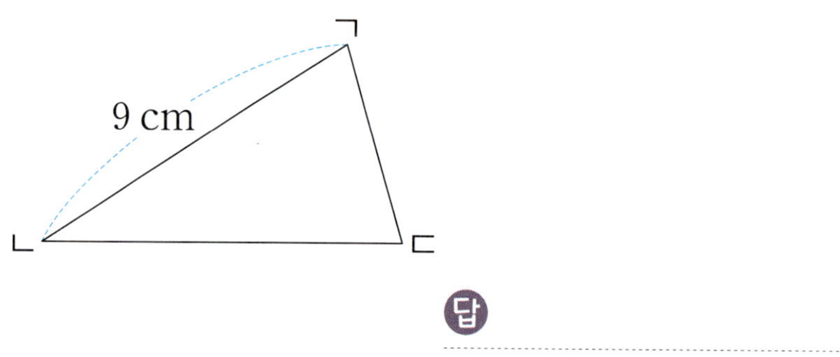

답 ______________________

22 사각형 ㄱㄴㄷㄹ은 평행사변형입니다. ㉠의 각도를 구하세요.

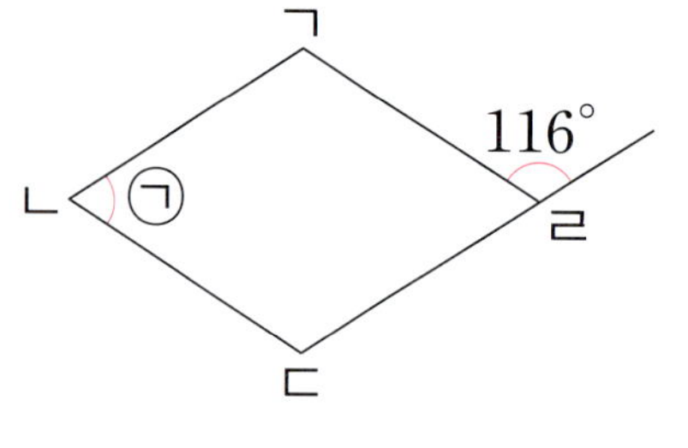

답 ______________________

23 주희가 철사를 이용하여 네 변의 길이의 합이 24 cm인 마름모를 만들었습니다. 마름모의 한 변의 길이는 몇 cm인지 구하세요.

답 ______________________

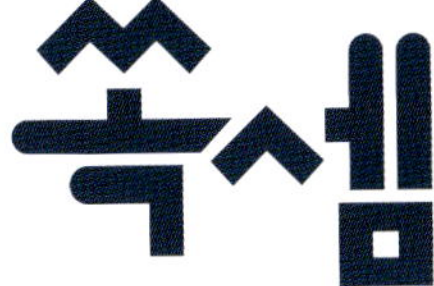

바른답

8권 (4학년 2학기)

하루 한장 쏙셈의 효율적인 학습을 위한 특별 제공

1

"바른답"의 앞표지를 넘기면 '학습 계획표'가 있어요. 아이와 함께 학습 계획을 세워 보세요.

2

"바른답"의 뒤표지를 앞으로 넘기면 '붙임 학습판'이 있어요. 붙임 딱지를 붙여 붙임 학습판의 그림을 완성해 보세요.

3

그날의 학습이 끝나면 '정답 확인' QR 코드를 찍어 학습 인증을 하고 하루템을 모아 보세요.

 쏙셈 8권(4-2) 학습 계획표

주차	교과서	학습 내용	학습 계획일	맞힌 개수	목표 달성도
1주	분수의 덧셈과 뺄셈	❶ 합이 1보다 작고 분모가 같은 (진분수)＋(진분수)	월 일	/ 41	☺☺☺☺☺
		❷ 합이 1보다 크고 분모가 같은 (진분수)＋(진분수) (1)	월 일	/ 43	☺☺☺☺☺
		❸ 합이 1보다 크고 분모가 같은 (진분수)＋(진분수) (2)	월 일	/ 43	☺☺☺☺☺
		❹ 진분수 부분의 합이 1보다 작고 분모가 같은 (대분수)＋(대분수) (1)	월 일	/ 42	☺☺☺☺☺
		❺ 진분수 부분의 합이 1보다 작고 분모가 같은 (대분수)＋(대분수) (2)	월 일	/ 40	☺☺☺☺☺
2주		❻ 진분수 부분의 합이 1보다 크고 분모가 같은 (대분수)＋(대분수) (1)	월 일	/ 42	☺☺☺☺☺
		❼ 진분수 부분의 합이 1보다 크고 분모가 같은 (대분수)＋(대분수) (2)	월 일	/ 40	☺☺☺☺☺
		❽ 분모가 같은 (진분수)－(진분수)	월 일	/ 40	☺☺☺☺☺
		❾ 1－(진분수)	월 일	/ 41	☺☺☺☺☺
		❿ 진분수 부분끼리 뺄 수 있고 분모가 같은 (대분수)－(대분수) (1)	월 일	/ 42	☺☺☺☺☺
3주		⓫ 진분수 부분끼리 뺄 수 있고 분모가 같은 (대분수)－(대분수) (2)	월 일	/ 40	☺☺☺☺☺
		⓬ (자연수)－(분수)	월 일	/ 37	☺☺☺☺☺
		⓭ 진분수 부분끼리 뺄 수 없고 분모가 같은 (대분수)－(대분수) (1)	월 일	/ 42	☺☺☺☺☺
		⓮ 진분수 부분끼리 뺄 수 없고 분모가 같은 (대분수)－(대분수) (2)	월 일	/ 40	☺☺☺☺☺
		마무리 연산	월 일	/ 27	☺☺☺☺☺
4주	소수의 덧셈과 뺄셈	❶ 소수 두 자리 수 알아보기	월 일	/ 30	☺☺☺☺☺
		❷ 소수 세 자리 수 알아보기	월 일	/ 30	☺☺☺☺☺
		❸ 소수 사이의 관계	월 일	/ 24	☺☺☺☺☺
		❹ 소수의 크기 비교	월 일	/ 33	☺☺☺☺☺
		❺ 받아올림이 없는 소수 한 자리 수의 덧셈	월 일	/ 35	☺☺☺☺☺
5주		❻ 받아올림이 있는 소수 한 자리 수의 덧셈 (1)	월 일	/ 37	☺☺☺☺☺
		❼ 받아올림이 있는 소수 한 자리 수의 덧셈 (2)	월 일	/ 38	☺☺☺☺☺
		❽ 받아올림이 없는 소수 두 자리 수의 덧셈	월 일	/ 32	☺☺☺☺☺
		❾ 받아올림이 있는 소수 두 자리 수의 덧셈 (1)	월 일	/ 34	☺☺☺☺☺
		❿ 받아올림이 있는 소수 두 자리 수의 덧셈 (2)	월 일	/ 37	☺☺☺☺☺
		⓫ 자릿수가 다른 소수의 덧셈	월 일	/ 35	☺☺☺☺☺
6주		⓬ 받아내림이 없는 소수 한 자리 수의 뺄셈	월 일	/ 35	☺☺☺☺☺
		⓭ 받아내림이 있는 소수 한 자리 수의 뺄셈 (1)	월 일	/ 37	☺☺☺☺☺
		⓮ 받아내림이 있는 소수 한 자리 수의 뺄셈 (2)	월 일	/ 38	☺☺☺☺☺
		⓯ 받아내림이 없는 소수 두 자리 수의 뺄셈	월 일	/ 32	☺☺☺☺☺
		⓰ 받아내림이 있는 소수 두 자리 수의 뺄셈 (1)	월 일	/ 34	☺☺☺☺☺
7주		⓱ 받아내림이 있는 소수 두 자리 수의 뺄셈 (2)	월 일	/ 37	☺☺☺☺☺
		⓲ 자릿수가 다른 소수의 뺄셈	월 일	/ 34	☺☺☺☺☺
		마무리 연산	월 일	/ 33	☺☺☺☺☺
8주	삼각형, 사각형	❶ 이등변삼각형	월 일	/ 21	☺☺☺☺☺
		❷ 정삼각형	월 일	/ 21	☺☺☺☺☺
		❸ 수직과 수선	월 일	/ 21	☺☺☺☺☺
		❹ 평행사변형	월 일	/ 21	☺☺☺☺☺
		❺ 마름모	월 일	/ 21	☺☺☺☺☺
		마무리 연산	월 일	/ 23	☺☺☺☺☺

※ 예쁜 붙임딱지를 붙이면서 하루 한장과 함께 즐겁게 공부해 보세요!

바른답

8권 (4학년 2학기)

1주 1일차 ❶ 합이 1보다 작고 분모가 같은 (진분수)+(진분수)

1 $\dfrac{2}{3}$ 5 $\dfrac{3}{4}$ 9 $\dfrac{8}{9}$

2 $\dfrac{5}{6}$ 6 $\dfrac{5}{7}$ 10 $\dfrac{9}{11}$

3 $\dfrac{3}{7}$ 7 $\dfrac{7}{8}$ 11 $\dfrac{9}{12}$

4 $\dfrac{5}{8}$ 8 $\dfrac{7}{10}$ 12 $\dfrac{13}{15}$

13 $\dfrac{2}{4}$ 20 $\dfrac{5}{6}$ 27 $\dfrac{4}{5}$

14 $\dfrac{4}{5}$ 21 $\dfrac{6}{7}$ 28 $\dfrac{4}{6}$

15 $\dfrac{4}{6}$ 22 $\dfrac{6}{8}$ 29 $\dfrac{4}{7}$

16 $\dfrac{6}{7}$ 23 $\dfrac{6}{9}$ 30 $\dfrac{7}{8}$

17 $\dfrac{5}{8}$ 24 $\dfrac{7}{10}$ 31 $\dfrac{4}{9}$

18 $\dfrac{8}{9}$ 25 $\dfrac{11}{12}$ 32 $\dfrac{11}{13}$

19 $\dfrac{8}{11}$ 26 $\dfrac{11}{14}$ 33 $\dfrac{12}{15}$

34 $\dfrac{5}{7}$ 38 $\dfrac{5}{6}$

35 $\dfrac{7}{9}$ 39 $\dfrac{7}{8}$

36 $\dfrac{10}{13}$ 40 $\dfrac{14}{17}$

37 $\dfrac{12}{16}$

연산+

$\dfrac{4}{12}$, $\dfrac{3}{12}$ / $\dfrac{4}{12}$, $\dfrac{3}{12}$, $\dfrac{7}{12}$ 답 $\dfrac{7}{12}$

연산 놀이터   답

1주 2일차 ❷ 합이 1보다 크고 분모가 같은 (진분수)+(진분수) (1)

1 $1\dfrac{1}{3}$ 5 $1\dfrac{1}{4}$ 9 $1\dfrac{1}{6}$

2 $1\dfrac{1}{5}$ 6 $1\dfrac{2}{7}$ 10 $1\dfrac{3}{8}$

3 $1\dfrac{2}{6}$ 7 $1\dfrac{1}{8}$ 11 $1\dfrac{1}{10}$

4 $1\dfrac{1}{7}$ 8 $1\dfrac{1}{9}$ 12 $1\dfrac{4}{12}$

13 $1\dfrac{2}{4}$ 20 $1\dfrac{2}{5}$ 27 $1\dfrac{1}{4}$

14 $1\dfrac{3}{5}$ 21 $1\dfrac{4}{6}$ 28 $1\dfrac{2}{6}$

15 $1\dfrac{1}{6}$ 22 $1\dfrac{1}{7}$ 29 $1\dfrac{4}{7}$

16 $1\dfrac{2}{7}$ 23 $1\dfrac{3}{8}$ 30 $1\dfrac{7}{8}$

17 $1\dfrac{1}{8}$ 24 $1\dfrac{3}{9}$ 31 $1\dfrac{3}{9}$

18 $1\dfrac{1}{9}$ 25 $1\dfrac{6}{10}$ 32 $1\dfrac{6}{12}$

19 $1\dfrac{3}{10}$ 26 $1\dfrac{1}{15}$ 33 $1\dfrac{7}{18}$

34 $1\dfrac{3}{6}$ 39 $1\dfrac{3}{7}$

35 $1\dfrac{2}{8}$ 40 $1\dfrac{2}{13}$

36 $1\dfrac{5}{11}$ 41 $1\dfrac{4}{20}$

37 $1\dfrac{5}{16}$ 42 $1\dfrac{13}{25}$

38 $1\dfrac{12}{28}$ 43 $1\dfrac{23}{31}$

연산 놀이터   답

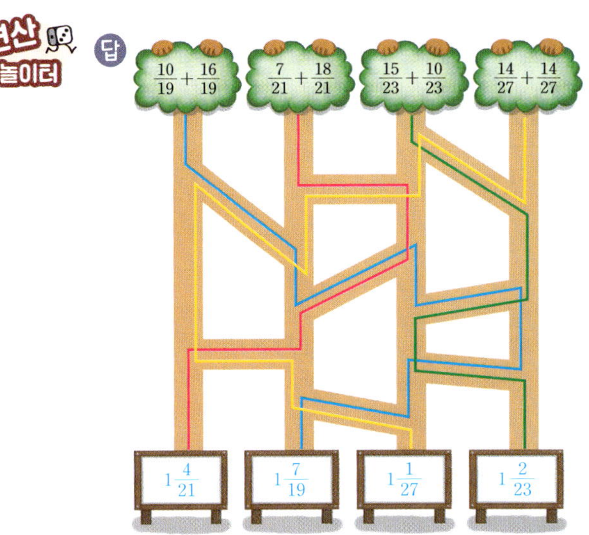

1	$1\frac{4}{5}$	6	$1\frac{1}{6}$	11	$1\frac{4}{7}$
2	$1\frac{1}{6}$	7	$1\frac{2}{8}$	12	$1\frac{1}{9}$
3	$1\frac{1}{7}$	8	$1\frac{4}{9}$	13	$1\frac{2}{12}$
4	$1\frac{5}{8}$	9	$1\frac{3}{10}$	14	$1\frac{4}{13}$
5	$1\frac{7}{11}$	10	$1\frac{4}{12}$	15	$1\frac{10}{15}$

16	$1\frac{2}{3}$	23	$1\frac{1}{6}$	30	$1\frac{3}{8}$
17	$1\frac{1}{5}$	24	$1\frac{4}{8}$	31	$1\frac{2}{9}$
18	$1\frac{3}{6}$	25	$1\frac{4}{10}$	32	$1\frac{4}{12}$
19	$1\frac{6}{7}$	26	$1\frac{2}{11}$	33	$1\frac{1}{14}$
20	$1\frac{3}{9}$	27	$1\frac{4}{13}$	34	$1\frac{3}{18}$
21	$1\frac{1}{10}$	28	$1\frac{2}{15}$	35	$1\frac{6}{21}$
22	$1\frac{3}{12}$	29	$1\frac{1}{17}$	36	$1\frac{15}{24}$

37	$1\frac{3}{7}$	40	$1\frac{1}{9}$, $1\frac{5}{9}$
38	$1\frac{3}{11}$	41	$1\frac{2}{16}$, $1\frac{7}{16}$
39	$1\frac{6}{19}$	42	$1\frac{2}{22}$, $1\frac{9}{22}$

 연산⁺

$$\frac{7}{10} , \frac{5}{10} \ / \ \frac{7}{10} , \frac{5}{10} , 1\frac{2}{10} \qquad 답\ 1\frac{2}{10}$$

 연산 놀이터 답 1325

풀이
$$\cdot\ \frac{3}{5}+\frac{3}{5}=1\frac{\boxed{1}}{5} \qquad \cdot\ \frac{6}{8}+\frac{5}{8}=1\frac{\boxed{3}}{8}$$

$$\cdot\ \frac{4}{6}+\frac{4}{6}=1\frac{\boxed{2}}{6} \qquad \cdot\ \frac{7}{10}+\frac{8}{10}=1\frac{\boxed{5}}{10}$$

따라서 비밀번호는 1325입니다.

1	$2\frac{2}{3}$	4	$6\frac{5}{6}$	7	$7\frac{8}{10}$
2	$3\frac{4}{5}$	5	$4\frac{7}{8}$	8	$7\frac{10}{12}$
3	$4\frac{5}{7}$	6	$4\frac{7}{9}$	9	$9\frac{11}{15}$

10	$2\frac{3}{4}$	17	$6\frac{5}{6}$	24	$5\frac{6}{7}$
11	$5\frac{4}{5}$	18	$4\frac{5}{8}$	25	$7\frac{6}{9}$
12	$4\frac{6}{7}$	19	$6\frac{7}{10}$	26	$8\frac{13}{14}$
13	$6\frac{5}{8}$	20	$8\frac{9}{11}$	27	$5\frac{12}{18}$
14	$6\frac{8}{9}$	21	$4\frac{8}{13}$	28	$8\frac{19}{21}$
15	$7\frac{11}{12}$	22	$9\frac{13}{16}$	29	$6\frac{14}{24}$
16	$5\frac{7}{15}$	23	$9\frac{15}{20}$	30	$8\frac{13}{28}$

31	$2\frac{4}{5}$	37	$4\frac{2}{4}$
32	$5\frac{8}{10}$	38	$5\frac{5}{7}$
33	$4\frac{12}{14}$	39	$5\frac{9}{12}$
34	$7\frac{11}{18}$	40	$7\frac{11}{19}$
35	$8\frac{13}{23}$	41	$7\frac{20}{25}$
36	$9\frac{23}{27}$	42	$14\frac{27}{32}$

 연산 놀이터  답

❺ 진분수 부분의 합이 1보다 작고
분모가 같은 (대분수)+(대분수)(2)

1 $2\frac{3}{4}$	5 $3\frac{5}{6}$	9 $3\frac{8}{11}$
2 $4\frac{4}{5}$	6 $6\frac{5}{8}$	10 $7\frac{7}{14}$
3 $4\frac{6}{7}$	7 $5\frac{7}{10}$	11 $8\frac{13}{15}$
4 $5\frac{6}{9}$	8 $6\frac{11}{12}$	12 $6\frac{17}{20}$

13 $2\frac{2}{3}$	20 $6\frac{2}{4}$	27 $4\frac{4}{5}$
14 $3\frac{5}{6}$	21 $4\frac{4}{5}$	28 $5\frac{7}{8}$
15 $6\frac{6}{7}$	22 $4\frac{7}{9}$	29 $5\frac{8}{10}$
16 $5\frac{6}{8}$	23 $5\frac{8}{11}$	30 $8\frac{9}{12}$
17 $5\frac{6}{10}$	24 $6\frac{12}{14}$	31 $6\frac{13}{16}$
18 $7\frac{9}{12}$	25 $6\frac{15}{18}$	32 $8\frac{12}{21}$
19 $7\frac{12}{15}$	26 $7\frac{12}{20}$	33 $12\frac{19}{24}$

34 $4\frac{5}{9}$	37 $5\frac{3}{7}$ / $4\frac{5}{7}$
35 $6\frac{9}{11}$	38 $3\frac{5}{10}$ / $6\frac{7}{10}$
36 $9\frac{14}{15}$	39 $7\frac{17}{18}$ / $6\frac{16}{18}$

 연산

$1\frac{3}{6}, 2\frac{2}{6}$ / $1\frac{3}{6}, 2\frac{2}{6}, 3\frac{5}{6}$ 답 $3\frac{5}{6}$

연산 놀이터 답 행, 복, 한, 나, 라

풀이
• $5\frac{1}{12}+1\frac{1}{12}=6\frac{2}{12}$ → 행
• $3\frac{3}{12}+3\frac{6}{12}=6\frac{9}{12}$ → 나
• $2\frac{4}{12}+4\frac{7}{12}=6\frac{11}{12}$ → 라
• $1\frac{4}{12}+5\frac{4}{12}=6\frac{8}{12}$ → 한
• $4\frac{2}{12}+2\frac{3}{12}=6\frac{5}{12}$ → 복

---

❻ 진분수 부분의 합이 1보다 크고
분모가 같은 (대분수)+(대분수)(1)

1 $3\frac{1}{3}$	4 $4\frac{1}{7}$	7 $6\frac{5}{8}$
2 $6\frac{2}{5}$	5 $8\frac{2}{9}$	8 $7\frac{2}{12}$
3 $6\frac{2}{6}$	6 $8\frac{3}{10}$	9 $8\frac{4}{15}$

10 $3\frac{2}{4}$	17 $5\frac{1}{6}$	24 $5\frac{2}{5}$
11 $4\frac{1}{5}$	18 $7\frac{3}{7}$	25 $8\frac{4}{8}$
12 $6\frac{2}{6}$	19 $8\frac{3}{9}$	26 $8\frac{2}{10}$
13 $6\frac{3}{8}$	20 $8\frac{8}{11}$	27 $9\frac{5}{13}$
14 $9\frac{7}{10}$	21 $6\frac{9}{14}$	28 $6\frac{4}{15}$
15 $7\frac{1}{12}$	22 $9\frac{5}{18}$	29 $8\frac{3}{20}$
16 $8\frac{2}{15}$	23 $10\frac{2}{21}$	30 $12\frac{5}{24}$

31 $3\frac{2}{7}$	37 $4\frac{1}{9}$
32 $6\frac{3}{8}$	38 $5\frac{5}{14}$
33 $7\frac{5}{10}$	39 $8\frac{4}{17}$
34 $8\frac{2}{16}$	40 $7\frac{4}{21}$
35 $9\frac{3}{19}$	41 $9\frac{7}{25}$
36 $10\frac{10}{28}$	42 $12\frac{10}{32}$

연산 놀이터 답

풀이
• $2\frac{13}{17}+3\frac{11}{17}=6\frac{7}{17}$
• $2\frac{6}{8}+3\frac{5}{8}=6\frac{3}{8}$
• $4\frac{3}{5}+1\frac{4}{5}=6\frac{2}{5}$

1	$3\frac{1}{4}$	5	$4\frac{2}{6}$	9	$5\frac{3}{9}$
2	$4\frac{2}{5}$	6	$8\frac{5}{8}$	10	$8\frac{4}{11}$
3	$5\frac{4}{7}$	7	$7\frac{3}{10}$	11	$8\frac{5}{14}$
4	$6\frac{2}{9}$	8	$7\frac{2}{12}$	12	$9\frac{2}{16}$

13	$4\frac{1}{3}$	20	$4\frac{1}{5}$	27	$5\frac{2}{7}$
14	$5\frac{2}{4}$	21	$6\frac{3}{6}$	28	$7\frac{3}{9}$
15	$6\frac{2}{7}$	22	$7\frac{3}{10}$	29	$7\frac{1}{15}$
16	$6\frac{3}{8}$	23	$7\frac{4}{11}$	30	$6\frac{2}{16}$
17	$8\frac{6}{9}$	24	$9\frac{3}{14}$	31	$9\frac{11}{21}$
18	$7\frac{3}{12}$	25	$9\frac{2}{18}$	32	$8\frac{6}{24}$
19	$8\frac{6}{15}$	26	$10\frac{5}{20}$	33	$13\frac{9}{27}$

34	$5\frac{1}{4}$	37	$3\frac{1}{7}, 4\frac{4}{7}$
35	$4\frac{1}{6}$	38	$6\frac{4}{11}, 4\frac{6}{11}$
36	$8\frac{3}{12}$	39	$7\frac{2}{15}, 9\frac{9}{15}$

연산

$2\frac{13}{24}, 1\frac{19}{24} / 2\frac{13}{24}, 1\frac{19}{24}, 4\frac{8}{24}$

답 $4\frac{8}{24}$

답 $6\frac{2}{7}$

풀이

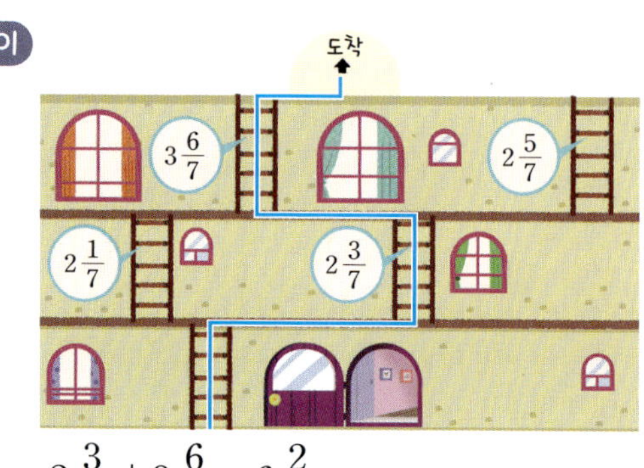

$2\frac{3}{7}+3\frac{6}{7}=6\frac{2}{7}$

1	$\frac{1}{3}$	5	$\frac{3}{6}$	9	$\frac{2}{7}$
2	$\frac{1}{4}$	6	$\frac{3}{9}$	10	$\frac{6}{12}$
3	$\frac{4}{8}$	7	$\frac{3}{11}$	11	$\frac{5}{14}$
4	$\frac{4}{10}$	8	$\frac{2}{13}$	12	$\frac{9}{15}$

13	$\frac{1}{4}$	20	$\frac{1}{6}$	27	$\frac{4}{8}$
14	$\frac{2}{7}$	21	$\frac{3}{9}$	28	$\frac{5}{11}$
15	$\frac{4}{10}$	22	$\frac{5}{12}$	29	$\frac{3}{14}$
16	$\frac{6}{13}$	23	$\frac{7}{15}$	30	$\frac{8}{18}$
17	$\frac{3}{16}$	24	$\frac{8}{17}$	31	$\frac{6}{20}$
18	$\frac{9}{19}$	25	$\frac{6}{22}$	32	$\frac{9}{24}$
19	$\frac{3}{21}$	26	$\frac{10}{25}$	33	$\frac{23}{28}$

34	$\frac{2}{7}$	37	$\frac{5}{9}$
35	$\frac{1}{10}$	38	$\frac{4}{14}$
36	$\frac{5}{16}$	39	$\frac{11}{27}$

연산

$\frac{3}{5}, \frac{1}{5}, \frac{2}{5}$ 답 $\frac{2}{5}$

 답

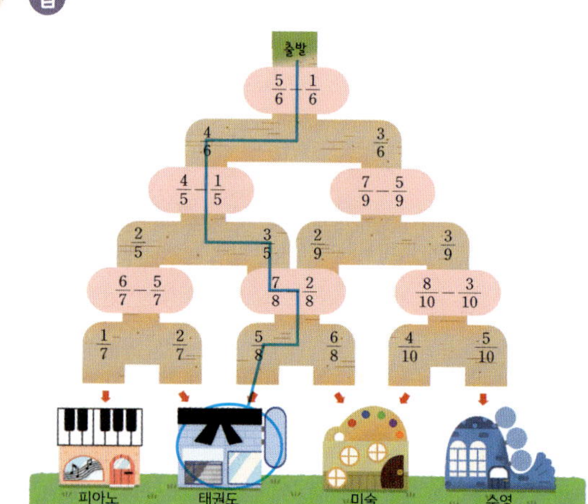

1. $\dfrac{1}{2}$　　5. $\dfrac{2}{6}$　　9. $\dfrac{3}{8}$

2. $\dfrac{1}{3}$　　6. $\dfrac{4}{7}$　　10. $\dfrac{5}{9}$

3. $\dfrac{2}{4}$　　7. $\dfrac{7}{8}$　　11. $\dfrac{2}{10}$

4. $\dfrac{4}{5}$　　8. $\dfrac{6}{9}$　　12. $\dfrac{4}{11}$

13. $\dfrac{2}{3}$　　20. $\dfrac{1}{5}$　　27. $\dfrac{4}{6}$

14. $\dfrac{1}{4}$　　21. $\dfrac{5}{7}$　　28. $\dfrac{5}{11}$

15. $\dfrac{4}{8}$　　22. $\dfrac{2}{9}$　　29. $\dfrac{6}{14}$

16. $\dfrac{7}{10}$　　23. $\dfrac{4}{12}$　　30. $\dfrac{7}{18}$

17. $\dfrac{8}{13}$　　24. $\dfrac{11}{16}$　　31. $\dfrac{8}{23}$

18. $\dfrac{6}{15}$　　25. $\dfrac{9}{20}$　　32. $\dfrac{4}{28}$

19. $\dfrac{7}{21}$　　26. $\dfrac{13}{25}$　　33. $\dfrac{14}{32}$

34. $\dfrac{1}{7}$　　38. $\dfrac{5}{9}$

35. $\dfrac{7}{12}$　　39. $\dfrac{8}{15}$

36. $\dfrac{13}{24}$　　40. $\dfrac{15}{27}$

37. $\dfrac{8}{31}$

 연산

$1,\ \dfrac{1}{4}\ /\ 1,\ \dfrac{1}{4},\ \dfrac{3}{4}$　답 $\dfrac{3}{4}$

연산 놀이터　답

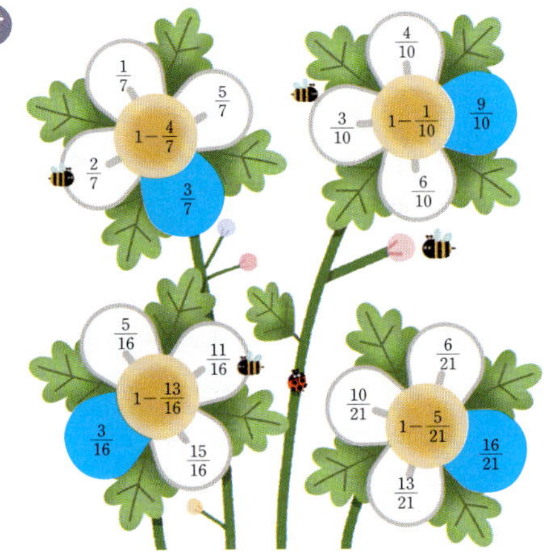

1. $1\dfrac{1}{3}$　　4. $2\dfrac{1}{6}$　　7. $2\dfrac{2}{8}$

2. $2\dfrac{1}{5}$　　5. $3\dfrac{4}{9}$　　8. $3\dfrac{4}{12}$

3. $2\dfrac{3}{7}$　　6. $4\dfrac{1}{10}$　　9. $5\dfrac{9}{15}$

10. $1\dfrac{1}{4}$　　17. $1\dfrac{3}{6}$　　24. $1\dfrac{1}{5}$

11. $1\dfrac{2}{5}$　　18. $2\dfrac{2}{7}$　　25. $2\dfrac{3}{8}$

12. $2\dfrac{2}{6}$　　19. $2\dfrac{5}{9}$　　26. $3\dfrac{4}{10}$

13. $1\dfrac{5}{8}$　　20. $4\dfrac{8}{11}$　　27. $4\dfrac{9}{13}$

14. $3\dfrac{6}{10}$　　21. $3\dfrac{4}{14}$　　28. $3\dfrac{8}{15}$

15. $5\dfrac{3}{12}$　　22. $2\dfrac{6}{18}$　　29. $4\dfrac{5}{20}$

16. $5\dfrac{4}{16}$　　23. $6\dfrac{7}{24}$　　30. $7\dfrac{16}{27}$

31. $3\dfrac{2}{7}$　　37. $1\dfrac{3}{9}$

32. $2\dfrac{4}{10}$　　38. $3\dfrac{5}{13}$

33. $2\dfrac{9}{16}$　　39. $2\dfrac{12}{19}$

34. $3\dfrac{7}{22}$　　40. $5\dfrac{9}{25}$

35. $4\dfrac{11}{26}$　　41. $8\dfrac{18}{32}$

36. $5\dfrac{12}{31}$　　42. $8\dfrac{11}{35}$

 연산 놀이터　답 $3\dfrac{1}{8},\ 2\dfrac{3}{12},\ 5\dfrac{6}{24},\ 1\dfrac{2}{18}$

1　$1\dfrac{2}{4}$　　5　$2\dfrac{2}{7}$　　9　$1\dfrac{2}{11}$

2　$2\dfrac{3}{5}$　　6　$4\dfrac{3}{8}$　　10　$2\dfrac{7}{14}$

3　$4\dfrac{3}{7}$　　7　$3\dfrac{7}{10}$　　11　$3\dfrac{2}{15}$

4　$3\dfrac{1}{9}$　　8　$5\dfrac{5}{12}$　　12　$4\dfrac{7}{18}$

13　$2\dfrac{1}{3}$　　20　$1\dfrac{3}{5}$　　27　$1\dfrac{3}{8}$

14　$2\dfrac{1}{4}$　　21　$3\dfrac{2}{7}$　　28　$3\dfrac{4}{10}$

15　$4\dfrac{3}{6}$　　22　$3\dfrac{5}{9}$　　29　$3\dfrac{7}{12}$

16　$4\dfrac{4}{8}$　　23　$4\dfrac{2}{11}$　　30　$1\dfrac{8}{16}$

17　$3\dfrac{6}{10}$　　24　$5\dfrac{7}{14}$　　31　$6\dfrac{12}{21}$

18　$4\dfrac{7}{12}$　　25　$3\dfrac{1}{18}$　　32　$3\dfrac{5}{24}$

19　$5\dfrac{9}{15}$　　26　$7\dfrac{11}{20}$　　33　$5\dfrac{14}{27}$

34　$3\dfrac{1}{5}$　　　37　$1\dfrac{2}{7}$, $4\dfrac{4}{7}$

35　$5\dfrac{7}{16}$　　　38　$2\dfrac{6}{13}$, $5\dfrac{3}{13}$

36　$6\dfrac{17}{23}$　　　39　$3\dfrac{8}{20}$, $8\dfrac{5}{20}$

 연산
$4\dfrac{1}{8}$, $7\dfrac{4}{8}$ / $7\dfrac{4}{8}$, $4\dfrac{1}{8}$, $3\dfrac{3}{8}$　답 $3\dfrac{3}{8}$

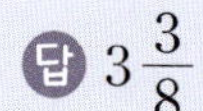 연산 놀이터　답 피자

풀이
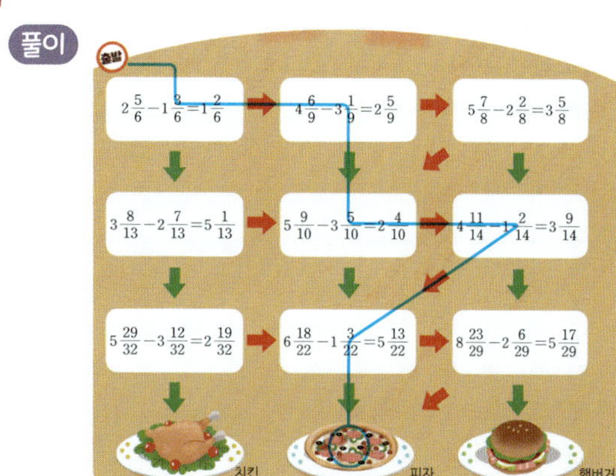

1　$1\dfrac{2}{3}$　　4　$3\dfrac{6}{8}$　　7　$2\dfrac{1}{6}$

2　$2\dfrac{3}{5}$　　5　$6\dfrac{1}{4}$　　8　$4\dfrac{2}{9}$

3　$4\dfrac{2}{6}$　　6　$5\dfrac{2}{7}$　　9　$8\dfrac{3}{10}$

10　$\dfrac{1}{2}$　　17　$1\dfrac{2}{4}$　　24　$3\dfrac{1}{6}$

11　$1\dfrac{1}{3}$　　18　$1\dfrac{3}{7}$　　25　$1\dfrac{6}{9}$

12　$2\dfrac{2}{5}$　　19　$5\dfrac{2}{10}$　　26　$5\dfrac{7}{13}$

13　$2\dfrac{4}{8}$　　20　$3\dfrac{6}{11}$　　27　$6\dfrac{4}{15}$

14　$2\dfrac{7}{12}$　　21　$2\dfrac{5}{14}$　　28　$4\dfrac{3}{17}$

15　$5\dfrac{12}{13}$　　22　$4\dfrac{1}{18}$　　29　$6\dfrac{9}{20}$

16　$2\dfrac{3}{16}$　　23　$2\dfrac{15}{21}$　　30　$5\dfrac{12}{24}$

31　$3\dfrac{4}{5}$　　　　34　$1\dfrac{6}{7}$

32　$6\dfrac{2}{8}$　　　　35　$5\dfrac{5}{10}$

33　$9\dfrac{3}{12}$　　　　36　$8\dfrac{4}{13}$

 연산
2, $1\dfrac{7}{12}$ / 2, $1\dfrac{7}{12}$, $\dfrac{5}{12}$　답 $\dfrac{5}{12}$

 연산 놀이터　답

풀이　· $2-\dfrac{1}{6}=1\dfrac{5}{6}$　　· $7-3\dfrac{2}{9}=3\dfrac{7}{9}$

1 $\dfrac{2}{3}$ 4 $1\dfrac{5}{7}$ 7 $2\dfrac{5}{8}$

2 $2\dfrac{4}{5}$ 5 $2\dfrac{6}{9}$ 8 $2\dfrac{8}{12}$

3 $1\dfrac{5}{6}$ 6 $5\dfrac{4}{10}$ 9 $5\dfrac{9}{15}$

10 $1\dfrac{3}{4}$ 17 $2\dfrac{3}{6}$ 24 $2\dfrac{2}{4}$

11 $1\dfrac{4}{5}$ 18 $1\dfrac{4}{7}$ 25 $1\dfrac{2}{8}$

12 $3\dfrac{4}{6}$ 19 $3\dfrac{7}{9}$ 26 $4\dfrac{5}{10}$

13 $2\dfrac{6}{8}$ 20 $2\dfrac{6}{11}$ 27 $3\dfrac{7}{13}$

14 $5\dfrac{7}{10}$ 21 $1\dfrac{7}{14}$ 28 $5\dfrac{8}{15}$

15 $1\dfrac{9}{12}$ 22 $1\dfrac{5}{18}$ 29 $\dfrac{14}{20}$

16 $4\dfrac{8}{15}$ 23 $4\dfrac{16}{21}$ 30 $5\dfrac{18}{24}$

31 $1\dfrac{4}{7}$ 37 $\dfrac{2}{5}$

32 $2\dfrac{6}{9}$ 38 $1\dfrac{6}{8}$

33 $1\dfrac{7}{14}$ 39 $4\dfrac{8}{12}$

34 $5\dfrac{9}{17}$ 40 $3\dfrac{11}{16}$

35 $3\dfrac{11}{25}$ 41 $4\dfrac{15}{21}$

36 $\dfrac{17}{28}$ 42 $3\dfrac{10}{32}$

답 모노레일

풀이 ① $4\dfrac{3}{8}-1\dfrac{7}{8}=\boxed{2}\dfrac{4}{8}$ → 모

② $5\dfrac{6}{11}-2\dfrac{10}{11}=2\dfrac{\boxed{7}}{11}$ → 노

③ $8\dfrac{3}{20}-3\dfrac{17}{20}=\boxed{4}\dfrac{6}{20}$ → 레

④ $6\dfrac{1}{24}-1\dfrac{19}{24}=4\dfrac{\boxed{6}}{24}$ → 일

따라서 솔이가 타려는 놀이기구는 모노레
일입니다.

1 $1\dfrac{3}{4}$ 5 $1\dfrac{5}{6}$ 9 $3\dfrac{7}{9}$

2 $2\dfrac{2}{5}$ 6 $4\dfrac{4}{8}$ 10 $4\dfrac{8}{11}$

3 $2\dfrac{5}{7}$ 7 $2\dfrac{6}{10}$ 11 $6\dfrac{13}{14}$

4 $1\dfrac{4}{9}$ 8 $5\dfrac{8}{12}$ 12 $4\dfrac{11}{16}$

13 $2\dfrac{2}{3}$ 20 $1\dfrac{3}{5}$ 27 $2\dfrac{3}{7}$

14 $1\dfrac{2}{4}$ 21 $1\dfrac{2}{6}$ 28 $1\dfrac{4}{9}$

15 $3\dfrac{5}{7}$ 22 $3\dfrac{8}{10}$ 29 $4\dfrac{14}{15}$

16 $\dfrac{4}{8}$ 23 $3\dfrac{7}{11}$ 30 $5\dfrac{9}{16}$

17 $2\dfrac{2}{9}$ 24 $3\dfrac{5}{14}$ 31 $4\dfrac{7}{21}$

18 $4\dfrac{8}{12}$ 25 $6\dfrac{11}{18}$ 32 $9\dfrac{15}{24}$

19 $3\dfrac{6}{15}$ 26 $4\dfrac{17}{20}$ 33 $5\dfrac{22}{27}$

34 $4\dfrac{3}{5}$ 37 $\dfrac{3}{4}$ / $2\dfrac{7}{10}$

35 $\dfrac{8}{9}$ 38 $2\dfrac{5}{7}$ / $4\dfrac{11}{13}$

36 $2\dfrac{11}{14}$ 39 $3\dfrac{10}{16}$ / $\dfrac{16}{20}$

$3\dfrac{1}{8}$, $1\dfrac{3}{8}$ / $3\dfrac{1}{8}$, $1\dfrac{3}{8}$, $1\dfrac{6}{8}$ 답 $1\dfrac{6}{8}$

 답

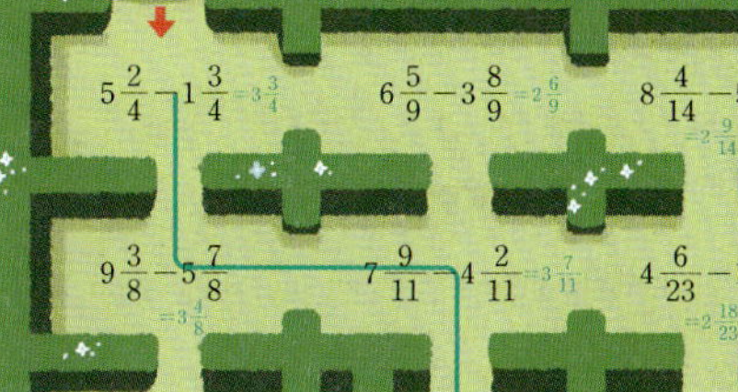

3주 5일차   마무리 연산

1 8

2 2 / 2

3 1 / 7 / 1 / 4

4 2 / 4 / 2

5 $1\frac{2}{6}$　**6** $4\frac{3}{4}$　**7** $6\frac{4}{12}$　**8** $\frac{3}{5}$

9 $2\frac{2}{8}$　**10** $3\frac{8}{15}$　**11** $1\frac{3}{7}$　**12** $3\frac{9}{10}$

13 $8\frac{6}{18}$　**14** $\frac{4}{9}$　**15** $4\frac{5}{14}$　**16** $1\frac{3}{4}$

17 $4\frac{5}{8}$ / $2\frac{1}{8}$　**18** $2\frac{8}{11}$ / $6\frac{2}{11}$

19 $3\frac{12}{14}$, $6\frac{7}{14}$　**20** $6\frac{4}{6}$, $1\frac{5}{6}$

21 $1\frac{2}{16}$　**22** ㉢

23　　**24** $1\frac{7}{9}$

25 $\frac{2}{7}+\frac{3}{7}=\frac{5}{7}$ / $\frac{5}{7}$ L

26 $3\frac{5}{8}-1\frac{7}{8}=1\frac{6}{8}$ / $1\frac{6}{8}$조각

27 $4\frac{3}{12}+4\frac{3}{12}-\frac{7}{12}=7\frac{11}{12}$ / $7\frac{11}{12}$ cm

---

21 $\boxed{\dfrac{13}{16}} > \dfrac{11}{16} > \boxed{\dfrac{5}{16}}$ ➡ $\dfrac{13}{16}+\dfrac{5}{16}=1\dfrac{2}{16}$

22 ㉠ $2\frac{2}{5}+2\frac{2}{5}=4\frac{4}{5}$　㉡ $3\frac{4}{5}+1\frac{3}{5}=5\frac{2}{5}$

㉢ $1\frac{3}{5}+4\frac{1}{5}=5\frac{4}{5}$ ➡ $5\frac{4}{5}>5\frac{2}{5}>4\frac{4}{5}$

24 $\square=3\frac{2}{9}-1\frac{4}{9}=1\frac{7}{9}$

25 (주황색 물감의 양)

= (빨간색 물감의 양)＋(노란색 물감의 양)

$=\dfrac{2}{7}+\dfrac{3}{7}=\dfrac{5}{7}$ (L)

26 (주희가 먹은 케이크의 양)

= (준영이가 먹은 케이크의 양)

　－(준영이보다 더 적게 먹은 케이크의 양)

$=3\dfrac{5}{8}-1\dfrac{7}{8}=1\dfrac{6}{8}$ (조각)

27 (색 테이프 2장의 길이의 합)－(겹쳐진 부분의 길이)

$=4\dfrac{3}{12}+4\dfrac{3}{12}-\dfrac{7}{12}$

$=8\dfrac{6}{12}-\dfrac{7}{12}=7\dfrac{11}{12}$ (cm)

📖 교과서 소수의 덧셈과 뺄셈

4주 1일차　❶ 소수 두 자리 수 알아보기

1 0.03　**4** 0.16　**7** 1.64

2 0.09　**5** 0.21　**8** 2.32

3 0.14　**6** 0.38　**9** 4.57

---

10 영 점 영이　**16** 0.04

11 영 점 영칠　**17** 0.08

12 영 점 이육　**18** 0.15

13 이 점 칠사　**19** 4.46

14 일 점 삼오　**20** 2.61

15 삼 점 팔구　**21** 5.93

---

22 0.02　**26** 2.38에 ◯표

23 0.2　**27** 2.67에 ◯표

24 0.06　**28** 6.85에 ◯표

25 0.6　**29** 9.84에 ◯표

연산⁺

3, 0.5, 0.08 / 3.58　답 3.58, 삼 점 오팔

연산 놀이터　답

1 0.004	**4** 0.082	**7** 1.395
2 0.013	**5** 0.149	**8** 4.726
3 0.067	**6** 0.438	**9** 6.851

10 영 점 영영삼   **16** 0.006

11 영 점 영일칠   **17** 0.012

12 영 점 일사오   **18** 0.073

13 영 점 육영팔   **19** 0.246

14 이 점 삼오구   **20** 3.749

15 사 점 영팔이   **21** 6.904

22 0.004   **26** 3.146에 ◯표

23 0.4   **27** 0.839에 ◯표

24 0.09   **28** 1.852에 ◯표

25 9   **29** 4.302에 ◯표

연산⁺

0.003, 0.3, 0.03 / 지호   **답** 지호

답

풀이 [가로 열쇠]
㉠ 0.013 → 영 점 영일삼
㉡ 6.875 → 육 점 팔칠오
㉢ 2.659 → 이 점 육오구
㉣ 14.147 → 십사 점 일사칠
[세로 열쇠]
㉤ 3.482 → 삼 점 사팔이
㉥ 5.294 → 오 점 이구사
㉦ 1.304 → 일 점 삼영사

1 0.002, 0.02, 0.2, 20, 200, 2000

2 0.0005, 0.005, 0.05, 5, 50, 500

3 0.0047, 0.047, 0.47, 47, 470, 4700

4 3 / 30   **10** 0.6 / 0.06

5 2.8 / 28   **11** 0.29 / 0.029

6 1.95 / 19.5   **12** 1.3 / 0.13

7 16.4 / 164   **13** 2.71 / 0.271

8 35.01 / 350.1   **14** 0.058 / 0.0058

9 123.7 / 1237   **15** 49.6 / 4.96

16 7   **20** 0.6

17 45.9   **21** 0.029

18 18   **22** 0.125

19 29.63   **23** 3.124

연산⁺

0.048, 100 / 0.048, 100, 4.8 / 4.8

답 4.8

답 1110

풀이 · 1.4는 0.014의 $\boxed{100}$ 배입니다.
· 0.02의 $\boxed{1000}$ 배는 20입니다.
· 38.74는 3.874의 $\boxed{10}$ 배입니다.
→ $\square$ 안에 들어갈 수를 모두 더하면
100＋1000＋10＝1110입니다.
따라서 비밀번호는 1110입니다.

1 0.5에 ◯표
2 4.4에 ◯표
3 1.9에 ◯표
4 2.89에 ◯표
5 4.91에 ◯표
6 8.126에 ◯표

7 <
8 <
9 >
10 <
11 >
12 <
13 >
14 <
15 <
16 >
17 =
18 >
19 <
20 >
21 <
22 >

23 0.72에 색칠
24 1.86에 색칠
25 6.09에 색칠
26 0.43에 색칠
27 10.017에 색칠
28 2.742에 ◯표
29 4.562에 ◯표
30 7.099에 ◯표
31 6.64에 ◯표
32 9.671에 ◯표

1.285, 1.209 / 1.285, >, 1.209, 노란색에 ◯표 **답** 노란색

답

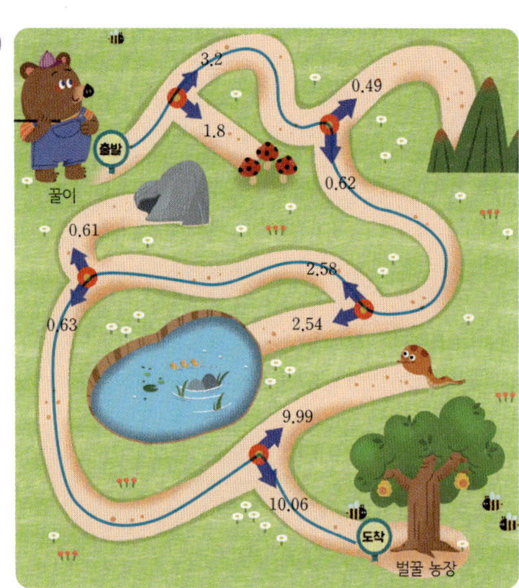

1 0.3
2 0.6
3 0.8
4 1.9
5 5.5
6 8.7
7 3.8
8 5.7
9 9.4

10 0.5
11 0.6
12 0.7
13 3.6
14 7.9
15 6.3
16 8.8
17 6.7
18 10.9
19 15.6
20 0.8
21 0.7
22 3.3
23 5.6
24 6.8
25 14.7
26 16.9

27 0.6
28 7.8
29 8.6
30 13.9
31 3.5
32 6.9
33 10.7
34 16.8

4.3, 2.2 / 4.3, 2.2, 6.5 **답** 6.5

답

풀이
- $0.3+0.4=0.\boxed{7}$ → ㉠=7
- $0.2+0.2=0.\boxed{4}$ → ㉡=4
- $0.6+0.3=0.\boxed{9}$ → ㉢=9
- $0.5+0.1=0.\boxed{6}$ → ㉣=6

따라서 윤서네 반 학생들이 타야 하는 버스 번호는 7496입니다.

5주 1일차 ❻ 받아올림이 있는 소수 한 자리 수의 덧셈(1)

1	1.2	4	3.5	7	6.5
2	1.1	5	4.3	8	8.2
3	2.3	6	6.1	9	9.1

10	1	15	4.1	20	12.5
11	2.2	16	6.8	21	13.2
12	4.3	17	7.5	22	16.5
13	5.1	18	8.4	23	17.2
14	6.6	19	10.4	24	18.7

25	2	32	1.2
26	3.5	33	2.4
27	5.4	34	7.2
28	6.2	35	8.5
29	7.1	36	9.1
30	9.3	37	12.6
31	11.8		

 연산 놀이터 답

풀이 • 0.9＋1.4＝2.3 • 2.6＋3.6＝6.2
• 0.3＋0.9＝1.2 • 1.8＋4.5＝6.3

5주 2일차 ❼ 받아올림이 있는 소수 한 자리 수의 덧셈(2)

1	1.3	5	3.1	9	8
2	2.2	6	5.4	10	10.1
3	3.4	7	6.3	11	11.4
4	4.2	8	7.5	12	13.5

13	1.3	18	6.3	23	2.1
14	2.4	19	8.7	24	7.3
15	5.1	20	10.1	25	9.2
16	6.5	21	14.2	26	12.4
17	7.1	22	19.3	27	15.5
				28	16
				29	18.6

30	4	34	2 / 4.2
31	7.1	35	5.3 / 7.5
32	9.6	36	7.1 / 9.4
33	13.2	37	12.3 / 14.5

 연산

37.6, 0.5 / 37.6, 0.5, 38.1  답 38.1

 연산 놀이터  답 (위에서부터) ㉡, ㉢ / ㉠, ㉣

풀이 • 1.3＋4.7＝6 → ㉡
• 6.7＋3.8＝10.5 → ㉢
• 0.9＋1.4＝2.3 → ㉠
• 8.5＋4.6＝13.1 → ㉣

1	0.06	3	0.69	5	6.75
2	0.35	4	3.85	6	4.97

7	0.07	12	3.85	17	0.18
8	0.36	13	4.65	18	2.45
9	2.75	14	8.48	19	4.76
10	3.87	15	9.78	20	7.28
11	6.59	16	11.39	21	8.83
				22	11.97
				23	14.69

24	3.85	28	5.34
25	7.96	29	9.87
26	8.28	30	14.16
27	12.59	31	16.94

연산

2.52, 1.04 / 2.52, 1.04, 3.56   답 3.56

연산 놀이터   답

1	0.83	3	3.33	5	4.22
2	1.74	4	5.09	6	6.34

7	0.83	12	4.34	17	3.21
8	1.65	13	5.46	18	7.42
9	5.82	14	6.07	19	9.36
10	6.94	15	8.28	20	8.53
11	8.72	16	7.69	21	10.1

22	0.42	29	0.73
23	3.84	30	4.64
24	4.8	31	6.38
25	7.17	32	9.68
26	9.45	33	13.01
27	10.33	34	15.6
28	12.42		

연산 놀이터   답

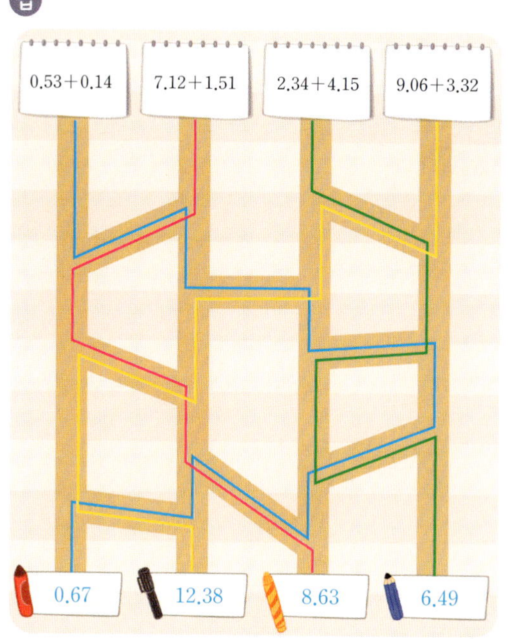

1 1.43	**5** 3.39	**9** 5.43
2 3.61	**6** 4.68	**10** 7.36
3 4.95	**7** 5.14	**11** 8.5
4 5.83	**8** 7.57	**12** 9.13

13 0.91	**18** 5.18	**23** 3.83
14 3.46	**19** 8.75	**24** 5.96
15 6.74	**20** 8.11	**25** 6.34
16 5.5	**21** 9.65	**26** 8.66
17 6.17	**22** 10.21	**27** 9.16
		28 15.46
		29 18.7

30 4.62	**34** 1.73 / 5.39
31 7.07	**35** 5.16 / 8.42
32 9.2	**36** 9.01 / 11.24
33 10.25	

연산

43.28, 1.52 / 43.28, 1.52, 44.8

답 44.8

연산 놀이터 답 4879

풀이
- $1.27 + 2.73 = 4$
- $4.55 + 3.45 = 8$
- $5.68 + 1.32 = 7$
- $6.82 + 2.18 = 9$

따라서 도망간 자동차 번호는 4879입니다.

1 0.92	**4** 2.86	**7** 2.43
2 1.59	**5** 5.85	**8** 7.47
3 4.78	**6** 6.24	**9** 8.03

10 0.26	**15** 4.99	**20** 3.57
11 3.75	**16** 6.57	**21** 6.52
12 5.84	**17** 7.23	**22** 5.76
13 6.52	**18** 13.61	**23** 7.49
14 9.18	**19** 15.26	**24** 8.65
		25 12.23
		26 18.21

27 2.82	**31** 7.53 / 4.95
28 8.16	**32** 6.08 / 3.98
29 7.83	**33** 9.66 / 7.19
30 16.26	**34** 17.55 / 10.25

연산

1.4, 0.28 / 1.4, 0.28, 1.68 답 1.68

연산 놀이터 답

풀이
- $3.4 + 2.81 = 6.21$
- $6.95 + 1.8 = 8.75$
- $0.21 + 7.3 = 7.51$
- $5.6 + 1.09 = 6.69$

1	0.2	4	0.7	7	1.4
2	0.3	5	3.3	8	2.5
3	1.4	6	5.2	9	3.5

10	0.3	15	3.1	20	0.4
11	1.4	16	5.4	21	1.2
12	2.2	17	6.3	22	5.1
13	4.6	18	11.2	23	4.2
14	2.1	19	12.5	24	7.1
				25	10.7
				26	12

27	2.1	31	2.2
28	3.3	32	3.2
29	4.5	33	12
30	7.3	34	15.5

연산

1.8, 0.3 / 1.8, 0.3, 1.5 답 1.5

답

1	1.8	4	1.6	7	4.9
2	1.7	5	0.9	8	3.8
3	2.6	6	2.5	9	3.9

10	0.2	15	0.6	20	3.9
11	0.5	16	1.7	21	7.8
12	1.8	17	2.6	22	11.3
13	2.7	18	4.9	23	10.8
14	4.7	19	5.8	24	13.2

25	0.4	32	0.7
26	2.6	33	4.6
27	1.5	34	2.7
28	5.7	35	6.8
29	3.9	36	7.7
30	10.8	37	10.5
31	15.2		

연산 놀이터 답 현우

풀이 [현우] $4.3-3.6=0.7$
[소미] $8.2-6.9=1.3$

현우의 놀이판				
0.1	1.6	0.4	2.2	2.5
✗	✗	0.7	1.3	✗
1.5	1.7	1.4	✗	✗
1.1	0.8	2.6	✗	1.8
2.7	2.4	0.2	✗	2.3

소미의 놀이판				
✗	2.5	0.8	1.5	0.6
1.1	✗	1.6	1.8	✗
0.2	✗	0.1	0.4	✗
1.4	✗	2.4	2.3	1.3
✗	2.7	2.6	1.7	2.2

따라서 빙고 놀이에서 이긴 사람은 현우
입니다.

1	0.6	**5**	1.7	**9**	3.5
2	1.7	**6**	2.9	**10**	5.6
3	0.9	**7**	1.4	**11**	2.9
4	1.5	**8**	3.2	**12**	4.9

13	0.3	**18**	1.5	**23**	1.7
14	1.8	**19**	4.9	**24**	2.9
15	3.5	**20**	5.7	**25**	2.5
16	2.7	**21**	10.4	**26**	4.7
17	3.6	**22**	11.7	**27**	2.3
				28	6.9
				29	12.4

30	0.9	**34**	3.7 / 1.4
31	4.7	**35**	2.8 / 0.5
32	3.6	**36**	6.8 / 4.9
33	10.3	**37**	9.9 / 4.7

3.5, 0.9 / 3.5, 0.9, 2.6 답 2.6

답 ㉠ / ㉣ / ㉻

풀이 [윗옷]
㉠ 3.1−1.4= 1.7
㉡ 4.3−2.8=1.5
[아래옷]
㉢ 6.2−1.5=4.7
㉣ 7.2−2.3= 4.9
[양말]
㉤ 15.5−2.9=12.6
㉻ 19.4−5.8= 13.6

1	0.02	**3**	0.53	**5**	1.46
2	0.27	**4**	1.31	**6**	2.52

7	0.05	**12**	3.74	**17**	0.12
8	0.54	**13**	2.52	**18**	2.13
9	1.32	**14**	5.25	**19**	3.15
10	2.31	**15**	7.07	**20**	5.03
11	4.2	**16**	12.42	**21**	6.4
				22	9.93
				23	8.56

24	2.32	**28**	1.14
25	4.25	**29**	2.22
26	3.02	**30**	6.16
27	10.46	**31**	11.1

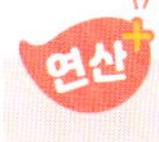

3.94 / 2.53 / 3.94, 2.53, 1.41 답 1.41

답

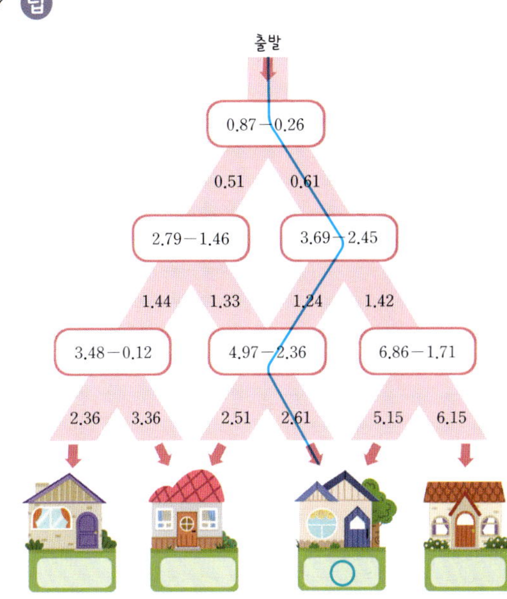

1	1.36	**3**	0.64	**5**	2.56		
2	2.53	**4**	1.81	**6**	2.38		

7	1.66	**12**	0.8	**17**	1.76
8	1.25	**13**	1.31	**18**	2.57
9	3.12	**14**	3.76	**19**	3.93
10	4.79	**15**	1.63	**20**	6.58
11	5.47	**16**	4.74	**21**	10.75

22	0.14	**29**	1.68
23	2.17	**30**	2.34
24	1.68	**31**	4.83
25	2.46	**32**	5.93
26	3.33	**33**	3.77
27	8.79	**34**	13.47
28	10.83		

 **답**

 **풀이**
- 4.29−0.45=3.84
- 8.15−1.94=6.21
- 14.24−4.64=9.6

1	1.27	**5**	0.52	**9**	2.78
2	1.59	**6**	1.85	**10**	1.49
3	2.43	**7**	4.48	**11**	4.64
4	3.45	**8**	2.87	**12**	4.87

13	1.15	**18**	4.74	**23**	2.24
14	2.55	**19**	2.79	**24**	4.17
15	4.57	**20**	2.55	**25**	2.45
16	0.32	**21**	3.67	**26**	4.42
17	3.83	**22**	6.64	**27**	3.9
				28	8.55
				29	11.79

30	3.67	**34**	2.27 / 0.54
31	5.04	**35**	3.4 / 1.71
32	0.64	**36**	4.82 / 5.96
33	2.52		

 연산

13.28, 1.48 / 13.28, 1.48, 11.8

답 11.8

   **답** 4293

풀이
- 5.85−2.38=3.$\boxed{4}$7 → ㉠=4
- 6.29−3.46=$\boxed{2}$.83 → ㉡=2
- 8.04−3.95=4.0$\boxed{9}$ → ㉢=9
- 10.19−6.74=$\boxed{3}$.45 → ㉣=3

따라서 비밀번호는 4293입니다.

1	1.43	4	5.29	7	1.34
2	2.14	5	4.21	8	4.15
3	2.47	6	1.12	9	2.06

10	1.27	15	1.57	20	2.51
11	2.35	16	2.63	21	0.78
12	3.69	17	5.24	22	1.18
13	2.44	18	7.56	23	3.63
14	4.52	19	3.49	24	7.36
				25	6.95
				26	10.72

27	0.53	31	5.13 / 1.96
28	1.74	32	4.72 / 1.22
29	1.34	33	6.25 / 0.95
30	3.68		

4.9, 3.28 / 4.9, 3.28, 1.62 답 1.62

답 0.33, 0.17 / 0.16, 0.34 / 0.23, 0.27

풀이 [다솜] 0.5−0.33=0.17
[나은] 0.5−0.16=0.34
[태성] 0.5−0.23=0.27

1	영 점 일삼	2	영 점 팔영오
3	0.47	4	0.629

5	26.09	6	741	7	1.85
8	0.13	9	>	10	<
11	>	12	<	13	1.9
14	4.83	15	7.32	16	1.3
17	1.51	18	2.84	19	6.2
20	8.05	21	0.5	22	2.23

23	8.4 / 7.8	24	10.91 / 7.79
25	2.3 / 3.64	26	3.87 / 6.56
27	100배	28	2, 1, 3
29	6.6	30	재원

31 5.6+2.3=7.9 / 7.9 cm

32 9.76−1.53=8.23 / 8.23초

33 0.8+1.5−0.9=1.4 / 1.4 kg

27 ㉠은 일의 자리 숫자이므로 1을 나타내고, ㉡은 소수 둘째 자리 숫자이므로 0.01을 나타냅니다.
➡ 1은 0.01의 100배이므로 ㉠이 나타내는 수는 ㉡이 나타내는 수의 100배입니다.

28 ・4.13+3.62=7.75   ・2.71+5.84=8.55
・6.04+1.56=7.6   ➡ 8.55>7.75>7.6

29 10.5>7.6>6.4>3.9 ➡ 10.5−3.9=6.6

30 [범수] 2.6+2.87=5.47
[성희] 9.21−3.49=5.72
[재원] 7.1−1.8=5.3

31 (오늘 잰 콩나물의 길이)
=(이틀 전에 잰 콩나물의 길이)+(이틀 전보다 더 자란 길이)=5.6+2.3=7.9 (cm)

32 (우빈이의 50 m 달리기 기록)
=(세정이의 50 m 달리기 기록)−(세정이보다 더 빨리 달린 기록)=9.76−1.53=8.23(초)

33 (남은 밀가루의 양)
=(집에 있던 밀가루의 양)+(더 산 밀가루의 양)
−(빵을 만드는 데 사용한 밀가루의 양)
=0.8+1.5−0.9=2.3−0.9=1.4 (kg)

7주 5일차 ❶ 이등변삼각형

1	6	**3**	6
2	8	**4**	4

5	70	**10**	35, 35
6	60	**11**	45, 45
7	45	**12**	20 / 20
8	40	**13**	75 / 75
9	25	**14**	30 / 30

15	20 cm	**18**	30 cm
16	16 cm	**19**	30 cm
17	22 cm	**20**	28 cm

이등변 / 30 / 30, 15 답 15

8주 1일차 ❷ 정삼각형

1	3	**3**	6 / 6
2	5	**4**	8 / 8

5	60	**10**	60 / 60
6	60	**11**	60 / 60
7	60	**12**	60 / 60
8	60 / 60	**13**	60 / 60, 60
9	60 / 60	**14**	60 / 60 / 60

15	21 cm	**18**	18 cm
16	12 cm	**19**	15 cm
17	33 cm	**20**	39 cm

60, 180 / 180, 60, 120 답 120

1 (○)(　)　　**3** (○)(　)

2 (　)(○)　　**4** (○)(　)

5 60　　**10** 35

6 45　　**11** 51

7 50　　**12** 25

8 46　　**13** 33

9 20　　**14** 12

15 90　　**18** 40

16 25　　**19** 15

17 53　　**20** 46

90, 56, 34 / 90, 34, 124　답 124

답 김미래

풀이
① ㉠＋25°＋10°＝90°,
　㉠＋35°＝90°, ㉠＝55°→ 김
② 20°＋㉠＋45°＝90°,
　65°＋㉠＝90°, ㉠＝25° → 미
③ ㉠＋30°＋15°＝90°,
　㉠＋45°＝90°, ㉠＝45°→ 래
따라서 도둑의 이름은 김미래입니다.

1 9 / 6　　**3** 6 / 11

2 8 / 5　　**4** 8 / 12

5 110 / 70　　**10** 60

6 65 / 115　　**11** 80

7 40, 140　　**12** 50

8 75 / 105　　**13** 90

9 55, 125　　**14** 45

15 22 cm　　**18** 26 cm

16 26 cm　　**19** 36 cm

17 40 cm　　**20** 44 cm

2, 15 / 15, 6, 9　답 9

답

풀이　실제 길이에 맞게 선을 긋습니다.

1	8 / 40	**3**	45 / 10
2	65 / 5	**4**	90 / 9

5	90 / 7	**10**	50°
6	6 / 90	**11**	55°
7	90, 4 / 8	**12**	100°
8	90 / 9 / 6	**13**	120°
9	90 / 8	**14**	140°

15	16 cm	**18**	36 cm
16	28 cm	**19**	40 cm
17	24 cm	**20**	32 cm

 연산

34 / 34, 34, 146 **답** 146

 연산 놀이터  답

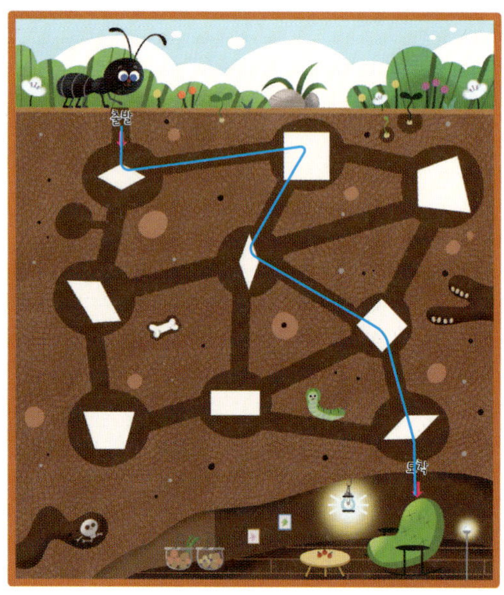

1	4	**2**	70
3	65 / 65	**4**	38 / 38
5	6	**6**	60 / 60 / 60
7	32	**8**	18
9	4 / 7	**10**	45, 135
11	72	**12**	117
13	2 / 4	**14**	7 / 110 / 70
15	90 / 50	**16**	60
17	24 cm	**18**	48°
19	180°	**20**	9 cm
21	5 cm	**22**	64°
23	6 cm		

18 직선 가는 직선 나에 대한 수선이므로 직선 가와 직선 나가 만나서 이루는 각의 크기는 90°입니다.
직선이 이루는 각의 크기는 180°이므로
㉠$=180°-90°-42°=48°$입니다.

19 평행사변형은 이웃한 두 각의 크기의 합이 180°입니다.
따라서 ㉠$+$㉡$=180°$입니다.

20 마름모는 네 변의 길이가 모두 같습니다.
➡ (변 ㄱㄴ의 길이)$=36÷4=9$ (cm)

21 이등변삼각형이므로 (변 ㄱㄴ)$=$(변 ㄴㄷ)$=9$ cm입니다.
$9+9+$(변 ㄱㄷ)$=23$ cm이므로
$18+$(변 ㄱㄷ)$=23$ cm,
(변 ㄱㄷ)$=23-18=5$ (cm)입니다.

22 (각 ㄱㄹㄷ)$=180°-116°=64°$입니다.
평행사변형은 마주 보는 두 각의 크기가 같으므로
㉠$=$(각 ㄱㄹㄷ)$=64°$입니다.

23 (마름모의 한 변의 길이)
$=$(마름모의 네 변의 길이의 합)$÷$(변의 수)
$=24÷4=6$ (cm)

하루의 학습이 끝날 때마다 칭찬 농장에
붙임딱지를 붙여서 꾸며 보세요.

공부 습관을 키우는

__________ 의 칭찬 농장

↑ 이름을 쓰세요.

칭찬 농장을 완성했을 때의
부모님과의 약속♥

* 2022개정 교육과정이 2024학년도부터 학년별로 순차적으로 적용됩니다.

7권 초등 4-1

교과서	학습 내용
큰 수	다섯 자리 수
	십만, 백만, 천만
	억, 조
각도	각도의 합
	각도의 차
	삼각형의 세 각의 크기의 합
	사각형의 네 각의 크기의 합
곱셈과 나눗셈	(세 자리 수) × (두 자리 수)
	(두 자리 수) ÷ (두 자리 수)
	(세 자리 수) ÷ (두 자리 수)

8권 초등 4-2

교과서	학습 내용
분수의 덧셈과 뺄셈	진분수의 합과 차
	대분수의 합과 차
	(자연수) − (분수)
소수의 덧셈과 뺄셈	소수 알아보기
	소수의 덧셈
	소수의 뺄셈
삼각형, 사각형	삼각형
	수직과 수선
	사각형

9권 초등 5-1

교과서	학습 내용
자연수의 혼합 계산	덧셈과 뺄셈, 곱셈과 나눗셈이 섞여 있는 식
	덧셈, 뺄셈, 곱셈, 나눗셈이 섞여 있는 식
약수와 배수	약수, 배수
	최대공약수, 최소공배수
약분과 통분	약분, 통분
분수의 덧셈과 뺄셈	분모가 다른 분수의 덧셈
	분모가 다른 분수의 뺄셈
다각형의 둘레와 넓이	정다각형, 사각형의 둘레
	직사각형의 넓이
	평행사변형, 삼각형, 마름모, 사다리꼴의 넓이

10권 초등 5-2

교과서	학습 내용
수의 범위와 어림하기	이상, 이하, 초과, 미만
	올림, 버림, 반올림
분수의 곱셈	(분수) × (자연수)
	(자연수) × (분수)
	(분수) × (분수)
소수의 곱셈	(소수) × (자연수)
	(자연수) × (소수)
	(소수) × (소수)
평균과 가능성	평균 구하기

11권 초등 6-1

교과서	학습 내용
분수의 나눗셈	(자연수) ÷ (자연수)의 몫을 분수로 나타내기
	(분수) ÷ (자연수)
소수의 나눗셈	(소수) ÷ (자연수)
	(자연수) ÷ (자연수)
비와 비율	비, 비율
	백분율
직육면체의 겉넓이와 부피	직육면체, 정육면체의 겉넓이
	직육면체, 정육면체의 부피

12권 초등 6-2

교과서	학습 내용
분수의 나눗셈	(진분수) ÷ (진분수)
	(자연수) ÷ (분수)
	(대분수) ÷ (대분수)
소수의 나눗셈	(소수) ÷ (소수)
	(자연수) ÷ (소수)
	몫을 반올림하여 나타내기
비례식과 비례배분	비의 성질, 비례식의 성질
	비례배분
원의 넓이	지름, 반지름, 원주
	원의 넓이

# 쏙셈 1~12권 구성 한눈에 보기

하루한장 쏙셈은 교과서 모든 영역별 계산 문제를 학교 수업에 맞게 한 학기를 한 권으로 끝낼 수 있도록 구성하였습니다.
책별 다루는 내용을 확인하여 학습 계획에 활용해 보세요.

1권 초등 1-1

교과서	학습 내용
9까지의 수	9까지의 수
	9까지 수의 크기 비교
덧셈과 뺄셈	9까지의 수 모으기와 가르기
	합이 9까지인 수의 덧셈
	한 자리 수의 뺄셈
50까지의 수	19까지의 수 모으기와 가르기
	50까지의 수
	50까지 수의 크기 비교

2권 초등 1-2

교과서	학습 내용
100까지의 수	100까지의 수
	100까지 수의 크기 비교
세 수의 덧셈과 뺄셈	세 수의 덧셈
	세 수의 뺄셈
	10을 만들어 더하기
덧셈구구와 뺄셈구구	(몇)+(몇)=(십몇)
	(십몇)−(몇)=(몇)
덧셈과 뺄셈	받아올림이 없는 (두 자리 수)+(한 자리 수)
	받아올림이 없는 (두 자리 수)+(두 자리 수)
	받아내림이 없는 (두 자리 수)−(한 자리 수)
	받아내림이 없는 (두 자리 수)−(두 자리 수)

3권 초등 2-1

교과서	학습 내용
세 자리 수	세 자리 수
덧셈과 뺄셈	받아올림이 있는 (두 자리 수)+(한 자리 수)
	받아올림이 있는 (두 자리 수)+(두 자리 수)
	받아내림이 있는 (두 자리 수)−(한 자리 수)
	받아내림이 있는 (두 자리 수)−(두 자리 수)
	세 수의 계산
	덧셈과 뺄셈의 관계
곱셈	묶어 세기
	몇의 몇 배
	곱셈식

4권 초등 2-2

교과서	학습 내용
네 자리 수	네 자리 수
곱셈구구	2단~9단 곱셈구구
	1단 곱셈구구와 0의 곱
	곱셈표
길이 재기	길이의 합
	길이의 차
시각과 시간	시각 읽기
	시간 알아보기
	하루의 시간, 일주일, 일 년 알아보기

5권 초등 3-1

교과서	학습 내용
덧셈과 뺄셈	(세 자리 수)+(세 자리 수)
	(세 자리 수)−(세 자리 수)
나눗셈	곱셈과 나눗셈의 관계
	나눗셈의 몫 구하기
곱셈	(두 자리 수)×(한 자리 수)
길이와 시간	길이의 합과 차
	시간의 합과 차

6권 초등 3-2

교과서	학습 내용
곱셈	(세 자리 수)×(한 자리 수)
	(한 자리 수)×(두 자리 수)
	(두 자리 수)×(두 자리 수)
나눗셈	(몇십)÷(몇) / (몇십몇)÷(몇)
	(세 자리 수)÷(한 자리 수)
분수	분수 알아보기
	분수의 크기 비교
들이와 무게	들이의 합과 차
	무게의 합과 차

매일매일 부담 없이
공부 습관을 길러 주는